わかりやすい理工系の力学

川村康文・鳥塚 潔・山口克彦・細田宏樹

講談社

はじめに

みなさん，物理は好きですか？
物理って不思議な学問で，好きな人はとことん好きだし，嫌いな人はとことん嫌ってしまいます。でも，理科系に進んだ多くのみなさんにとっては，どうしてもお付き合いして頂かないといけない学問です。

物理学を同じ学ぶなら，楽しく学んでほしいというのが著者らのねがいです。とくに，力学は物理学の基礎中の基礎です。力学を理解せずして，高等な物理学の各分野を理解するのは苦しいです。何事も基礎が大切です。物理学の基礎としての力学をしっかりと学び取って頂けたら，著者らの本望とするところです。

力学は，大学でも初年次で学ぶことが多いので，数学に関しては丁寧に説明をしました。欄外には，微分や積分の簡単な公式の補足を随所に入れ，学生のみなさんの勉学を支援するようにしました。また，実験などをイメージできるように記述することで物理現象をできるだけリアルなものにするように工夫しました。

ぜひ，学生のみなさんが，本書で力学の基礎をがっちり身につけられることを願っています。

2011年　秋

執筆者を代表して
川　村　康　文

第1章 座標系とベクトル

力学では物体の運動を取り扱う場合が多い。たとえば，ボールを投げあげた後どのように進んでいくか，太陽のまわりを回る地球の軌道はどのようなものか，などは力学の基本的な課題である。このような運動を定量的にとらえるためには，各時刻における物体の位置を記述する必要がある。本章では，そのための数学的な基礎事項を学ぶことにしよう。

1.1　座標系

1.1.1　直交座標と極座標

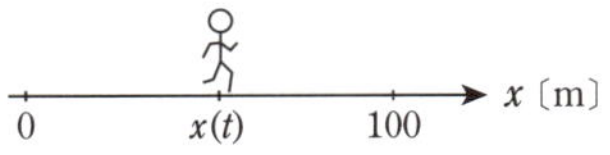

図 1.1

空間中のある点を基準点として選ぶ。この基準点のことを原点と呼ぼう。原点からの物体の位置を示す数値を座標という。たとえば100 m走において，走者の位置をスタートラインからみると，スタート時には0 m地点におり，ゴール瞬間に100 m地点にいることになる（図1.1）。スタート地点からゴール地点まで直線的であれば，コースは1次元として扱えるので，座標を1つの変数xとして表そう。そうするとスタート時には$x = 0$，ゴールの瞬間には$x = 100$のように示すことができる。また，レース途中では$0 < x < 100$のいずれかの値を持つだろう。このようにして位置を示す数値xが座標である。

ここで，座標によって示される数値は時間に依存していることに注意しよう。スタート時からストップウォッチを始動させてゴールまでの時刻を測定してみよう。このときの時刻を変数t（単位は秒）としておく。するとスタート時では時刻は$t = 0$であり，また，座標は$x = 0$である。ゴール瞬間までにかかった時間を10秒とすれば，$t = 10$のとき$x = 100$である。すなわち2つの変数t，xは互いに相関を持つ。そこで時刻tにおける座標xを示すことを強調して$x(t)$と記すことにしよう。この場合，xは単なる変数ではなく，tを変数に持つ関数と見なされる。力学ではたとえ陽（あらわ）に$x(t)$と記されておらず，座標xとだけ記された場合にも，このようにtの関数であることを意識しておく必要がある。

では，物体が2次元上を移動している場合にはどう記述すればよいだろうか。このときは，原点からx方向とは異なる方向をy方向として，xとyの2つの数値を用いて座標を表す必要がある。なお，通常はx方向とy方向を直角に取ると都合がよい。これを2次元直交座標という。たとえば物体の位置Pが原点からみてx方向に1 m，y方向に2 mの場所にある場合，座標はP(1, 2)として記述される（図1.2）。すなわち座標をP(x, y)とすれば2次元上のどの位置も表すことができる（単位はmとした）。なお，1次元

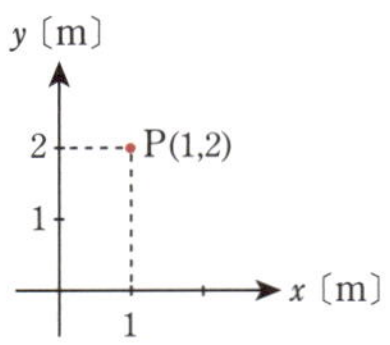

図 1.2

の場合に述べたように位置と時間の関わりを意識すれば $P(x(t), y(t))$ と明記することもできる。

また，場合によっては，2次元上の位置を表す際に，原点からの距離 r とある軸からの傾き角度 θ 用いて示すほうが便利な時もある。これを**2次元極座標**といい，回転する物体の位置を示す場合などに用いられる。図1.3では直交座標で $P(1,\sqrt{3})$ となる位置Pを，極座標で原点からの距離2と x 軸からの傾き角度 $\pi/3$ ラジアン（$= 60°$）としても表せることを示している。すなわち極座標 $P(r, \theta)$ とすれば，この場合も2次元上のすべての位置を表すことができる。ここで r および θ の範囲は $0 \leq r$, $0 \leq \theta < 2\pi$ となる。なお，2次元直交座標と2次元極座標の間には三角関数を用いて次の関係が成り立つ。

$$x = r\cos\theta,\quad y = r\sin\theta \tag{1.1}$$

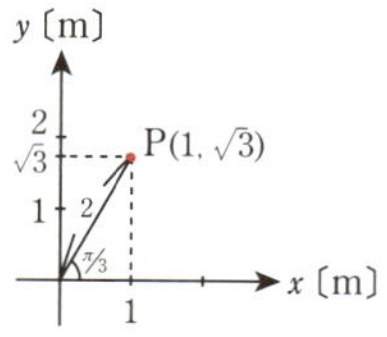

図 1.3

例題 1-1

2次元直交座標で $P(1, 1)$ と表される点を，2次元極座標で示しなさい。

解説&解答

(1.1) 式から $x^2 + y^2 = r^2$ であるから $r = \sqrt{x^2 + y^2} = \sqrt{1^2 + 1^2} = \sqrt{2}$。

また，$\cos\theta = \dfrac{x}{r} = \dfrac{1}{\sqrt{2}}$ から $\theta = \dfrac{\pi}{4}$。すなわち極座標では $P(\sqrt{2}, \pi/4)$ と表される。

1.1.2　3次元座標

2次元での座標の記述は，3次元にも拡張することが可能である。互いに直交する3つの軸 x, y, z を用いれば，3次元上の任意の位置Pを $P(x, y, z)$ として記述できる。これを**3次元直交座標**という。ただし，z 軸の方向については注意が必要である。x 軸から y 軸に向かう回転を行ったとき，右ねじの進む向きを z 軸と取ることが慣例となっている。これは図1.4に示されるように右手の手のひらを x 軸から y 軸に回したときの親指の方向と同じであり，こうして作られた座標系を**右手系**という。

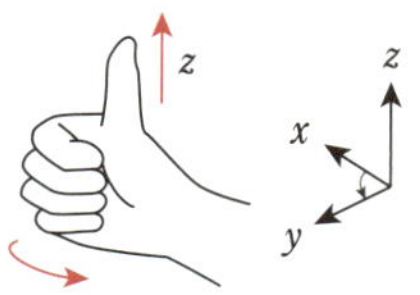

図 1.4

また，3次元においても極座標を設定することが可能である。これは図1.5に示されるように $P(x, y, z)$ に対して，原点からの距離を r，z 軸からの傾き角度を θ，Pを xy 平面に射影した点 (x,y) に対して x 軸からの傾き角度を ϕ として $P(r, \theta, \phi)$ と表される。これを**3次元極座標**という。r, θ, ϕ の範囲をそれぞれ $0 \leq r$，$0 \leq \theta < \pi$，$0 \leq \phi < 2\pi$ とすれば，3次元上の任意の位置を示すことが可能である。なお，3次元直交座標と3次元極座標の間には次の関係が成り立つ。

$$x = r\sin\theta\cos\phi,\quad y = r\sin\theta\sin\phi,\quad z = r\cos\theta \tag{1.2}$$

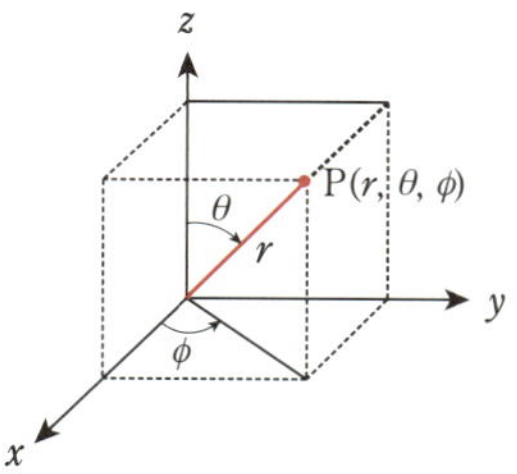

図 1.5

例題 1-2

3次元直交座標で $P\left(1,\ 1,\ \sqrt{6}\right)$ と表される点を，3次元極座標で示しなさい。

解説&解答

(1.2)式から $x^2+y^2+z^2=r^2$ であるから $r=\sqrt{x^2+y^2+z^2}=\sqrt{1+1+6}=\sqrt{8}$。

また，$\cos\theta=\dfrac{z}{r}=\dfrac{\sqrt{6}}{\sqrt{8}}=\dfrac{\sqrt{3}}{2}$ から $\theta=\dfrac{\pi}{6}$。

$\cos\phi=\dfrac{x}{r\sin\theta}=\dfrac{1}{\sqrt{8}\cdot\dfrac{1}{2}}=\dfrac{1}{\sqrt{2}}$ から $\phi=\dfrac{\pi}{4}$。

すなわち極座標では $\mathrm{P}\left(2\sqrt{2},\ \dfrac{\pi}{6},\ \dfrac{\pi}{4}\right)$ と表される。

1.2 スカラー量とベクトル量

1.2.1 スカラーとベクトル

力学に限らず，物理学で扱われる量は何らかの手法により測定が可能なものでなければならない。たとえば，長さはものさしで測定され，温度は温度計で測定される。このような量を**物理量**と呼ぶ。物理量のなかには大きさだけを持つもの(**スカラー量**)と大きさと向きを持つもの(**ベクトル量**)がある。たとえば温度や音量，光量などは大きさはあるが，向きを持たないのでスカラー量である。一方，力や風速などは大きさとともに向きも持つ量であるのでベクトル量である。対象としている物理量がスカラー量であるかベクトル量であるかを常に意識することが，力学を理解するためには大切である。

まず，記法について確認しておこう。文字を用いて物理量が表されているとき，スカラー量に対しては

$$a,\ b,\ c,\cdots$$

のように細字で記述される。一方，ベクトル量に対しては

$$\boldsymbol{a},\ \boldsymbol{b},\ \boldsymbol{c},\cdots$$

のように太字で記述される。高校の数学ではベクトルは文字の上に矢印をつけて

$$\vec{a}\ ,\ \vec{b}\ ,\ \vec{c}\ ,\cdots$$

と記述していたが，今後は太字で表すことに慣れておこう。手書きの場合は，文字の一部分を二重線にして，太字として代用する。何度か練習して書けるようにしておこう。

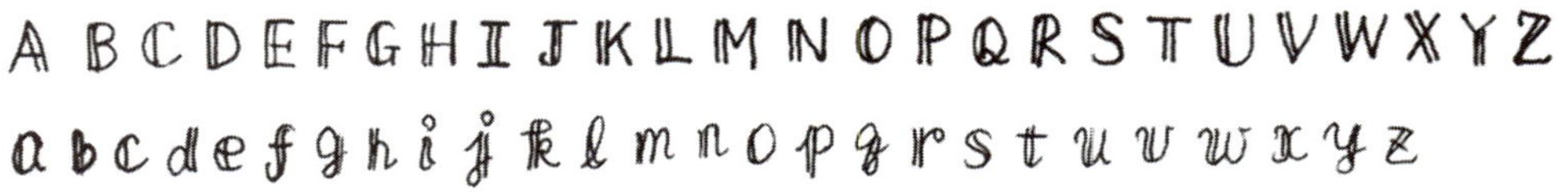

1.2.2 ベクトルの和，差，単位ベクトル

力学ではベクトル量を取り扱うことが多いので，今後必要となる基本事

項をまとめておこう。

ベクトルは大きさと向きが等しければ同じものとして扱われる。図1.6(a)には2つのベクトルが矢印で示されている。矢印の長さがベクトルの大きさを，また，矢印の向きがベクトルの向きを表している。2つの矢印は大きさと向きが同じなので，同一のベクトルとして扱われる。言い方を変えれば，あるベクトルに対して任意に平行移動（矢印の大きさと向きを変えない移動）を行っても構わないということである。図1.6(b)では2次元直交座標が追記されている。このとき左側の矢印の先端の座標は(4, 2)であり，そのしっぽの座標は(2, 1)であったとしよう。一方右側の矢印の先端の座標は(7, 2)であり，そのしっぽの座標は(5, 1)となっている。ベクトルは先端の座標からしっぽの座標を引いたものとして表される。すなわち左側のベクトルについては

$$(4, 2) - (2, 1) = (2, 1)$$

右側のベクトルに対しては

$$(7, 2) - (5, 1) = (2, 1)$$

となり，どちらも(2, 1)という同じベクトルであることがわかる。このようにベクトルを座標系の各軸方向の成分として表記することができる。これを**ベクトルの成分表示**という。ただし，座標の表記とベクトルの成分の表記はどちらも括弧を用いて表されるので，括弧の中の数値が座標を表しているのか，ベクトルを表しているのかの区別を意識しておくことが必要である。なお，矢印のしっぽを常に座標系の原点と一致させるようにしたベクトルを用いることもある。これを**位置ベクトル**という。この場合，しっぽの座標が(0,0)であるために，矢印の先端の座標とベクトルの成分は一致する。

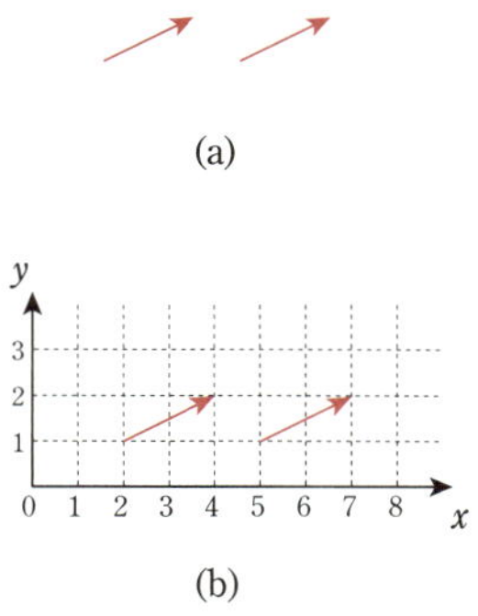

図 1.6

次にベクトルの足し算について確認しておこう。図1.7(a)のように2つのベクトル$\boldsymbol{a}$, $\boldsymbol{b}$を加え合わせて新たなベクトル$\boldsymbol{c}$を作ることを考える。式で表現すれば$\boldsymbol{c} = \boldsymbol{a} + \boldsymbol{b}$である。図形的に考えると，図1.7(b)のようにまず$\boldsymbol{b}$を平行移動して$\boldsymbol{b}$の矢印のしっぽを$\boldsymbol{a}$の先端に持ってくる。そして，$\boldsymbol{a}$のしっぽから$\boldsymbol{b}$の先端に向かってまっすぐな矢印を引く（図1.7(c)）。ここで，平行移動しても$\boldsymbol{b}$は変わらないという性質を用いている。ベクトルの成分として足し算を考える場合には，たとえば$\boldsymbol{a} = (a_x, a_y)$，$\boldsymbol{b} = (b_x, b_y)$とすると$\boldsymbol{c} = \boldsymbol{a} + \boldsymbol{b}$で$= (a_x + b_x, a_y + b_y)$と表すことができる。成分による計算は結果が数値として出てくるので，実際の問題を解く際には便利であるが，成分に分けてしまったことでベクトルの特性を見失ってしまう危険性もある。力学の本質を考える場合には，図形的な見方も常に忘れずに意識しておくことが重要である。

ベクトルの引き算については，あるベクトルに-1を掛けると大きさは変わらず向きが反転することに注意すれば，上述の足し算の方法を用いることができる。たとえば$\boldsymbol{d} = \boldsymbol{a} - \boldsymbol{b}$というベクトルを考えよう。$-\boldsymbol{b}$は$\boldsymbol{b}$に$-1$を掛けたものであるので，図1.7(d)のように$\boldsymbol{b}$を反転させたベクトルであり，$\boldsymbol{d} = \boldsymbol{a} + (-\boldsymbol{b})$とみなせば図形的な足し算として$\boldsymbol{d}$が表されることが

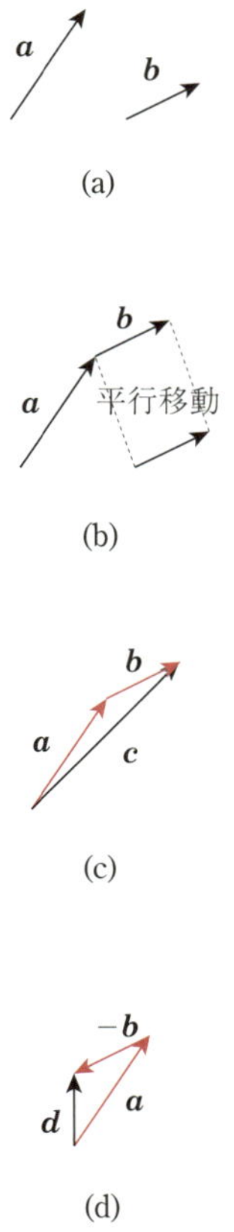

図 1.7

わかるだろう。成分として計算する場合は，$-\boldsymbol{b} = (-b_x, -b_y)$と各成分に$-1$を掛けることで$\boldsymbol{d} = \boldsymbol{a} + (-\boldsymbol{b}) = (a_x - b_x, a_y - b_y)$と表すことができる。

次にベクトルの大きさについて述べておこう。$\boldsymbol{a}$の大きさは$|\boldsymbol{a}|$として表される。図形的にはベクトルの大きさは矢印の長さで表されることは前述の通りである。成分表示されている$\boldsymbol{a} = (a_x, a_y)$に対して，その大きさを求める場合は三平方の定理から$|\boldsymbol{a}| = \sqrt{a_x^2 + a_y^2}$となる。$\boldsymbol{a}$が3次元のベクトル$\boldsymbol{a} = (a_x, a_y, a_z)$であれば$|\boldsymbol{a}| = \sqrt{a_x^2 + a_y^2 + a_z^2}$である。なお，大きさが1のベクトルを**単位ベクトル**という。$\boldsymbol{a}$を$|\boldsymbol{a}|$で割った$\boldsymbol{a}/|\boldsymbol{a}|$は，向きは$\boldsymbol{a}$と変わらない単位ベクトルである。重要なものとして，直交座標系の各軸方向の単位ベクトル（**基本ベクトル**）がある。3次元直交座標系で考えるとx，y，z方向それぞれに対して$\boldsymbol{i} = (1, 0, 0)$，$\boldsymbol{j} = (0, 1, 0)$，$\boldsymbol{k} = (0, 0, 1)$となる。このような単位ベクトルを用いると$\boldsymbol{a} = (a_x, a_y, a_z)$のように成分表示されたベクトルを$\boldsymbol{a} = a_x\boldsymbol{i} + a_y\boldsymbol{j} + a_z\boldsymbol{k}$のように記すこともできる。
これは

$$\boldsymbol{a} = (a_x, a_y, a_z) = (a_x, 0, 0) + (0, a_y, 0) + (0, 0, a_z) = a_x(1, 0, 0) + a_y(0, 1, 0) + a_z(0, 0, 1)$$
$$= a_x\boldsymbol{i} + a_y\boldsymbol{j} + a_z\boldsymbol{k}$$

と変形すれば理解できるであろう。

1.2.3　ベクトルの内積と外積

次に2つのベクトルの掛け算について考えよう。ベクトルの掛け算には高校の数学で学習した内積と，もう1つ別に大学で初めて目にする外積という2種類がある。まず内積について確認しておこう。

2つのベクトル$\boldsymbol{a}$と$\boldsymbol{b}$の内積を$\boldsymbol{a} \cdot \boldsymbol{b}$のように，間に「・」を入れて表す。$\boldsymbol{a}$と$\boldsymbol{b}$のなす角度を$\theta$とすると**内積**は

$$\boldsymbol{a} \cdot \boldsymbol{b} = |\boldsymbol{a}|\,|\boldsymbol{b}| \cos\theta$$

と定義される。$|\boldsymbol{a}|$，$|\boldsymbol{b}|$，$\cos\theta$は大きさだけの量であるので内積はスカラー量である。そのため内積のことを**スカラー積**とも呼ぶ。ここで図1.8のように$|\boldsymbol{b}|\cos\theta$は$\boldsymbol{b}$の$\boldsymbol{a}$方向成分である。$\boldsymbol{a}$に垂直方向から光が射し込んでいると想像すると$|\boldsymbol{b}|\cos\theta$はちょうど$\boldsymbol{b}$によってできる$\boldsymbol{a}$上の影に相当する。そのため$|\boldsymbol{b}|\cos\theta$は$\boldsymbol{a}$に対する$\boldsymbol{b}$の射影と呼ばれる。ここで3次元直交座標系における3つの基本ベクトル$\boldsymbol{i}$，$\boldsymbol{j}$，$\boldsymbol{k}$の内積を考えよう。それぞれ大きさが1のベクトルであるから，同じもの同士の内積は1となる。また，異なるベクトル同士のなす角θは直交しているので$\cos\theta = 0$から，その内積も0になる。すなわち

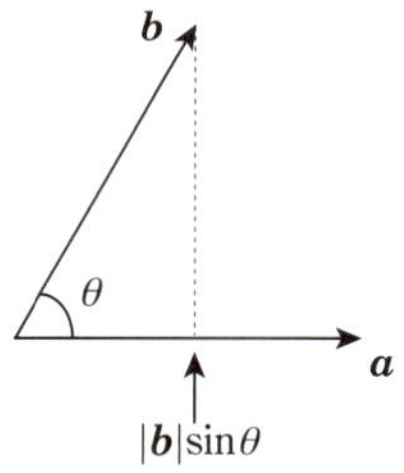

図 1.8

$$\boldsymbol{i} \cdot \boldsymbol{i} = 1,\ \boldsymbol{j} \cdot \boldsymbol{j} = 1,\ \boldsymbol{k} \cdot \boldsymbol{k} = 1,\ \boldsymbol{i} \cdot \boldsymbol{j} = 0,\ \boldsymbol{j} \cdot \boldsymbol{k} = 0,\ \boldsymbol{k} \cdot \boldsymbol{i} = 0$$

である。また，内積では掛ける順番を入れ替えても結果は変わらない。これを用いて内積をベクトルの成分表示により表してみよう。

$$\boldsymbol{a} = (a_x, a_y, a_z) = a_x\boldsymbol{i} + a_y\boldsymbol{j} + a_z\boldsymbol{k},$$
$$\boldsymbol{b} = (b_x, b_y, b_z) = b_x\boldsymbol{i} + b_y\boldsymbol{j} + b_z\boldsymbol{k}$$

とすると，

$$\begin{aligned}\boldsymbol{a}\cdot\boldsymbol{b} &= (a_x\boldsymbol{i}+a_y\boldsymbol{j}+a_z\boldsymbol{k})\cdot(b_x\boldsymbol{i}+b_y\boldsymbol{j}+b_z\boldsymbol{k})\\ &= a_xb_x\,\boldsymbol{i}\cdot\boldsymbol{i}+a_xb_y\,\boldsymbol{i}\cdot\boldsymbol{j}+a_xb_z\,\boldsymbol{i}\cdot\boldsymbol{k}\\ &\quad+a_yb_x\,\boldsymbol{j}\cdot\boldsymbol{i}+a_yb_y\,\boldsymbol{j}\cdot\boldsymbol{j}+a_yb_z\,\boldsymbol{j}\cdot\boldsymbol{k}\\ &\quad+a_zb_x\,\boldsymbol{k}\cdot\boldsymbol{i}+a_zb_y\,\boldsymbol{k}\cdot\boldsymbol{j}+a_zb_z\,\boldsymbol{k}\cdot\boldsymbol{k}\\ &= a_xb_x+a_yb_y+a_zb_z\end{aligned}$$

のように表すことが可能である。

例題 1-3

$\boldsymbol{a}=(1, 0, 0)$，$\boldsymbol{b}=(1, 1, 0)$のとき，2つのベクトルのなす角はいくらになるか。

解説＆解答

$$\boldsymbol{a}\cdot\boldsymbol{b}=|\boldsymbol{a}||\boldsymbol{b}|\cos\theta=\sqrt{1}\sqrt{2}\cos\theta=\sqrt{2}\cos\theta$$

一方，内積を成分表示で表すと，$\boldsymbol{a}\cdot\boldsymbol{b}=a_xb_x+a_yb_y+a_zb_z=1+0+0=1$。

これより $\sqrt{2}\cos\theta=1$ となるので $\cos\theta=1/\sqrt{2}$ 。よって $\theta=\pi/4$。

次に外積について説明しよう。2つのベクトル$\boldsymbol{a}$と$\boldsymbol{b}$の外積を$\boldsymbol{a}\times\boldsymbol{b}$のように，間に「×」を入れて表す。$\boldsymbol{a}$と$\boldsymbol{b}$のなす角度を$\theta$とすると外積は

$$\boldsymbol{a}\times\boldsymbol{b}=|\boldsymbol{a}||\boldsymbol{b}|\sin\theta\,\hat{\boldsymbol{c}}$$

と定義される。ただし，$\hat{\boldsymbol{c}}$は図1.9に示されるように，$\boldsymbol{a}$から$\boldsymbol{b}$に向かう回転を行ったとき，右ねじの進む向きの単位ベクトルであり，$\boldsymbol{a}$とも$\boldsymbol{b}$とも垂直な方向となる。このように外積は$\hat{\boldsymbol{c}}$の向きを持つベクトル量を与えるのでベクトル積とも呼ばれる。また，$\boldsymbol{b}\times\boldsymbol{a}$では$\hat{\boldsymbol{c}}$の向きが逆になる。すなわち$\boldsymbol{b}\times\boldsymbol{a}=-\boldsymbol{a}\times\boldsymbol{b}$となる。したがって外積では掛ける順番が異なると結果が違う（可換性が成り立たない）。$|\boldsymbol{a}|$と$|\boldsymbol{b}|\sin\theta$はそれぞれ，$\boldsymbol{a}$と$\boldsymbol{b}$を二辺とする平行四辺形の底辺の長さと高さに相当する。したがって外積の大きさは，この平行四辺形の面積を与えている。ここで3次元直交座標系における3つの単位ベクトル$\boldsymbol{i}$，$\boldsymbol{j}$，$\boldsymbol{k}$の外積を考えよう。同じベクトル同士のなす角θは0であるので，$\sin\theta=0$となり，外積は0となる。また，異なるベクトル同士ではなす角は直交しているので$\sin\theta=1$である。$\boldsymbol{i}$，$\boldsymbol{j}$，$\boldsymbol{k}$は右手系の直交座標軸上にあることに注意すると下記のようにまとめることができる。

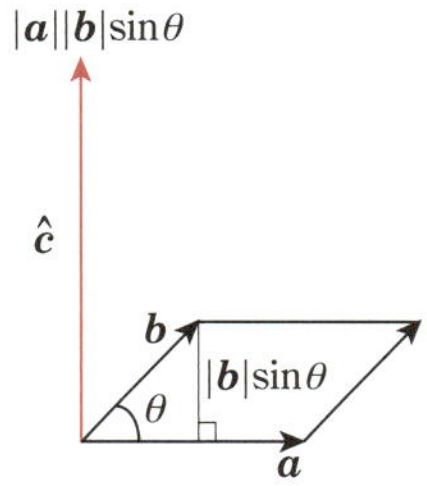

図 1.9

$$\begin{aligned}&\boldsymbol{i}\times\boldsymbol{i}=\boldsymbol{0}, &&\boldsymbol{j}\times\boldsymbol{j}=\boldsymbol{0}, &&\boldsymbol{k}\times\boldsymbol{k}=\boldsymbol{0},\\ &\boldsymbol{i}\times\boldsymbol{j}=\boldsymbol{k}, &&\boldsymbol{j}\times\boldsymbol{k}=\boldsymbol{i}, &&\boldsymbol{k}\times\boldsymbol{i}=\boldsymbol{j},\\ &\boldsymbol{j}\times\boldsymbol{i}=-\boldsymbol{k}, &&\boldsymbol{k}\times\boldsymbol{j}=-\boldsymbol{i}, &&\boldsymbol{i}\times\boldsymbol{k}=-\boldsymbol{j}\end{aligned}$$

これを用いて外積をベクトルの成分表示により表してみよう。

$$\boldsymbol{a}=(a_x, a_y, a_z)=a_x\boldsymbol{i}+a_y\boldsymbol{j}+a_z\boldsymbol{k},$$
$$\boldsymbol{b}=(b_x, b_y, b_z)=b_x\boldsymbol{i}+b_y\boldsymbol{j}+b_z\boldsymbol{k}$$

とすると，

$$\begin{aligned}\boldsymbol{a}\times\boldsymbol{b} &= (a_x\boldsymbol{i}+a_y\boldsymbol{j}+a_z\boldsymbol{k})\times(b_x\boldsymbol{i}+b_y\boldsymbol{j}+b_z\boldsymbol{k})\\ &= a_xb_x\,\boldsymbol{i}\times\boldsymbol{i}+a_xb_y\,\boldsymbol{i}\times\boldsymbol{j}+a_xb_z\,\boldsymbol{i}\times\boldsymbol{k}\end{aligned}$$

$$
\begin{aligned}
&+ a_y b_x\, \boldsymbol{j}\times\boldsymbol{i} + a_y b_y\, \boldsymbol{j}\times\boldsymbol{j} + a_y b_z\, \boldsymbol{j}\times\boldsymbol{k} \\
&+ a_z b_x\, \boldsymbol{k}\times\boldsymbol{i} + a_z b_y\, \boldsymbol{k}\times\boldsymbol{j} + a_z b_z\, \boldsymbol{k}\times\boldsymbol{k} \\
&= a_x b_y\, \boldsymbol{k} - a_x b_z \boldsymbol{j} - a_y b_x \boldsymbol{k} + a_y b_z \boldsymbol{i} + a_z b_x \boldsymbol{j} - a_z b_y \boldsymbol{i} \\
&= (a_y b_z - a_z b_y)\boldsymbol{i} + (a_z b_x - a_x b_z)\boldsymbol{j} + (a_x b_y - a_y b_x)\boldsymbol{k}
\end{aligned}
$$

のように表すことが可能である。内積に比べて複雑な式に思えるかもしれないが，下記のように3行3列の行列式として書き直しておくとわかりやすい。

$$
\boldsymbol{a}\times\boldsymbol{b} = \begin{vmatrix} \boldsymbol{i} & \boldsymbol{j} & \boldsymbol{k} \\ a_x & a_y & a_z \\ b_x & b_y & b_z \end{vmatrix}
$$

3行3列の行列式の計算は図1.10のように上から右斜め下に掛けていくときに+符号，上から左斜め下に掛けていくときに−符号となるので，ちょうど外積の結果と同じになる。これをサラス（Sarrus）の方法という。

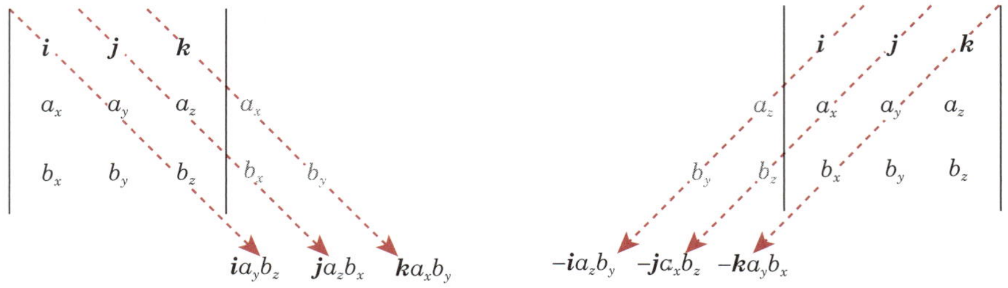

図 1.10

例題 1-4

$\boldsymbol{a} = (1, 0, 0)$，$\boldsymbol{b} = (1, 1, 1)$のとき，この2つのベクトルを含む面に対して垂直な単位ベクトルを求めなさい。

解説＆解答

$\boldsymbol{a}$と$\boldsymbol{b}$との外積により与えられるベクトルは，$\boldsymbol{a}$とも$\boldsymbol{b}$とも垂直であることを利用する。

$$
\boldsymbol{a}\times\boldsymbol{b} = \begin{vmatrix} \boldsymbol{i} & \boldsymbol{j} & \boldsymbol{k} \\ 1 & 0 & 0 \\ 1 & 1 & 1 \end{vmatrix} = \boldsymbol{k} - \boldsymbol{j} = (0,\ -1,\ 1)
$$

このベクトルの大きさは$\sqrt{(-1)^2+1} = \sqrt{2}$ なので，単位ベクトルは

$$
\pm\frac{1}{\sqrt{2}}\left(0,\ -1,\ 1\right)
$$

ただし，面に対して垂直な向きは2つあるので，負号も含めてある。

第2章 速度と加速度

2.1 速度

物体の運動は物体の位置の時間変化として表すことができる。経過時間が等しい状況で比較すると，物体の動きが速いほど，移動距離は長くなる。そこで，物体の動きを表す物理量として，単位時間あたりの移動距離を速さと定義し，さらに移動する向きも考え，単位時間あたりの位置の変化（変位）を速度と定義する。ここで，速度は大きさと向きを持つベクトル量であり，速さは速度の大きさであるが，文脈によっては区別しないこともある。

2.1.1 平均速度

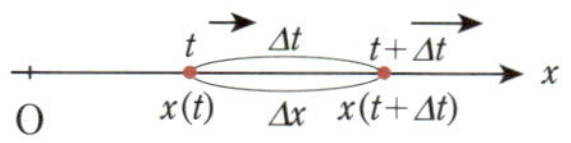

図 2.1

最初の例として，x軸上の1次元の運動を考える。図2.1に示すように，時刻tにおける位置を$x(t)$とし，時間Δt後の時刻$t+\Delta t$における位置を$x(t+\Delta t)$とする。変位は$\Delta x = x(t+\Delta t) - x(t)$となり，この間での平均速度，$\bar{v}$は次式で表される。

$$\text{平均速度：}\ \bar{v} = \frac{（変位）}{（経過時間）} = \frac{\Delta x}{\Delta t} \tag{2.1}$$

2.1.2 速度の定義

速度は外からの力の作用により急激に変化する場合がある。時々刻々と変化する運動を表すためには，瞬間の速度を考える必要がある。そこで，$\Delta t \to 0$の極限をとり，時刻tの瞬間における速度v_xを，位置xの時間微分として，次式で定義する。

$$\text{速度：}\ v_x = \lim_{\Delta t \to 0} \frac{\Delta x}{\Delta t} \equiv \frac{\mathrm{d}x}{\mathrm{d}t} \tag{2.2}$$

2.1.3 速度と x-t グラフの関係

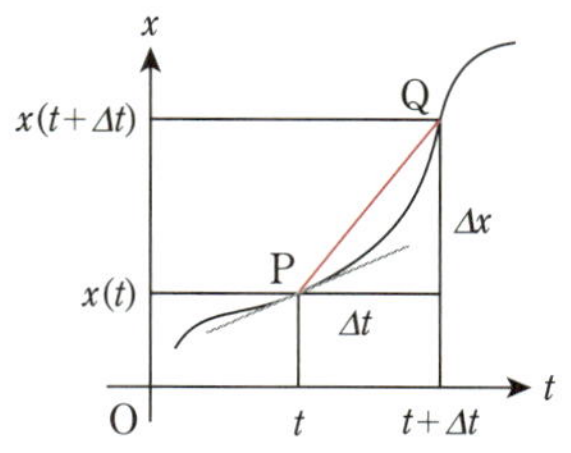

図 2.2

位置xにおける平均速度$\bar{v}$と速度v_xの関係を，図2.2に示すように，位置xと時刻tの関係を表すx-t図で考えてみる。すると，時間Δtでの平均速度$\bar{v}$は点P$(t, x(t))$と点Q$(t+\Delta t, x(t+\Delta t))$の2点間を結ぶ直線の傾きで表され，時刻$t$の瞬間における速度$v_x$は点P$(t, x(t))$での接線の傾きで表される。

例題 2-1

物体の位置xが時刻tの2次関数: $x(t) = pt^2 + qt + r$, (p, q, r:正の定数)として次式で与えられている。次の値を求めよ。

(1) 時刻$t = 1$の瞬間における速度

(2) 時間$t = 1$から$t = 3$までの平均速度

解説&解答

(1) 速度の定義式より時刻tの速度は, $v_x = \dfrac{\mathrm{d}x}{\mathrm{d}t} = 2pt + q$である。よって時刻$t = 1$では, $v_x(t = 1) = 2p + q$。

(2) 平均速度の定義式より,

$$\bar{v} = \frac{\Delta x}{\Delta t} = \frac{x(t=3) - x(t=1)}{3-1} = \frac{(9p+3q+r)-(p+q+r)}{2} = 4p+q$$

2.1.4 速度 v_x から位置 x を求める方法

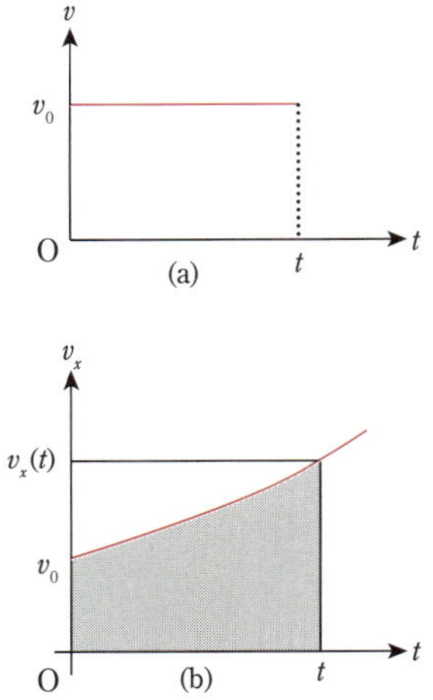

図 2.3

速度v_xが時刻tの関数で与えられている場合に, 速度v_xを時間積分して位置xを時刻tの関数として求める方法について述べる。速さv_0が一定であれば, 時間t内での移動距離$x - x_0$は速さと時間tとの積で決まる: $x - x_0 = v_0 t$。ここで, x_0は時刻$t = 0$における位置を表している。幾何学的に考えると, 右辺$v_0 t$は長方形の面積である(図2.3(a)参照)。つまり, 面積と移動距離が対応している。速さが一定でない場合にも, 速度と時刻の関係を表すv-tグラフ(図2.3(b))において, 上記の対応関係より, 色付けした面積を移動距離とみなす。この面積は, 時刻$t = 0$から時刻tまでの積分に等しい。したがって,

$$x - x_0 = \int_0^t v_x(t')\mathrm{d}t' \tag{2.3}$$

時刻tにおける位置$x(t)$は,

$$x = x_0 + \int_0^t v_x(t')\mathrm{d}t' \tag{2.4}$$

である。

例題 2-2

物体の速度v_xが時刻tの1次関数: $v_x(t) = pt - q$, (p, q:正の定数)で与えられている。次の値を求めよ。

(1) 物体が瞬間的に静止する時刻

(2) 時刻$t = 0$から瞬間的に静止する時刻までの移動距離

解説&解答

(1) 静止する時刻t_1とすると, $v_x(t_1) = pt_1 - q = 0$より, $t_1 = \dfrac{q}{p}$。

(2) 変位: $\Delta x = \int_0^{t_1} v_x \mathrm{d}t = \int_0^{t_1}(pt - q)\mathrm{d}t = \dfrac{1}{2}pt_1^2 - qt_1$

(1)の結果を用いると, $\Delta x = -\dfrac{q^2}{2p}$。よって, 移動距離$s = |\Delta x| = \dfrac{q^2}{2p}$(移動の向きは$-x$方向)。

2.2 加速度

物体の速度は外からの力の作用によって変化する。速度の時間変化の度合いを表す物理量として，単位時間あたりの速度の変化量を**加速度**と定義する。加速度は大きさと向きを持つベクトル量である。

2.2.1 加速度の定義

図2.4に示すように，時刻tにおける速度を$v_x(t)$とし，時間Δt後の時刻$t+\Delta t$における速度を$v_x(t+\Delta t)$とする。速度の変化量は$\Delta v = v_x(t+\Delta t) - v_x(t)$となり，この間での平均の加速度$\bar{a}$は次式で表される。

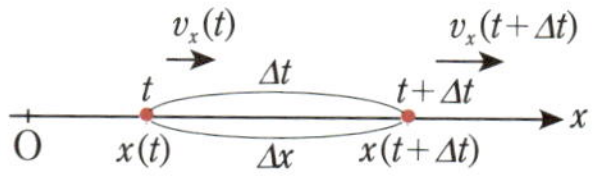

図 2.4

$$\text{平均の加速度：}\ \bar{a} = \frac{(\text{速度の変化量})}{(\text{経過時間})} = \frac{\Delta v}{\Delta t} \tag{2.5}$$

加速度についても，外からの力の作用による運動の様子の変化に対応するために，瞬間の加速度を考える必要がある。そこで，$\Delta t \to 0$の極限をとり，時刻tの瞬間における加速度a_xを，速度v_xの時間微分として，次式で定義する。

$$\text{加速度：}\ a \equiv \lim_{\Delta t \to 0} \frac{\Delta v}{\Delta t} = \frac{\mathrm{d}v}{\mathrm{d}t} \tag{2.6}$$

例題 2-3

物体の位置xが時刻tの三角関数：$x(t) = A\cos(\omega t)$，（A，ω：正の定数）で与えられているとき，時刻$t=0$の瞬間における加速度を求めよ。

解説&解答

速度は，$v_x = \dfrac{\mathrm{d}x}{\mathrm{d}t} = \dfrac{\mathrm{d}}{\mathrm{d}t}\left(A\cos\omega t\right) = -A\omega\sin\omega t$である。

加速度は，$a_x = \dfrac{\mathrm{d}v_x}{\mathrm{d}t} = \dfrac{\mathrm{d}}{\mathrm{d}t}\left(-A\omega\sin\omega t\right) = -A\omega^2\cos\omega t$である。

$t=0$の瞬間では，$a_x(t=0) = -\omega^2 A\cos(\omega\times 0) = -\omega^2 A$である。

よって，加速度の大きさ：$\omega^2 A$，向き：$-x$方向

2.2.2 加速度と v-t グラフの関係

速度v_xに対する平均の加速度$\bar{a}$と加速度a_xの関係を，図2.5に示すように，速度v_xと時刻tの関係を表すv-tグラフで考えてみる。すると，時間Δtでの平均の加速度$\bar{a}$は点$\mathrm{P}'(t, v_x(t))$と点$\mathrm{Q}'(t+\Delta t, v_x(t+\Delta t))$の2点間を結ぶ直線の傾きで表され，時刻$t$の瞬間における加速度$a_x$は点$\mathrm{P}'(t, v_x(t))$での接線の傾きで表される。

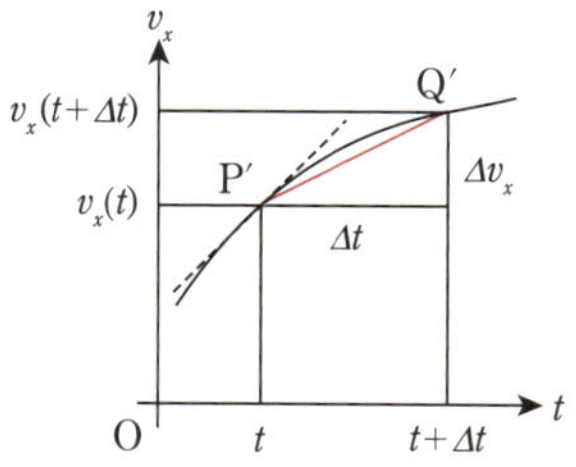

図 2.5

2.2.3 加速度 a_x から速度 v_x を求める方法

加速度a_0が一定であるなら，時間t内での速さの変化量$v - v_0$は加速度と時間の積で表される：$v - v_0 = a_0 t$。ここで，v_0は時刻$t=0$における速さ

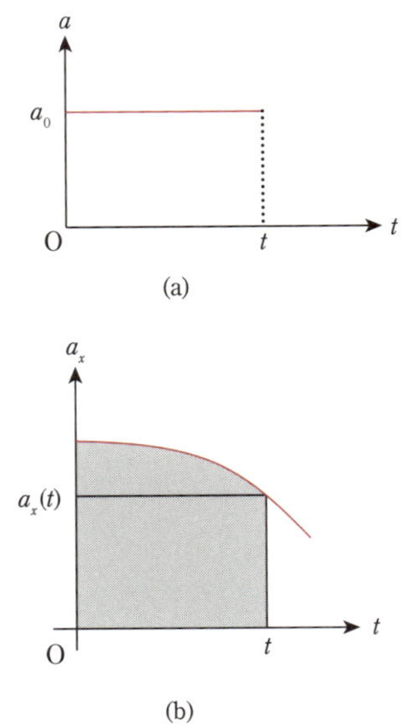

図 2.6

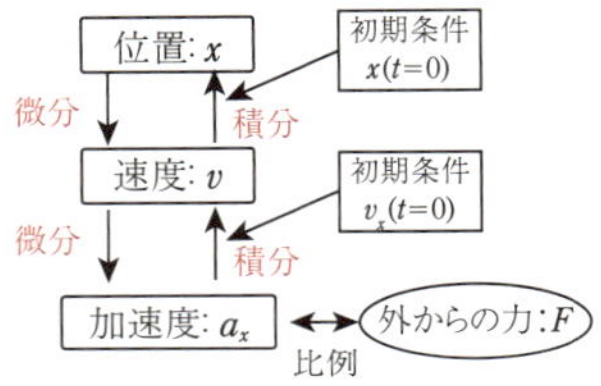

図 2.7

を表している。幾何学的に考えると，右辺a_0tは長方形の面積である（図2.6(a)参照）。つまり，面積と速さの変化量が対応している。加速度a_0が一定ではない場合でも，図2.6(b)に示すように，加速度a_xと時刻tの関係を表すa-tグラフを描き，上記の対応関係より，色付けされた面積を速さの変化量とみなす。この面積は，次式のように，時刻$t = 0$から時刻tまでの積分に等しい。したがって，

$$v - v_0 = \int_0^t a_x(t')\mathrm{d}t' \tag{2.7}$$

よって，時刻tにおける速さ$v(t)$は，

$$v = v_0 + \int_0^t a_x(t')\mathrm{d}t' \tag{2.8}$$

である。

2.2.4 まとめ：位置 x，速度 v_x，加速度 a_x の関係

図2.7に示すように，位置xが時刻tの関数として与えられている場合，位置xを時刻tで微分すると速度v_xが得られ，さらに速度v_xを微分すると加速度a_xが得られる。その際に，位置や速度に対する初期条件が失われていく。したがって，加速度から速度，位置へと時間積分をして計算していく際には，速度と位置に対する初期条件を付加することが必要である。

また力学では，さらに加速度を時間微分して，新たな物理量を定義することはしない。それは，物体を加速し運動の様子を変える原因が外からの力であり，その力と加速度が比例関係にあることが，運動の第2法則より示されているためである。

例題 2-4

x軸上を一定の加速度aで物体が運動している。初期条件：$t = 0$のとき$v_x = v_0$，$x = 0$とすると，任意の時刻tにおける速度v_xと位置xはいくらか。また，速度と位置の間にはどのような関係があるか。

解説&解答

速度は，$v_x = v_x(t = 0) + \Delta v_x = v_0 + \int_0^t a\mathrm{d}t' = v_0 + at$ である。

位置は，

$$x = x(t = 0) + \Delta x = 0 + \int_0^t v_x\mathrm{d}t' = \int_0^t (v_0 + at)\mathrm{d}t' = v_0t + \frac{1}{2}at^2 \text{ である。}$$

両方の式からtを消去すると，$v_x{}^2 - v_0{}^2 = 2ax$となる。

2.3 ベクトルの微分と積分

物体の運動は，3次元空間で扱うのが一般的である。そこで，位置，速度，加速度を3次元ベクトルに拡張して考えよう。

2.3.1 速度（ベクトル表示）

図2.8に示すように，時刻tにおける位置を$\boldsymbol{r}(t)$とし，時間Δt後の時刻$t+\Delta t$における位置を$\boldsymbol{r}(t+\Delta t)$とする。変位は$\Delta\boldsymbol{r}=\boldsymbol{r}(t+\Delta t)-\boldsymbol{r}(t)$となり，この間での平均速度$\bar{\boldsymbol{v}}$は次式で表される。

$$\text{平均速度：}\ \bar{\boldsymbol{v}}=\frac{（変位）}{（経過時間）}=\frac{\Delta\boldsymbol{r}}{\Delta t} \tag{2.9}$$

$\Delta t\to 0$の極限をとり，時刻tの瞬間における速度$\boldsymbol{v}$を，位置$\boldsymbol{r}=(x,y,z)$の時間微分として，次式で定義する。

$$\text{速度：}\ \boldsymbol{v}\equiv\lim_{\Delta t\to 0}\frac{\Delta\boldsymbol{r}}{\Delta t}=\frac{\mathrm{d}\boldsymbol{r}}{\mathrm{d}t} \tag{2.10}$$

$$\therefore\quad \boldsymbol{v}=(v_x,v_y,v_z)=\left(\frac{\mathrm{d}x}{\mathrm{d}t},\frac{\mathrm{d}y}{\mathrm{d}t},\frac{\mathrm{d}z}{\mathrm{d}t}\right)$$

速度の大きさ（速さ）は，$v=|\boldsymbol{v}|=\sqrt{v_x{}^2+v_y{}^2+v_z{}^2}$ であり，速度の向きは，微小変位$\mathrm{d}\boldsymbol{r}$の向き，すなわち軌道の接線方向である。

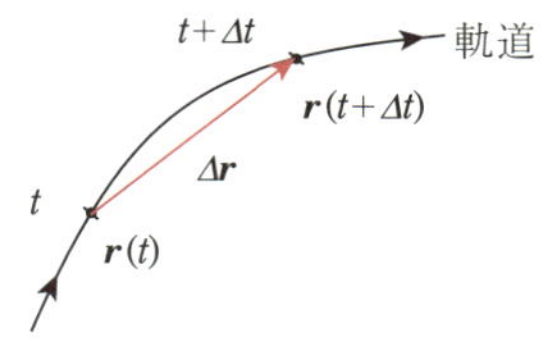

図 2.8

2.3.2 加速度（ベクトル表示）

図2.9に示すように，時間Δtの間における速度の変化量（ベクトル）は$\Delta\boldsymbol{v}=\boldsymbol{v}(t+\Delta t)-\boldsymbol{v}(t)$となる。速度の場合と同様に，$\Delta t\to 0$の極限をとり，時刻$t$の瞬間における加速度$\boldsymbol{a}$を，速度$\boldsymbol{v}$の時間微分として，次式で定義する。

$$\text{加速度：}\ \boldsymbol{a}\equiv\lim_{\Delta t\to 0}\frac{\Delta\boldsymbol{v}}{\Delta t}=\frac{\mathrm{d}\boldsymbol{v}}{\mathrm{d}t}=\frac{\mathrm{d}^2\boldsymbol{r}}{\mathrm{d}t^2} \tag{2.11}$$

$$\therefore\quad \boldsymbol{a}=(a_x,a_y,a_z)=\left(\frac{\mathrm{d}v_x}{\mathrm{d}t},\frac{\mathrm{d}v_y}{\mathrm{d}t},\frac{\mathrm{d}v_z}{\mathrm{d}t}\right)=\left(\frac{\mathrm{d}^2x}{\mathrm{d}t^2},\frac{\mathrm{d}^2y}{\mathrm{d}t^2},\frac{\mathrm{d}^2z}{\mathrm{d}t^2}\right) \tag{2.12}$$

加速度の大きさは，$a=|\boldsymbol{a}|=\sqrt{a_x{}^2+a_y{}^2+a_z{}^2}$ であり，加速度の向きは，速度の微小変化$\mathrm{d}\boldsymbol{v}$の向きである。

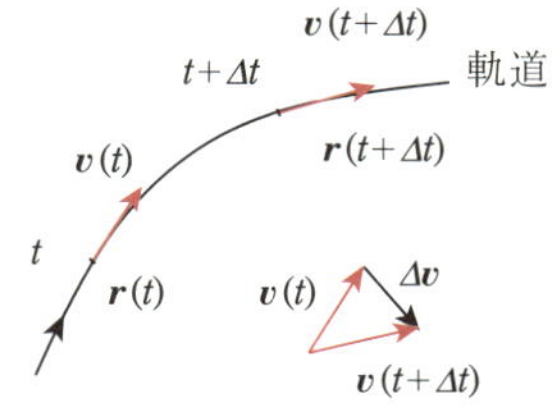

図 2.9

例題 2-5

次の場合について，任意の時刻tにおける加速度を求めよ。ただし，v_0, θ, g, r_0, ωは正の定数とする。

(1) $\boldsymbol{r}=(x,y)=\left(v_0\cos\theta\cdot t,\quad v_0\sin\theta\cdot t-\dfrac{1}{2}gt^2\right)$

(2) $\boldsymbol{r}=(x,y)=\left(r_0\cos(\omega t),\quad r_0\sin(\omega t)\right)$

解答

(1) $\boldsymbol{a}=(a_x,a_y)=(0,-g)$

(2) $\boldsymbol{a}=(a_x,a_y)=-\omega^2(r_0\cos\omega t,r_0\sin\omega t)=-\omega^2\boldsymbol{r}$

2.3.3　速度・加速度ベクトルの積分方法

3次元空間では，(2.8) 式と (2.4) 式で示した加速度から速度，速度から位置を求める式は，それぞれ次のようなベクトル式で表記される。

$$\text{速度：}\quad \boldsymbol{v}(t) = \boldsymbol{v}_0 + \Delta\boldsymbol{v} = \boldsymbol{v}_0 + \int_0^t \boldsymbol{a}(t')\mathrm{d}t' \tag{2.13}$$

$$\text{位置：}\quad \boldsymbol{r}(t) = \boldsymbol{r}_0 + \Delta\boldsymbol{r} = \boldsymbol{r}_0 + \int_0^t \boldsymbol{v}(t')\mathrm{d}t' \tag{2.14}$$

成分で表示すると，

$$\begin{aligned} v_x &= v_{0x} + \Delta v_x = v_{0x} + \int_0^t a_x(t')\mathrm{d}t' \\ v_y &= v_{0y} + \Delta v_y = v_{0y} + \int_0^t a_y(t')\mathrm{d}t' \\ v_z &= v_{0z} + \Delta v_z = v_{0z} + \int_0^t a_z(t')\mathrm{d}t' \end{aligned} \tag{2.15}$$

および

$$\begin{aligned} x &= x_0 + \Delta x = x_0 + \int_0^t v_x(t')\mathrm{d}t' \\ y &= y_0 + \Delta y = y_0 + \int_0^t v_y(t')\mathrm{d}t' \\ z &= z_0 + \Delta z = z_0 + \int_0^t v_z(t')\mathrm{d}t' \end{aligned} \tag{2.16}$$

となり，成分ごとに計算することが可能である。

第3章 運動の法則

ニュートン(Newton)は，運動の3法則を「プリンピキア（自然哲学の数学的原理）」という書物に著している。ニュートンは，微分・積分を中心とする数学によって物体の運動を解析したのである。

3.1 運動の第1法則——慣性の法則

恒星や惑星から十分遠く離れた宇宙空間を考える。そこにある物体には，恒星や惑星からの力が働いていないという理想的な状況が実現する。このように物体に他からの力が全く働かない状況では，静止している物体は静止を続け，運動している物体は等速直線運動を続ける。このことを運動の第1法則という。

3.1.1 慣性の法則

物体には現在の運動状態を保持しようとする性質があり，それを慣性という。質量の大きい物体ほど，他から外力が働いても静止し続けようとしたり，等速直線運動をし続けようとしたりする傾向が強い。それで，運動の第1法則を慣性の法則と呼ぶ。

3.1.2 運動の第1法則の役割

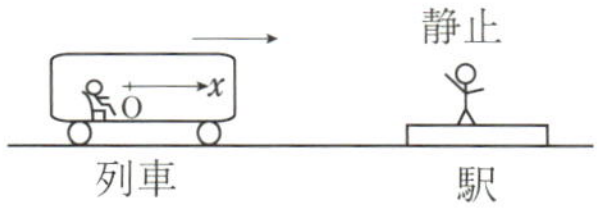

図 3.1

図3.1に示すように，十分長い一直線の線路上を走行する列車があり，列車内の乗客（座標系）からみたとき駅のホームに立っている人はどのようにみえるかを考えてみる。

まず，物理学の大前提として，絶対的な運動というものはない，ということに注意しよう。つまり，運動とは相対的なものであって，どちらか一方だけが止まっていてもう一方が動いているとはいえないということである。われわれの常識からすると，駅のホームに人がいて，ホームを列車が通過する場合，列車が運動していてホーム上の人は静止していると思うのが普通である。しかし，ホーム上に止まっているようにみえる人でも，動いている列車内の人からみれば，列車内にいる自分の方が止まっていて，ホーム上の人が列車とは反対方向に動いてくるようにみえることもあるし，そのように解釈しても差し支えない。運動とは2物体間の相対的な位置関係が時間的にどう変化するかということであって，どちらか一方が止まっていて，他方が動いていると断言することはできない。

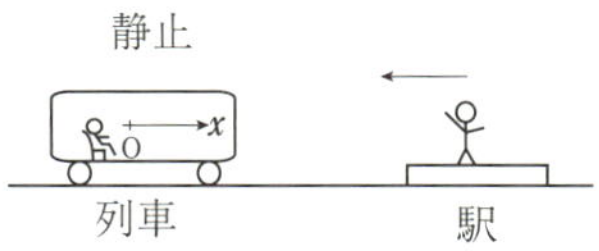

図 3.2

そのことを認めるなら，列車が駅に停車するために減速している場合，列車内の乗客からみると，ホームにいる人が初めは速い速度で近づき，次第に遅く近づくようになり，最終的に列車の横に静止するようにみえる（図3.2）。つまり，列車内の乗客と一緒に運動する座標系O-x系からみると，ホーム上にいる人には水平方向の力が全く働いていないのに，加速度運動(減速運動)をしているようにみえる。つまり，ホームにいる人は，静止を続けてもいないし，等速直線運動をしてもいないので，運動の第1法則に反することになる。

ところで，別の列車が一定の速度で駅のホームを（等速直線運動して）通過する場合を考えてみよう。すると，列車内の乗客には，ホーム上にいる人は列車とは逆方向に等速直線運動をしているようにみえる。すなわち，この場合は，O-x系からみると，運動の第1法則は正しく成り立っている。この列車のO-x系のように，運動の第1法則が成り立つようにみえる座標系を**慣性系**という。一方，運動の第1法則を破っているようにみえる座標系を**非慣性系（加速度系）**という。

運動の第1法則には，後述する運動の第2法則や第3法則の前提条件である慣性系を定義する役割がある。

3.1.3　座標系と初期条件

物体の加速度から速度，速度から位置を計算していく際に，時刻$t = 0$での位置と速度（初期条件）がわかっている必要がある。座標系の原点や座標軸の向きが決まると，物体の位置と速度は必然的に決まる。したがって，運動の計算を始める際には運動の第1法則を満たす座標系をきちんと定義し，計算結果を吟味する際には必ず確認しなければならない。

例題 3-1

だるま落としの現象を解析するための座標系として適当でないものを，次の(1)～(3)のうちから1つ選べ。

(1)市街地を走るバスの中で実験し，バスの中に座標系をとる。

(2)真っ直ぐな線路を一定の速さで走る新幹線の中で実験し，新幹線の中に座標系をとる。

(3)学校の理科室の中で実験し，理科室の中に座標系をとる。

解説＆解答

正解は(1)。バスは市街地では加速と減速を繰り返すため，バスの中にとった座標系は慣性系ではない。

3.2　運動の第2法則――運動方程式

等速直線運動をしている物体に，他からの力が働く場合を考える。進行方向と同じ向きに働く場合，運動の向きは変わらず，速さが増加する。また，進行方向と逆向きに働く場合には，速さが減少する。一方，進行方向に対して垂直の向きに働く場合，速さは一定であるが，進行方向が力の向きに曲げられる。その運動の単位時間あたりの変化量が加速度である。

物体の加速度は，他からの力の向きに生じ，力の大きさに比例し，物体の質量に反比例する。このことを，**運動の第2法則**という。

3.2.1　運動方程式

運動の第2法則を数式にしたものを，ニュートンの運動方程式という。

$$\text{ニュートンの運動方程式：}\boldsymbol{F} = m\boldsymbol{a} \tag{3.1}$$

ここで，mは物体の質量，$\boldsymbol{a} = (a_x, a_y, a_z)$は加速度，$\boldsymbol{F}(F_x, F_y, F_z)$は外からの力である。とくに，図3.3に示すように，加速度（ベクトル）の向きと力（ベクトル）の向きが同じであることも重要である：$\boldsymbol{F} \,/\!/\, \boldsymbol{a}$。つまり，力を受けた方向に加速度が生じる。

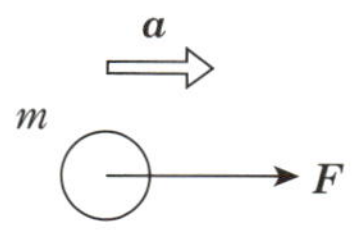

図 3.3

加速度$\boldsymbol{a}$は，速度$\boldsymbol{v} = (v_x, v_y, v_z)$や位置$\boldsymbol{r} = (x, y, z)$の時間微分として，表記することもあるので，その場合の運動方程式は次のようになる。

$$m\frac{\mathrm{d}\boldsymbol{v}}{\mathrm{d}t} = \boldsymbol{F} \quad \text{または} \quad m\frac{\mathrm{d}^2\boldsymbol{r}}{\mathrm{d}t^2} = \boldsymbol{F} \tag{3.2}$$

そして，運動の解析に用いる際には，次式のように直交座標系における成分ごとに方程式をたてて解く場合が多い。

$$\begin{aligned} x\text{成分：}\ & m\frac{\mathrm{d}v_x}{\mathrm{d}t} = F_x \quad \text{または} \quad m\frac{\mathrm{d}^2x}{\mathrm{d}t^2} = F_x \\ y\text{成分：}\ & m\frac{\mathrm{d}v_y}{\mathrm{d}t} = F_y \quad \text{または} \quad m\frac{\mathrm{d}^2y}{\mathrm{d}t^2} = F_y \\ z\text{成分：}\ & m\frac{\mathrm{d}v_z}{\mathrm{d}t} = F_z \quad \text{または} \quad m\frac{\mathrm{d}^2z}{\mathrm{d}t^2} = F_z \end{aligned} \tag{3.3}$$

運動方程式の左辺にある物体の質量mは，大きくなるにしがたって，運動状態を保持しようとする性質が大きくなる。そのため，慣性質量ということがある。

一方，運動方程式の右辺にある力$\boldsymbol{F}$のうち，（時間や位置に依存せず）一定の値をとる力もある。その代表的なものは重力であり，そのような力の数は多くはない。一般の力の場合には，たとえば衝突時の衝撃力，空気抵抗，ばねの弾性力など，時刻t，速度$\boldsymbol{v}$，位置$\boldsymbol{r}$の関数になっていることが多い。

時刻，速度，位置に応じて変化する力を受けて物体が運動する場合には，加速度は時刻とともに変化する。その場合は，運動方程式を微分方程式としてとらえ，初期条件を満たす微分方程式の解である速度と位置を直接求めるという計算手法を用いる。

また，次に示す例題3-2のように，座標系の取り方が変わると，運動方程式や初期条件が変わるので，注意しなければならない。

例題 3-2

地面からの高さがhの雨雲から質量mの雨滴が落下した。雨滴には重力$W = mg$と速さvに比例する抵抗力$f = -bv$（bは正の定数）が働くとする。その運動を扱うための座標系を定義し，運動方程式と，運動方程式を解くための初期条件を書け。

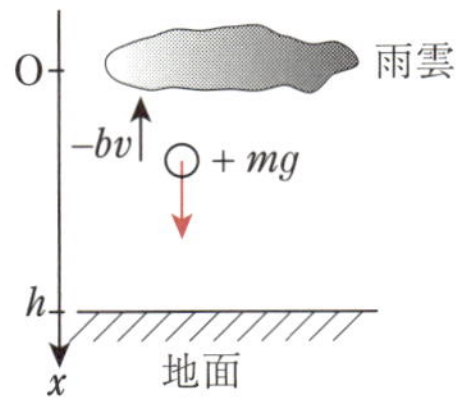

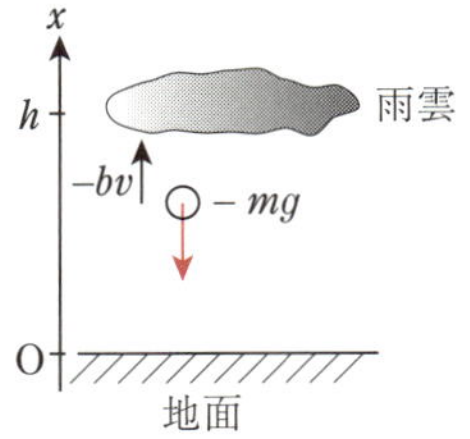

図 3.4

解説&解答

以下，bは正の定数とする（第5章参照）。
雨雲の高さに原点をとり，鉛直下向きにx軸をとる。

$$\text{運動方程式：}m\frac{\mathrm{d}v}{\mathrm{d}t}=mg-bv$$

初期条件：$t=0$のとき，$v=0$，$x=0$

［別解］

地面に原点をとり，鉛直上向きにx軸をとる。

$$\text{運動方程式：}m\frac{\mathrm{d}v}{\mathrm{d}t}=-mg-bv$$

初期条件：$t=0$のとき，$v=0$，$x=h$

3.2.2　複数の力が働く場合

外部から複数の力$\boldsymbol{F}_1 \sim \boldsymbol{F}_n$が物体に働く場合，運動方程式の右辺は外部からの力の合力となり，その合力の向きに加速度が生じる。

$$\text{運動方程式：}m\boldsymbol{a}=\boldsymbol{F}_1+\boldsymbol{F}_2+\cdots \boldsymbol{F}_n \tag{3.4}$$

物体に働く力の合力が0（零ベクトル）になる場合，力がつりあっているという。

$$\text{力のつりあいの式：}\boldsymbol{F}_1+\boldsymbol{F}_2+\cdots \boldsymbol{F}_n=\boldsymbol{0} \tag{3.5}$$

外からの力がつりあっているとき，運動方程式から計算すると，物体の加速度は$\boldsymbol{0}$（零ベクトル）となり，物体は静止または等速直線運動を続けることがわかる。そこで，3.1節の冒頭部分の運動の第1法則は，力のつりあいの状況まで含めれば，「外部から力が働かないか，あるいは力のつりあいにあるとき，物体は静止または等速直線運動を続ける」と記述できる。

例題 3-3

重さWの人がエレベーターで，一定の速さで上昇している。このとき，エレベーターの床から人が受ける力の大きさNを求めよ。

解説&解答

エレベーターの中に座標系をとると，この座標系は慣性系である。人はエレベーター内で静止し続け，力はつりあっている：$N=W$。

3.3　力について

力は物体に加速度を生じさせるものとして，運動の第2法則によって定義される。力の単位「N（ニュートン）」は，運動方程式$ma=F$によって，「質量mが1 kgの物体に，1 m/s^{2}の加速度aを生じさせる力Fを1 Nとする」と定義されている。

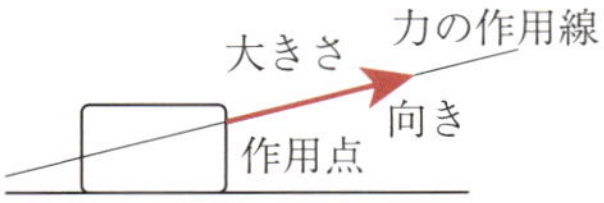

図 3.5

力には，力の大きさ，力の向き，力の作用点の3つの要素がある。このことを**力の3要素**という。図3.5に示すように，力はベクトルなので矢印で表記し，力の大きさの目安は矢印の長さで，力の向きは矢印の向きで，力の作用点は矢印の始点で表す。矢印に沿って延長した線を**力の作用線**という。力の作用線上で力の作用点を移動させても，物体を回転させることもなく，物体の運動には何も影響を及ぼさない。

3.3.1 重力

地球上では，質量をもつ物体は鉛直下向きに力を受けている。この力を重力という。重力の大きさWは物体の質量mに比例する。その比例定数gは**重力加速度**の大きさといい，その値は，9.7970727 m/s^2（国際基準点における）である。

$$\text{重力}：W = mg \tag{3.6}$$

ここで，質量mは重力に関係する質量であり，運動方程式の左辺の慣性質量と対比して，**重力質量**という。

3.3.2 拘束力

重力など外からの力が働いている物体を，静止させたり，平面内に留めたりするためには，外からの力の大きさや向きに応じて，自在に変化できる力が必要となる。このような力を**拘束力**という。

拘束力には，垂直抗力，糸の張力，静止摩擦力などがある。図3.6に示すように，これらの力の大きさと向きは，たとえば糸の張力など，外からの力に応じて変化するため，通常は未知量であり，力のつりあいの式や運動方程式をたてることによって求めることができる。

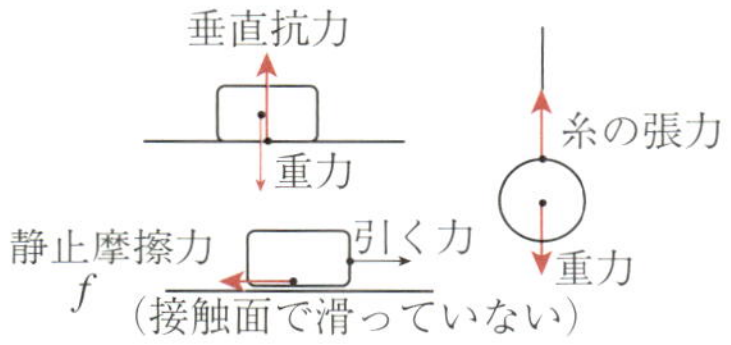

図 3.6

垂直抗力は，水平面や斜面に物体を留めるために必要な力であり，力の向きは面に対して垂直であり，面が物体を押す力である。

糸の**張力**は，物体を糸でつり下げた場合，物体を糸が引く力である。

静止摩擦力は，物体と面との間で，接触面で滑っていない状況で，ずれが起こらないようにする力である。この静止摩擦力には，接触面で滑り出す限界となる最大値がある。その最大値を**最大摩擦力**という。最大摩擦力の大きさf_0は，接触面を押し合う垂直抗力Nと比例関係にある。その比例定数μを**静止摩擦係数**といい，その大きさは$0 \leq \mu \leq 1$である。

$$\text{静止摩擦力}：f \leq f_0 = \mu N \tag{3.7}$$

例題 3-4

質量mの箱が，水平に対して角度θをなす斜面の上に置かれている。重力加速度の大きさをgとして，次の問いに答えよ。

(1)箱が滑っていない場合，箱に働く垂直抗力Nと静止摩擦力Fを求めよ。

(2)角度θを次第に大きくしたら，$\theta = 30°$で箱が滑り出した。物体と斜面の間の静止摩擦係数μを求めよ。

解説＆解答

(1)　力のつりあいの式：$N = mg\cos\theta$，$F = mg\sin\theta$

(2)　$\mu mg\cos 30° = mg\sin 30°$ より，$\mu = \tan 30° \approx 0.58$。

3.3.3 抵抗力

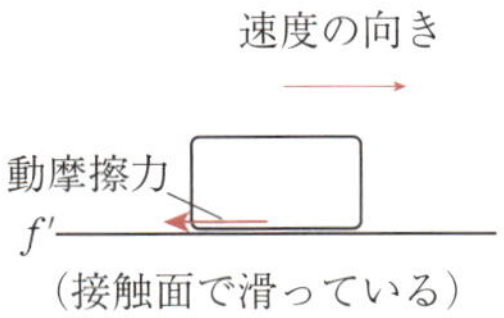

図 3.7

物体の速度の向きに対して逆向きに働く力を抵抗力という。この力だけが働くと，物体は減速し，やがて静止する。物体に働く抵抗力には，動摩擦力，粘性抵抗，慣性抵抗などがある。

動摩擦力は，物体と面との間で，接触面で滑っている状況で，物体の滑りを抑える向きに働く力である。動摩擦力の大きさf'は，接触面を押し合う垂直抗力Nと比例関係にある。その比例定数μ'を動摩擦係数という。

動摩擦力：$f' = \mu' N$　(3.8)

粘性抵抗と慣性抵抗は，固体の物体が，液体や気体など流体の中を運動するときに，物体の速度とは逆向きに受ける力であり，物体の速度や流体の移動する速さに依存して変化する。これらの力の大きさは，物体の質量には無関係であり，物体の大きさや形状，および物体表面の状態や流体の性質に関係する。

粘性抵抗は，運動する物体の後方に，渦ができない場合に生じる抵抗力である。渦ができにくい条件としては，物体の形状が球や流線型であり，物体の速度が遅いことがあげられる。粘性抵抗の大きさF'は，物体の速さvに比例する。比例定数をbとおき，次式で与えられる。

粘性抵抗：$F' = bv$　（第5章の5.1節を参照）　(3.9)

慣性抵抗は，運動する物体の後方に，渦ができる場合に生じる抵抗力である。渦ができる条件としてはパラシュートや鳥の羽根のように空気抵抗を受けやすい形状であることがあげられ，物体の形状がたとえ球や流線型であっても物体の速度が速い場合には渦が生じる。慣性抵抗の大きさF'は，物体の速さvの2乗に比例する。比例定数をkとおくと次式で与えられる。

慣性抵抗：$F' = kv^2$（第5章の5.2節を参照）　(3.10)

3.3.4 ばねの弾性力

ばねは，その素材である鋼のもつ弾性により，伸びると引く力が生じ，縮むと押す力が生じる。ばねの弾性力の大きさFは，ばねが伸び縮みした長さsに比例する。比例定数kはばね定数といわれ，ばねの弾性力とばねの伸び縮みした長さsが比例することは，フック(Hooke)の法則といわれている。

ばねの弾性力：$F = ks$　(3.11)

3.4 運動の第3法則——作用・反作用の法則

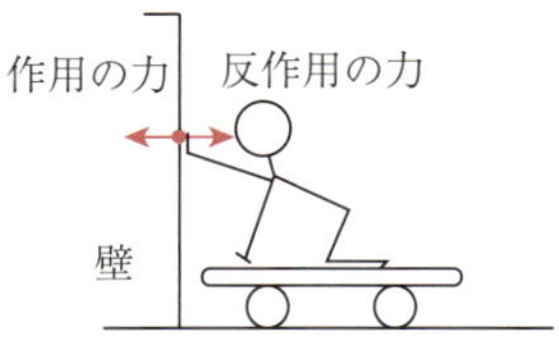

図 3.8

2つの物体の間に働く力について考える。図3.8に示すように，台車に乗って人が壁を押すと，人は壁から力を受け台車が動き出す。このように，一方の物体が他方の物体に力を及ぼすと，他の物体から逆向きに力を及ぼされることになる。前者の力を作用の力とすると，後者の力は反作用の力ということになる。

2つの物体間では，一方の物体が他方の物体に作用の力を及ぼすと，必ず他方の物体から反作用の力を受ける。作用の力と反作用の力の大きさは等しく，力の向きは逆向きであり，その力の作用線は一直線上にある。これを**運動の第３法則**，または**作用・反作用の法則**という。

例題 3-5

次の事例の中から，作用・反作用の法則に関するものを選べ。

(1)人が水平な台の上にいる。台が人を支える力は，人に働く重力と，力の大きさが等しい。

(2)人が台車を押して斜面をのぼっている。人が台車を押す力は，台車に働く重力の斜面に平行方向成分と，力の大きさが等しい。

(3)水平面上で，2人が重い綱を逆向きに引き合っている。2人が綱を引く力は，力の大きさが等しい。

(4)人がボールを投げた。投げる際にボールから人が受ける力は，人がボールに与えた力と，力の大きさが等しい。

解説＆解答

(4)が作用・反作用の力の関係。(1)は人，(2)は台車，(3)は綱に対する力のつりあい。

3.5　運動方程式の極座標表示

運動の第3法則より，2物体間に働く力の作用線は，2物体を結ぶ直線上にあり，力の向きは作用線に平行であることがわかる。そこで，一方の物体を座標系の原点に固定して考えると，もう一方の物体に働く力は，原点向きの引力か，あるいは原点から遠ざかる向きの反発力であり，その力の大きさは物体間の距離にのみ関係することになる。このような力は**中心力**といわれている。

中心力の一例として，万有引力がある。惑星や人工衛星の公転運動のように中心力の作用による運動を扱うには，解析の対象となる惑星や人工衛星のそれぞれと比べて，質量が非常に大きく不動の物体とみなせる太陽や地球の中心に原点をとり，2次元極座標で表記された運動方程式をたてると便利である。

3.5.1　速度の極座標表示

2次元極座標における位置は(r,θ)で表され，2次元直交座標(x,y)との関係は，

$$x = r\cos\theta,\ \ y = r\sin\theta \tag{3.12}$$

で与えられている。また，2次元極座標での基本ベクトルをx，y成分で表すと図3.9に示すように次式で与えられる。

$$r\text{方向}：\hat{\boldsymbol{r}} = (\cos\theta,\ \sin\theta),\ \ \theta\text{方向}：\hat{\boldsymbol{\theta}} = (-\sin\theta,\ \cos\theta) \tag{3.13}$$

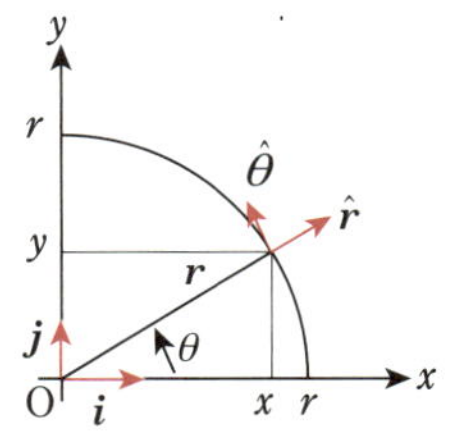

図 3.9

速度のx成分およびy成分は，定義にしたがって計算すると，次式になる。

$$\begin{aligned} v_x &= \frac{\mathrm{d}x}{\mathrm{d}t} = \frac{\mathrm{d}}{\mathrm{d}t}(r\cos\theta) = \frac{\mathrm{d}r}{\mathrm{d}t}\cos\theta - r\sin\theta\frac{\mathrm{d}\theta}{\mathrm{d}t} \\ v_y &= \frac{\mathrm{d}y}{\mathrm{d}t} = \frac{\mathrm{d}}{\mathrm{d}t}(r\sin\theta) = \frac{\mathrm{d}r}{\mathrm{d}t}\sin\theta + r\cos\theta\frac{\mathrm{d}\theta}{\mathrm{d}t} \end{aligned} \tag{3.14}$$

そこで，速度$\boldsymbol{v}$を2次元直交座標の基本ベクトル$\boldsymbol{i}$と$\boldsymbol{j}$，および2次元極座標の基本ベクトル$\hat{\boldsymbol{r}}$と$\hat{\boldsymbol{\theta}}$で表示すると，次式となる。

$$\begin{aligned} \boldsymbol{v} &= v_x\boldsymbol{i} + v_y\boldsymbol{j} \\ &= \left(\frac{\mathrm{d}r}{\mathrm{d}t}\cos\theta - r\sin\theta\frac{\mathrm{d}\theta}{\mathrm{d}t}\right)\boldsymbol{i} + \left(\frac{\mathrm{d}r}{\mathrm{d}t}\sin\theta + r\cos\theta\frac{\mathrm{d}\theta}{\mathrm{d}t}\right)\boldsymbol{j} \\ &= \frac{\mathrm{d}r}{\mathrm{d}t}(\cos\theta\boldsymbol{i} + \sin\theta\boldsymbol{j}) + r\frac{\mathrm{d}\theta}{\mathrm{d}t}(-\sin\theta\boldsymbol{i} + \cos\theta\boldsymbol{j}) = \frac{\mathrm{d}r}{\mathrm{d}t}\hat{\boldsymbol{r}} + r\frac{\mathrm{d}\theta}{\mathrm{d}t}\hat{\boldsymbol{\theta}} \end{aligned} \tag{3.15}$$

よって，速度のr方向成分v_rおよびθ方向成分v_θは，次式で表記される。

$$r\text{ 方向：}\ v_r = \frac{\mathrm{d}r}{\mathrm{d}t} \tag{3.16}$$

$$\theta\text{ 方向：}\ v_\theta = r\frac{\mathrm{d}\theta}{\mathrm{d}t} \tag{3.17}$$

3.5.2　加速度の極座標表示

加速度のx成分およびy成分は，定義にしたがって計算すると，次式となる。

$$\begin{aligned} a_x &= \frac{\mathrm{d}v_x}{\mathrm{d}t} = \frac{\mathrm{d}}{\mathrm{d}t}\left(\frac{\mathrm{d}r}{\mathrm{d}t}\cos\theta - r\sin\theta\frac{\mathrm{d}\theta}{\mathrm{d}t}\right) \\ &= \frac{\mathrm{d}^2r}{\mathrm{d}t^2}\cos\theta - 2\frac{\mathrm{d}r}{\mathrm{d}t}\sin\theta\frac{\mathrm{d}\theta}{\mathrm{d}t} - r\cos\theta\frac{\mathrm{d}\theta}{\mathrm{d}t}\frac{\mathrm{d}\theta}{\mathrm{d}t} - r\sin\frac{\mathrm{d}^2\theta}{\mathrm{d}t^2} \\ &= \left(\frac{\mathrm{d}^2r}{\mathrm{d}t^2} - r\left(\frac{\mathrm{d}\theta}{\mathrm{d}t}\right)^2\right)\cos\theta - \left(2\frac{\mathrm{d}r}{\mathrm{d}t}\frac{\mathrm{d}\theta}{\mathrm{d}t} + r\frac{\mathrm{d}^2\theta}{\mathrm{d}t^2}\right)\sin\theta \end{aligned} \tag{3.18}$$

$$\begin{aligned} a_y &= \frac{\mathrm{d}v_y}{\mathrm{d}t} = \frac{\mathrm{d}}{\mathrm{d}t}\left(\frac{\mathrm{d}r}{\mathrm{d}t}\sin\theta + r\cos\theta\frac{\mathrm{d}\theta}{\mathrm{d}t}\right) \\ &= \frac{\mathrm{d}^2r}{\mathrm{d}t^2}\sin\theta + 2\frac{\mathrm{d}r}{\mathrm{d}t}\cos\theta\frac{\mathrm{d}\theta}{\mathrm{d}t} - r\sin\theta\frac{\mathrm{d}\theta}{\mathrm{d}t}\frac{\mathrm{d}\theta}{\mathrm{d}t} + r\cos\theta\frac{\mathrm{d}^2\theta}{\mathrm{d}t^2} \\ &= \left(\frac{\mathrm{d}^2r}{\mathrm{d}t^2} - r\left(\frac{\mathrm{d}\theta}{\mathrm{d}t}\right)^2\right)\sin\theta + \left(2\frac{\mathrm{d}r}{\mathrm{d}t}\frac{\mathrm{d}\theta}{\mathrm{d}t} + r\frac{\mathrm{d}^2\theta}{\mathrm{d}t^2}\right)\cos\theta \end{aligned} \tag{3.19}$$

そして，基本ベクトルを使用して表記すると，次式となる。

$$
\begin{aligned}
\boldsymbol{a} &= a_x \boldsymbol{i} + a_y \boldsymbol{j} \\
&= \left(\left(\frac{\mathrm{d}^2 r}{\mathrm{d}t^2} - r\left(\frac{\mathrm{d}\theta}{\mathrm{d}t}\right)^2 \right)\cos\theta - \left(2\frac{\mathrm{d}r}{\mathrm{d}t}\frac{\mathrm{d}\theta}{\mathrm{d}t} + r\frac{\mathrm{d}^2\theta}{\mathrm{d}t^2} \right)\sin\theta \right)\boldsymbol{i} \\
&\quad + \left(\left(\frac{\mathrm{d}^2 r}{\mathrm{d}t^2} - r\left(\frac{\mathrm{d}\theta}{\mathrm{d}t}\right)^2 \right)\sin\theta + \left(2\frac{\mathrm{d}r}{\mathrm{d}t}\frac{\mathrm{d}\theta}{\mathrm{d}t} + r\frac{\mathrm{d}^2\theta}{\mathrm{d}t^2} \right)\cos\theta \right)\boldsymbol{j} \\
&= \left(\frac{\mathrm{d}^2 r}{\mathrm{d}t^2} - r\left(\frac{\mathrm{d}\theta}{\mathrm{d}t}\right)^2 \right)(\cos\theta\boldsymbol{i} + \sin\theta\boldsymbol{j}) + \left(2\frac{\mathrm{d}r}{\mathrm{d}t}\frac{\mathrm{d}\theta}{\mathrm{d}t} + r\frac{\mathrm{d}^2\theta}{\mathrm{d}t^2} \right)(-\sin\theta\boldsymbol{i} + \cos\theta\boldsymbol{j}) \\
&= \left(\frac{\mathrm{d}^2 r}{\mathrm{d}t^2} - r\left(\frac{\mathrm{d}\theta}{\mathrm{d}t}\right)^2 \right)\hat{\boldsymbol{r}} + \left(2\frac{\mathrm{d}r}{\mathrm{d}t}\frac{\mathrm{d}\theta}{\mathrm{d}t} + r\frac{\mathrm{d}^2\theta}{\mathrm{d}t^2} \right)\hat{\boldsymbol{\theta}} \qquad (3.20)
\end{aligned}
$$

よって，加速度のr方向成分a_rおよびθ方向成分a_θは，次式で表記される。

$$r\text{方向：}\ a_r = \frac{\mathrm{d}^2 r}{\mathrm{d}t^2} - r\left(\frac{\mathrm{d}\theta}{\mathrm{d}t}\right)^2 \qquad (3.21)$$

$$\theta\text{方向：}\ a_\theta = 2\frac{\mathrm{d}r}{\mathrm{d}t}\frac{\mathrm{d}\theta}{\mathrm{d}t} + r\frac{\mathrm{d}^2\theta}{\mathrm{d}t^2} = \frac{1}{r}\frac{\mathrm{d}}{\mathrm{d}t}\left(r^2\frac{\mathrm{d}\theta}{\mathrm{d}t}\right) \qquad (3.22)$$

3.5.3　運動方程式の極座標表示

質量mの物体に，外からの力$\boldsymbol{F} = F_r\hat{\boldsymbol{r}} + F_\theta\hat{\boldsymbol{\theta}}$が働くとき，2次元極座標で表記された運動方程式$m\boldsymbol{a} = \boldsymbol{F}$は，次式となる。

$$
\begin{aligned}
m\boldsymbol{a} &= m(a_r\hat{\boldsymbol{r}} + a_\theta\hat{\boldsymbol{\theta}}) = m\left(\frac{\mathrm{d}^2 r}{\mathrm{d}t^2} - r\left(\frac{\mathrm{d}\theta}{\mathrm{d}t}\right)^2 \right)\hat{\boldsymbol{r}} + m\frac{1}{r}\frac{\mathrm{d}}{\mathrm{d}t}\left(r^2\frac{\mathrm{d}\theta}{\mathrm{d}t}\right)\hat{\boldsymbol{\theta}} \\
&= F_r\hat{\boldsymbol{r}} + F_\theta\hat{\boldsymbol{\theta}} \qquad (3.23)
\end{aligned}
$$

よって，運動方程式のr方向成分及びθ方向成分は，次式で表記される。

$$r\text{方向：}\ m\left(\frac{\mathrm{d}^2 r}{\mathrm{d}t^2} - r\left(\frac{\mathrm{d}\theta}{\mathrm{d}t}\right)^2 \right) = F_r \qquad (3.24)$$

$$\theta\text{方向：}\ m\frac{1}{r}\frac{\mathrm{d}}{\mathrm{d}t}\left(r^2\frac{\mathrm{d}\theta}{\mathrm{d}t}\right) = F_\theta \qquad (3.25)$$

例題 3-6

万有引力のような中心力が働き，半径rの円運動を行っている場合の運動方程式を2次元極座標で表せ。

解説&解答

中心力であるため，$F_\theta=0$。円運動であるためrが一定。

よって，運動方程式は，r方向：$-mr\left(\frac{\mathrm{d}\theta}{\mathrm{d}t}\right)^2 = F_r$，$\theta$方向：$mr\frac{\mathrm{d}^2\theta}{\mathrm{d}t^2} = 0$。

前式から$F_r < 0$で引力であること，後式より$\frac{\mathrm{d}\theta}{\mathrm{d}t}$が一定（角速度一定）で回転していることがわかる。

第4章 重力のもとでの運動

地球上にある物体には，重力が鉛直下向きに働く。重力は地球と物体との間に作用する万有引力に起因している（第8章を参照）。地球の表面付近だけで考えている場合には，この重力の大きさは一定であると考えてよい。その向きは地球の中心を向いている。

4.1 重力と重力加速度

金属の小球を落下させると，小球は地面に向かってどんどん加速してゆく。つまり，加速度が存在していて，この加速度の値を重力加速度の大きさといい，$g = 9.80\ \mathrm{m/s^2}$で表す（3.3.1参照）。

重力の大きさWを未知量とし，質量mの小球について，鉛直下向きに座標軸をとった運動方程式：$ma = W$をたてる。すると，加速度$a = g$であることから，重力の関係式：$W = mg$が得られる。

重力は，日常生活では「重量」，「重さ」ともいわれる。重力は地球が物体を引っ張る万有引力に加え，厳密には地球の自転による遠心力が加わった合力である。地球は赤道が子午線より長い回転楕円体であり，自転による速さは赤道付近で大きいため，遠心力の寄与が大きくなり，同一の物体に働く重力は，緯度が低くなると小さくなる傾向にある。また，地下に密度の大きい岩石が多量にある場所でも，重力は大きくなる。このため，地球上の場所によって，重力加速度の実測値は異なる値を示す。

一方，質量は重力とは異なり，慣性の大きさを表す物体固有の物理量である。したがって，質量は地球上に限らずどこで測定しても一定となる。

例題 4-1

次の測定器具は，東京で100 gの物体の質量を正確に測定できるように調整されている。北海道や九州でも，調整を変えることなく，100 gの物体の質量を正確に測定できる器具はどれか。最も適当なものを，次のうちから1つ選べ。

(1)ばねはかり　(2)台はかり　(3)天秤と分銅　(4)デジタル電子はかり

解説＆解答

正解は(3)。他は，ばねの伸びを測定に使用しているため，重量を測定していることになる。そのため，場所によってわずかに変化する。

4.2 自由落下運動と鉛直投げ上げ

4.2.1 自由落下運動

小球を初速度0で落下させた場合の運動について考える。小球に働く空気抵抗や浮力が重力に比べて無視できるほど小さい場合には，小球は重力により加速され，重力の向きである鉛直下向きに落下していく。このような運動を**自由（自然）落下運動**という。

自由落下運動は鉛直下向きの一直線上の運動であるため，1次元の運動として，速度と位置を計算することができる。この運動をあつかう座標系としては，図4.1に示すように，鉛直上向きに+y軸をとり，地面の位置を0とし，小球が落下し始める最初の位置をy_0，時刻をtとすると，初期条件は次のように表される。

$$t=0 \text{ のとき，} v=0,\ y=y_0 \tag{4.1}$$

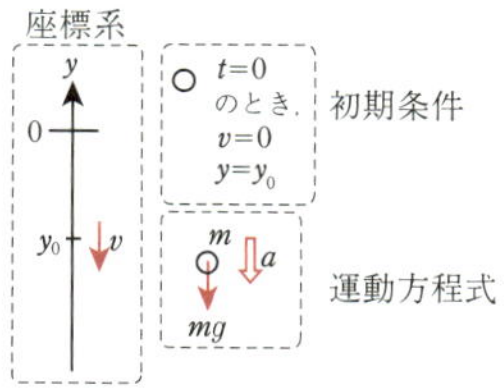

図 4.1

小球について運動方程式をたてると，次式のようになる。

$$m\frac{\mathrm{d}^2y}{\mathrm{d}t^2}=-mg \tag{4.2}$$

ここで，小球の速度は$v=\mathrm{d}y/\mathrm{d}t$だから，(4.2)式とは次式のことである。

$$m\frac{\mathrm{d}v}{\mathrm{d}t}=-mg \tag{4.3}$$

これは1階の微分方程式で，しかも右辺は定数だからすぐtで積分することができて，

$$v=-gt+C_1 \tag{4.4}$$

となる。ここでC_1は積分定数である。初期条件(4.1)を用いると$C_1=0$が得られて，

$$v=-gt \tag{4.5}$$

となる。さらに，vのことを$v=\mathrm{d}y/\mathrm{d}t$と書けば(4.5)式とは，

$$\frac{\mathrm{d}y}{\mathrm{d}t}=-gt \tag{4.6}$$

のことである。これもすぐにtで積分することができて，

$$y=-\frac{1}{2}gt^2+C_2 \tag{4.7}$$

となる。ここでC_2は積分定数である。初期条件(4.1)を用いると，$C_2=y_0$が得られるので，最終的に次式が得られる。

$$y=-\frac{1}{2}gt^2+y_0 \tag{4.8}$$

4.2.2 鉛直投げ上げ（投げ下ろし）

小球を鉛直上向きに投げ上げたときの運動について考える。この運動も，小球の初速度の方向と小球に働く重力の方向が同じであるため，速度や加速度などを1次元の運動として計算することができる。

この運動を扱う座標系は，図4.2に示すように，地面の位置を0，小球を投げ上げた位置をy_0とし，鉛直上向きに+y軸をとる。小球を投げ上げた時刻を$t=0$とすると，初期条件は次のように表される。

$$t=0 \text{ のとき，} v=v_0,\ y=y_0 \tag{4.9}$$

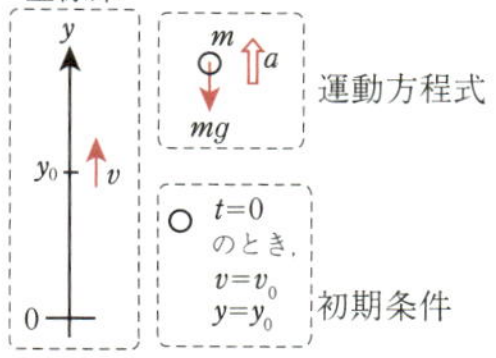

図 4.2

ただし，$v_0>0$のときは投げ上げ，$v_0<0$のときは投げ下ろしに対応する。図4.2では投げ上げ（$v_0>0$）の場合を描いている。小球について運動方程式をたてると，次式のようになる。

$$m\frac{\mathrm{d}^2y}{\mathrm{d}t^2}=-mg \tag{4.10}$$

これは(4.2)式と同じ，つまり自由落下運動のときと同じである。小球の速度はすぐ求めることができて，(4.4)式と同様になる。

$$v=-gt+C_3 \tag{4.11}$$

ここでC_3は積分定数である。初期条件(4.9)を用いると$C_3=v_0$が得られ，

$$v=-gt+v_0 \tag{4.12}$$

となる。$v=\mathrm{d}y/\mathrm{d}t$と書き直して両辺を$t$で積分すれば，

$$y=-\frac{1}{2}gt^2+v_0t+C_4 \tag{4.13}$$

が得られる。ここでC_4は積分定数である。初期条件(4.9)を用いると$C_4=y_0$が得られ，次式となる。

$$y=-\frac{1}{2}gt^2+v_0t+y_0 \tag{4.14}$$

(4.12)式で$v_0=0$とすれば$v=-gt$となり，(4.5)式と一致する。$v_0=0$とは自由落下運動のことであるから，これは当然の結果である。また，(4.14)式で$v_0=0$とすれば$y=-\frac{1}{2}gt^2+y_0$となり，(4.8)式と一致する。自由落下運動であるから，当然の結果である。

例題 4-2

地面からの高さがhの所から，小球を速さ$v_0>0$で鉛直上向きに投げ上げた。重力加速度の大きさをgとし，空気抵抗は無視できるとして，次の問いに答えよ。

(1)小球を投げ上げてから最高点に到達するまでの時間はいくらか。

(2)最高点の地面からの高さはいくらか。

(3)小球を投げ上げてから地面に衝突するまでの時間はいくらか。

解説&解答

図4.2と同じように鉛直上向きに$+y$軸をとる。

(1)最高点に到達するまでの時間をt_1とおくと，最高点では$v=0$であるから，(4.12)式より

$$t_1=\frac{v_0}{g}$$

初速度$v_0>0$が大きいほどt_1が大きくなることに注意しよう。つまり，v_0が大きいほど最高点に達するまでに時間がかかる。

(2)最高点に達するまでの時間t_1がわかったので，その時刻でのy座標の値y_1を読めばよい。(4.14)式より（$y_0=h$と読み替えて），

$$y_1=\frac{v_0^2}{2g}+h>h$$

(3)地面に衝突するまでの時間をt_2とおくと，地面の位置は$y=0$だから，(4.14)式より

$$0=-\frac{1}{2}gt_2{}^2+v_0t_2+h$$

この2次方程式を解いて，正の解だけをとると，

$$t_2=\frac{v_0}{g}+\sqrt{\frac{v_0^2}{g^2}+\frac{2h}{g}}>t_1$$

(1)と同様に，初速度$v_0>0$が大きいほどt_2が大きくなることに注意しよう。つまり，v_0が大きいほど地面に落下するまでに時間がかかる。

地面から投げ上げたとすると，$h=0$である。このとき，$t_2=2v_0/g=2t_1$となり，最高点に達するまでの時間の2倍となることがわかる。

4.3　放物運動

小球を水平に対して角度θをなす斜め上向きに，速さv_0で投げ出したときの運動について考えてみる。この運動は，初速度ベクトルと重力ベクトルに平行な一平面内の運動となるため，速度や位置を2次元の運動として計算することができる。空気抵抗が無視できるほど小さい場合，運動の軌跡は放物線（2次曲線）を描く。

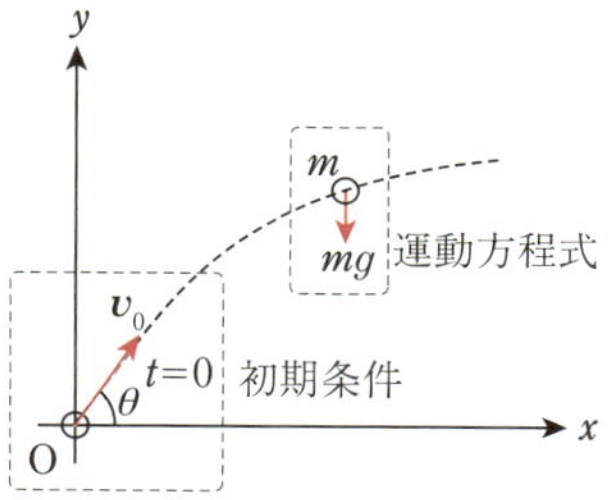

図 4.3

この運動を扱う座標系は，図4.3に示すように，小球を投げ出す位置を原点Oにとり，水平向きに$+x$軸，鉛直上向きに$+y$軸をとる。小球の位置を表すベクトルを$\boldsymbol{r}=(x,\ y)$，速度を表すベクトルを$\boldsymbol{v}=(v_x,\ v_y)$とする。$\boldsymbol{i}$，$\boldsymbol{j}$を$x$，$y$軸上の基本ベクトルとする。小球を投げ出した時刻を$t=0$とすると，初期条件は次のように表される。

$$t=0\text{ のとき，}\boldsymbol{v}=\boldsymbol{v}_0=(v_0\cos\theta,\ v_0\sin\theta),\quad \boldsymbol{r}=\boldsymbol{0}=(0,0) \qquad (4.15)$$

小球について運動方程式をたてると，ベクトルの微分方程式で書けば，

$$m\frac{\mathrm{d}^2\boldsymbol{r}}{\mathrm{d}t^2}=-mg\boldsymbol{j} \qquad (4.16)$$

となり，成分ごとの微分方程式で書けば，

$$x\text{ 成分：}m\frac{\mathrm{d}^2x}{\mathrm{d}t^2}=0\ ,\quad y\text{ 成分：}m\frac{\mathrm{d}^2y}{\mathrm{d}t^2}=-mg \qquad (4.16)'$$

となる。$\dfrac{\mathrm{d}^2\boldsymbol{r}}{\mathrm{d}t^2}=\dfrac{\mathrm{d}\boldsymbol{v}}{\mathrm{d}t}$，あるいは$\dfrac{\mathrm{d}^2x}{\mathrm{d}t^2}=\dfrac{\mathrm{d}v_x}{\mathrm{d}t}$，$\dfrac{\mathrm{d}^2y}{\mathrm{d}t^2}=\dfrac{\mathrm{d}v_y}{\mathrm{d}t}$であることに注意すると，(4.16)式，(4.16)′式は次のように書き直しができる。

$$m\frac{\mathrm{d}\boldsymbol{v}}{\mathrm{d}t}=-mg\boldsymbol{j} \qquad (4.17)$$

$$x\text{ 成分：}m\frac{\mathrm{d}v_x}{\mathrm{d}t}=0\ ,\quad y\text{ 成分：}m\frac{\mathrm{d}v_y}{\mathrm{d}t}=-mg \qquad (4.17)'$$

両辺をtで積分すれば，(4.17)式，(4.17)′式はそれぞれ

$$\boldsymbol{v}=-gt\boldsymbol{j}+\boldsymbol{C}\quad（\boldsymbol{C}：積分定数ベクトル） \qquad (4.18)$$

x 成分：$v_x = C_1$

y 成分：$v_y = -gt + C_2$　$(C_1, C_2$：積分定数$)$　(4.18)′

となる。ここで，初期条件(4.15)式を用いると，

$$\boldsymbol{v} = -gt\boldsymbol{j} + \boldsymbol{v}_0 \tag{4.19}$$

x 成分：$v_x = v_0\cos\theta$，y 成分：$v_y = -gt + v_0\sin\theta$　(4.19)′

となる。さらに，$\boldsymbol{v} = \dfrac{\mathrm{d}\boldsymbol{r}}{\mathrm{d}t}$，あるいは $v_x = \dfrac{\mathrm{d}x}{\mathrm{d}t}$，$v_y = \dfrac{\mathrm{d}y}{\mathrm{d}t}$ であることに注意して(4.19)式，(4.19)′式について両辺をtで積分すれば，それぞれ

$$\boldsymbol{r} = -\frac{1}{2}gt^2\boldsymbol{j} + \boldsymbol{v}_0 t + \boldsymbol{C}' \quad (\boldsymbol{C}'\text{：積分定数ベクトル}) \tag{4.20}$$

x 成分：$x = v_0 t\cos\theta + C_1'$　(4.20)′

y 成分：$y = -\dfrac{1}{2}gt^2 + v_0 t\sin\theta + C_2'$　$(C_1'$，C_2'：積分定数$)$

となる。ここで，初期条件(4.15)式を用いると，

$$\boldsymbol{r} = -\frac{1}{2}gt^2\boldsymbol{j} + \boldsymbol{v}_0 t \tag{4.21}$$

x 成分：$x = v_0 t\cos\theta$，y 成分：$y = -\dfrac{1}{2}gt^2 + v_0 t\sin\theta$　(4.21)′

となる。(4.21)′の両式から時刻tを消去すると，

$$y = -\frac{gx^2}{2v_0^2\cos^2\theta} + x\tan\theta \tag{4.22}$$

となる。これは，小球の軌跡は放物線であることを表している。$y=0$となる条件より，小球のx軸上での落下点までの距離Lが求められる。

$$L = \frac{v_0^2\sin 2\theta}{g} \tag{4.23}$$

$\theta = \dfrac{\pi}{4}$ のときもっとも遠方まで飛び，その距離は次のようになる。

$$L_{\max} = \frac{v_0^2}{g} \tag{4.24}$$

例題 4-3

水平に対して角度θをなす斜面がある。図4.4に示すように，地面の上方に向かって，小球を速さv_0で斜面に対して角度ϕをなす向きに投げ出した。重力加速度の大きさをgとし，空気抵抗は無視できるとして，次の問いに答えよ。

(1)斜面に落下するまでの時間を求めよ。

(2)斜面上での到達距離を求めよ。

(3)斜面上での到達距離の最大値と，そのときの角度ϕを求めよ。

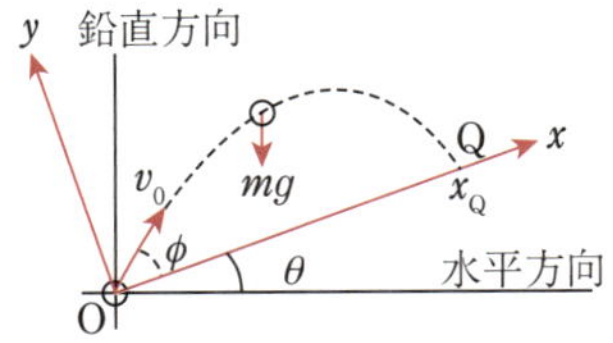

図 4.4

解説＆解答

小球を投げ出した位置を原点Oにとり，斜面に沿って上向きにx軸，斜面に垂直上向きにy軸をとる。初期条件は，$t=0$のとき，

$$v_x = v_0\cos\phi,\quad v_y = v_0\sin\phi,\quad x = 0,\quad y = 0$$

である。ニュートンの運動方程式は，x成分，y成分に分けて書くと，

$$m\frac{\mathrm{d}v_x}{\mathrm{d}t} = -mg\sin\theta\,,\quad m\frac{\mathrm{d}v_y}{\mathrm{d}t} = -mg\cos\theta$$

となる。初期条件を用いて解くと，

x 成分　$v_x = -gt\sin\theta + v_0\cos\phi$

y 成分　$v_y = -gt\cos\theta + v_0\sin\phi$

が得られる（θ=0なら$\theta\to\phi$と読み替えた(4.19)′式に一致することに注意しよう）。さらに両辺をtで積分すれば，

x 成分　$x = -\dfrac{1}{2}gt^2\sin\theta + v_0 t\cos\phi$

y 成分　$y = -\dfrac{1}{2}gt^2\cos\theta + v_0 t\sin\phi$

となる（$\theta = 0$なら$\theta\to\phi$と読み替えた(4.21)′式に一致することに注意しよう）。

⑴斜面に落下する条件：$y = 0$より，落下時刻t_Qは，$t_Q > 0$より，

$$t_Q = \frac{2v_0\sin\phi}{g\cos\theta}$$

⑵斜面上での到達距離x_Qは，

$$x_Q = -\frac{1}{2}gt_Q^2\sin\theta + v_0 t_Q\cos\phi = -\frac{1}{2}g\left(\frac{2v_0\sin\phi}{g\cos\theta}\right)^2\sin\theta + v_0\left(\frac{2v_0\sin\phi}{g\cos\theta}\right)\cos\phi$$

$$= \frac{2{v_0}^2}{g}\frac{(-\sin\theta\sin\phi + \cos\theta\cos\phi)\sin\phi}{\cos^2\theta} = \frac{2{v_0}^2}{g}\frac{\cos(\theta+\phi)\sin\phi}{\cos^2\theta}$$

$$= \frac{{v_0}^2}{g}\frac{\sin(\theta+2\phi) - \sin\theta}{\cos^2\theta}$$

⑶到達距離x_Qの最大値Lは，$\theta + 2\phi = \pi/2$のときに得られる（角度θは固定された定数であることに注意）。$\phi = \dfrac{1}{2}\left(\dfrac{\pi}{2} - \theta\right)$のとき，すなわち鉛直上向きと斜面に平行上向きのちょうど真ん中の角度に投げ出したとき，

$$L = \frac{v_0^2}{g}\frac{1-\sin\theta}{\cos^2\theta}$$

となる（$\theta = 0$なら$L = \dfrac{v_0^2}{g}$となり，(4.24)式と一致することに注意しよう）。

例題 4-4

地面から小球を速さv_0で水平に対して角度θをなす向きに投げ出した。重力加速度の大きさをgとし，空気抵抗は無視できるとして，次の問いに答えよ。

(1)小球を投げ出した位置に原点Oをとり，水平向きにx軸，鉛直上向きにy軸をとり，最高点の位置を求めよ。

(2)投げ出す角度θを変えると，最高点の座標がどのように変化するか，グラフで示せ。

解説&解答

(1)軌道の方程式は，(4.22)式より，

$$y = -\left(\frac{g}{2{v_0}^2\cos^2\theta}\right)x^2 + \tan\theta\cdot x$$
$$= -\frac{g}{2{v_0}^2\cos^2\theta}\left(x - \frac{{v_0}^2\sin\theta\cos\theta}{g}\right)^2 + \frac{{v_0}^2\sin^2\theta}{2g}$$

となる。よって，最高点の位置（頂点の座標）は，

$$(x_P, y_P) = \left(\frac{{v_0}^2\sin\theta\cos\theta}{g}, \frac{{v_0}^2\sin^2\theta}{2g}\right)$$

(2)公式：$2\sin\theta\cos\theta = \sin 2\theta$，$\sin^2\theta = \dfrac{1-\cos 2\theta}{2}$を用いると，最高点の位置は，

$$(x_P, y_P) = \left(\frac{{v_0}^2\sin 2\theta}{2g}, \frac{{v_0}^2(1-\cos 2\theta)}{4g}\right)$$

となる。この式より，

$$\sin 2\theta = \frac{2g}{{v_0}^2}x_P,\quad \cos 2\theta = 1 - \frac{4g}{{v_0}^2}y_P$$

が得られ，公式：$\sin^2 2\theta + \cos^2 2\theta = 1$に代入すると，

$$\left(\frac{2g}{{v_0}^2}x_P\right)^2 + \left(1 - \frac{4g}{{v_0}^2}y_P\right)^2 = 1$$

となる。さらに，式を整理すると，楕円の方程式が得られる。

$$\left(\frac{x_P}{\left(\frac{{v_0}^2}{2g}\right)}\right)^2 + \left(\frac{y_P - \frac{{v_0}^2}{4g}}{\left(\frac{{v_0}^2}{4g}\right)}\right)^2 = 1$$

図示すると，図4.5のようになる。

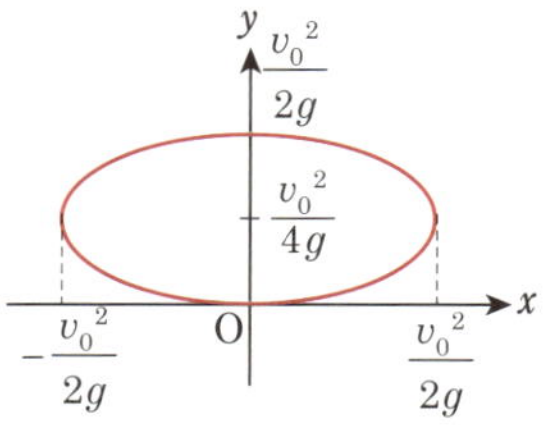

図 4.5

第5章 抵抗力を受ける運動

5.1 速度に比例する抵抗力

質量mの物体が，流体中（水中，空気中など）を重力の作用のもとに落下する状況を考える。この物体には，重力mg以外に流体からの抵抗力が作用する。物体が比較的低速で運動している場合には抵抗力は速度に比例することが多いので，それをcvで表す。ここで，比例定数$c>0$は抵抗力の強弱を表し，大きければ大きいほど強い抵抗力が作用することを意味している（cの単位はkg/s）。逆に0に近ければ近いほど，弱い抵抗力を表す。

5.1.1 運動方程式の解法

図5.1に示すように，鉛直上向きに$+y$軸をとる。地面の高さを$y=0$とし，高さ$y=y_0>0$から物体を静かに（初速度0で）落下させるものとする。ニュートンの運動方程式は，

$$m\frac{\mathrm{d}^2y}{\mathrm{d}t^2}=-mg-cv \tag{5.1}$$

である。速度vとは，$\mathrm{d}y/\mathrm{d}t$のことだから，(5.1)式は，

$$\frac{\mathrm{d}v}{\mathrm{d}t}=-g-\frac{c}{m}v \tag{5.2}$$

と書き直せる。この方程式を解けば物体の運動状態がわかる。(5.2)式の右辺で，$-g$の項さえなければ方程式はすぐ解けることに気がつく。なぜなら，$-g$がなければ(5.2)式は，

$$\frac{\mathrm{d}v}{\mathrm{d}t}=-\frac{c}{m}v \tag{5.2$'$}$$

となり，この解は，

$$v=A\exp\left(-\frac{c}{m}t\right) \quad (A:\text{積分定数}) \tag{5.2$''$}$$

となるからである（1階微分する($\mathrm{d}v/\mathrm{d}t$)と，自分自身(v)に比例するようになる関数は指数関数しかありえない。右の余白欄を参照）。だから$-g$という定数項をなくしてしまおうという発想で考える。そのためには，(5.2)式の右辺を

$$Z\equiv-g-\frac{c}{m}v \tag{5.3}$$

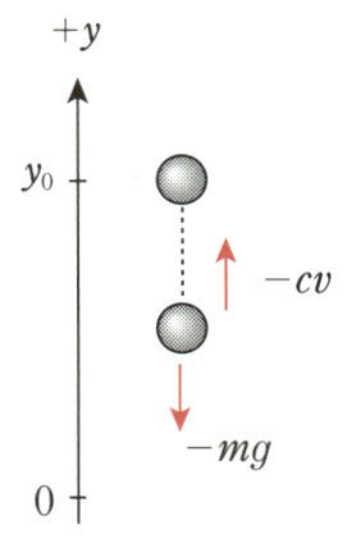

図5.1

(5.2)$'$式より

$$\frac{\mathrm{d}v}{v}=-\frac{c}{m}\mathrm{d}t$$

$$\therefore\quad \log|v|=-\frac{c}{m}t+C_1$$

(C_1：積分定数)

$$\therefore\quad v=\exp\left(-\frac{c}{m}t+C_1\right)=A\exp\left(-\frac{c}{m}t\right)$$

となって，確かに(5.2)$''$式となる。

とおくとよい。関数$v(t)$は時間tの関数だからZも時間tの関数$Z(t)$である。両辺をtで微分すれば，

$$\frac{\mathrm{d}Z}{\mathrm{d}t}=-\frac{c}{m}\frac{\mathrm{d}v}{\mathrm{d}t} \tag{5.4}$$

したがって，(5.2)式は，

$$-\frac{m}{c}\frac{\mathrm{d}Z}{\mathrm{d}t}=Z \quad \Leftrightarrow \quad \frac{\mathrm{d}Z}{\mathrm{d}t}=-\frac{c}{m}Z \tag{5.5}$$

である。これは(5.2)′式と同じ形をしているから，解は(5.2)″式を引用して

$$Z=A\exp\left(-\frac{c}{m}t\right) \quad (A：積分定数) \tag{5.6}$$

とすぐに求まる。Zをもとにもどせば，

$$-g-\frac{c}{m}v=A\exp\left(-\frac{c}{m}t\right) \tag{5.7}$$

となる。ここで初期条件を用いる。$t=0$のとき$v=0$だから，

$$-g=A$$

となって，積分定数Aが決まる。よって，

$$-g-\frac{c}{m}v=-g\exp\left(-\frac{c}{m}t\right) \quad \Leftrightarrow \quad v=-\frac{mg}{c}\left(1-\exp\left(-\frac{c}{m}t\right)\right) \tag{5.8}$$

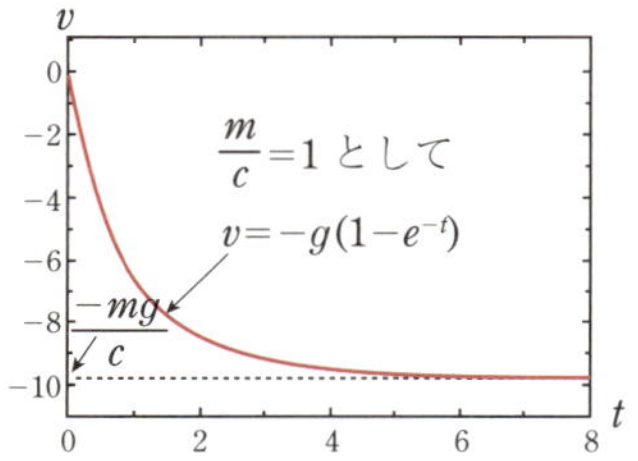

図 5.2

となって，速度vの時間変化を求めることができた。(5.8)式をグラフに示したものが図5.2である。十分長い時間が経過すると（$t\to\infty$）速度は$v=-\dfrac{mg}{c}$に落ち着く。これを**終端速度**（または**最終速度**）といい，v_∞で表す。(5.8)式の中のカッコ内の指数関数がe^{-1}になるまでの時間をτと書くと，$\tau=m/c$である。物体が落下を始めてからこれだけの時間が経過すると，速度vは，

$$v=-\frac{mg}{c}(1-e^{-1})=-\frac{mg}{c}(1-0.368)=v_\infty\times 0.632$$

となる。つまり，τだけ時間が経過すると速度は終端速度v_∞の63 %に達する。τはv_∞に達するまでの時間の目安を与えるので，**時定数**（じていすう）という。

さらに(5.8)式で$v=\mathrm{d}y/\mathrm{d}t$であることに注意して時間$t$で積分すれば，

$$y=-\frac{mg}{c}\left(t+\frac{m}{c}\exp\left(-\frac{c}{m}t\right)\right)+A' \quad (A'：積分定数) \tag{5.9}$$

となる。ここで再び初期条件を用いる。$t=0$のとき$y=y_0$だから，

$$y_0=-\frac{m^2g}{c^2}+A'$$

より，積分定数A'が求まる。よって，位置yの時間変化は，次式になる。

$$y=-\frac{mg}{c}\left(t+\frac{m}{c}\exp\left(-\frac{c}{m}t\right)\right)+\frac{m^2g}{c^2}+y_0 \tag{5.10}$$

5.1.2　抵抗力が弱い極限

さて，抵抗力の弱い極限，つまり$c \to 0$を考えると，(5.1)式は，

$$m\frac{\mathrm{d}^2 y}{\mathrm{d}t^2} = -mg$$

となる。これは，抵抗力を考慮しなかった自由落下のときのニュートンの運動方程式とまったく同じである（4.2節(4.2)式を参照）。出発点となるもとの運動方程式が同じだから，その解も同じとなるはずである。つまり，$c \to 0$では速度の時間変化(5.8)式，位置の時間変化(5.10)式は，それぞれ4.2節の(4.5)式，(4.8)式に帰着するはずである。本当にそのようになっていることを示そう。2つの方法があるが，ここではテイラー(Taylor)展開を用いることにする。一般に，xが小さいとき（$|x| \ll 1$），

$$e^x \approx 1 + x + \frac{1}{2}x^2 + \cdots$$

が成り立つ（付録E参照）。(5.8)式で，$c \to 0$であれば$\left|-\frac{c}{m}t\right| \ll 1$なので，テイラー展開を用いることができる。よって，(5.8)式は$c \to 0$のとき

$$v \to -\frac{mg}{c}\left\{1 - \left(1 - \frac{c}{m}t\right)\right\} = -gt \tag{5.11}$$

となり，確かに(4.5)式に帰着する（ここではテイラー展開式の1次の項$e^x \approx 1 + x$までとれば十分である。それ以上の項をとっても最終的には0になる）。また，(5.10)式でも同様にテイラー展開を用いると，(5.10)式は$c \to 0$のとき

$$y \to -\frac{mg}{c}\left\{t + \frac{m}{c}\left(1 - \frac{c}{m}t + \frac{c^2 t^2}{2m^2}\right)\right\} + \frac{m^2 g}{c^2} + y_0$$
$$= -\frac{1}{2}gt^2 + y_0 \tag{5.12}$$

となり，確かに(4.8)式に帰着する。ここではテイラー展開式の2次の項までとる必要がある（3次以上の項をとっても最終的には0になる）。(5.11)式，(5.12)式はロピタル(l.Hospital)の定理を用いても導ける（第1部演習問題4を参照）。

5.1.3　抵抗力の比例定数について

流体力学によると，小さい球形の物体が媒質中を比較的低速で運動し，物体の背後に渦が現れないような場合の抵抗力をストークス(Stokes)の抵抗（または粘性抵抗）といい，

$$F = 6\pi\eta a v \tag{5.13}$$

で表せることが知られている。ここで，ηは流体の粘性係数（単位はPa・s），aは球形物体の半径，vはその速度である。一方，物体の速度が速くなってきて物体の背後に渦が生じるようになるときの抵抗力をニュートンの抵抗（または慣性抵抗）と呼び，

$$F = \frac{1}{2} C \rho S v^2 \tag{5.14}$$

で表せることが知られている。ここで，ρは流体の密度，Cは0.4～0.5程度の無次元定数，Sは球形物体の断面積である。

例題 5-1

粘性係数700×10^{-3} Pa・sのひまし油の入った容器の中で，質量5 gのアルミニウムの小球を静止状態から静かに落下させた。この小球の終端速度，および時定数を求めなさい。アルミニウムの密度は2.69 g/cm^{3}とする。

解説&解答

小球の体積，密度，質量をそれぞれV，ρ，mとすると，小球の半径aは，

$$V = \frac{4}{3}\pi a^3, \quad \rho = \frac{m}{V}$$

より，

$$a = \left(\frac{3m}{4\pi\rho}\right)^{\frac{1}{3}} = \left(\frac{3 \times 5}{4 \times 3.14 \times 2.69}\right)^{\frac{1}{3}} = 0.76\,\text{cm}$$

と求められる。(5.13)式より，抵抗力の比例定数は

$$c = 6\pi\eta a = 6 \times 3.14 \times 700 \times 10^{-3} \times 0.76 \times 10^{-2} = 0.10\,\text{kg/s}$$

となる。(5.8)式を用いて，終端速度は

$$v_\infty = -\frac{mg}{c} = -\frac{5 \times 10^{-3} \times 9.80}{0.10} = -0.49\,\text{m/s} = -49\,\text{cm/s}$$

時定数は，

$$\tau = \frac{m}{c} = \frac{5 \times 10^{-3}}{0.10} = 0.05\,\text{s}$$

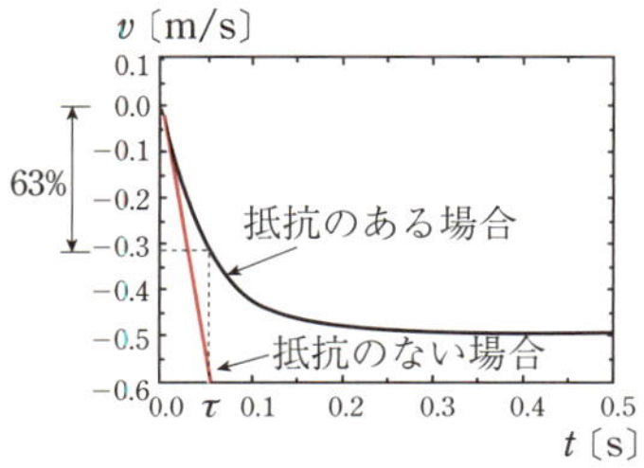

図 5.3

5.2 速度の 2 乗に比例する抵抗力

質量mの物体が，流体中（水中，空気中など）を重力の作用のもとに落下する際，速度が速くなると速度の2乗に比例する抵抗力が現れることがある。この抵抗力をkv^2で表す。$k>0$は抵抗力の強弱を表す定数である（kの単位はkg/m）。

5.2.1 運動方程式の解法

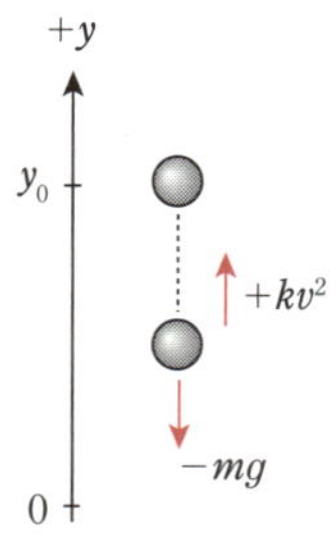

図 5.4

図5.4に示すように，鉛直上向きに$+y$軸をとる。地面の高さを$y=0$とし，高さ$y=y_0>0$から物体を静かに（初速度0で）落下させるものとする。ニュートンの運動方程式は，

$$m\frac{d^2y}{dt^2} = -mg + kv^2 \tag{5.15}$$

である。速度vとは$\mathrm{d}y/\mathrm{d}t$のことだから，(5.15)式は，

$$\frac{\mathrm{d}v}{\mathrm{d}t}=-\frac{k}{m}\left(\frac{mg}{k}-v^2\right) \tag{5.16}$$

と変形できる。この方程式を解けば物体の運動状態がわかる。(5.16)式は，

$$\frac{\mathrm{d}v}{\left(\sqrt{\frac{mg}{k}}+v\right)\left(\sqrt{\frac{mg}{k}}-v\right)}=-\frac{k}{m}\mathrm{d}t \tag{5.17}$$

と書き直しができる。左辺はvだけ，右辺はtだけの関数なので積分できるはずである。左辺の分母を部分分数に分けると，

$$\frac{1}{2\sqrt{\frac{mg}{k}}}\left(\frac{1}{\sqrt{\frac{mg}{k}}+v}+\frac{1}{\sqrt{\frac{mg}{k}}-v}\right)\mathrm{d}v=-\frac{k}{m}\mathrm{d}t \tag{5.18}$$

となる。両辺はすぐ積分できて，

$$\frac{1}{2\sqrt{\frac{mg}{k}}}\left[\log\left(\sqrt{\frac{mg}{k}}+v\right)-\log\left(\sqrt{\frac{mg}{k}}-v\right)\right]=-\frac{k}{m}t+C \tag{5.19}$$

ここでCは積分定数である。初期条件を用いると，$t=0$のとき$v=0$だから，$C=0$が得られる。これを入れて(5.19)式を変形すると，

$$\log\left(\frac{\sqrt{\frac{mg}{k}}+v}{\sqrt{\frac{mg}{k}}-v}\right)=-2\sqrt{\frac{gk}{m}}t \tag{5.20}$$

となる。さらに指数関数$e^x\equiv\exp(x)$を用いて書き直せば，

$$v=-\sqrt{\frac{mg}{k}}\left(\frac{1-\exp\left(-2\sqrt{\frac{gk}{m}}t\right)}{1+\exp\left(-2\sqrt{\frac{gk}{m}}t\right)}\right) \tag{5.21}$$

$$=-\sqrt{\frac{mg}{k}}\tanh\left(\sqrt{\frac{gk}{m}}t\right) \tag{5.22}$$

となる。ここで，$\tanh x$とは$\tanh x\equiv\dfrac{e^x-e^{-x}}{e^x+e^{-x}}$のことである。$\tanh x$をグラフにしたものが図5.5である。十分長い時間が経過すると（$t\to\infty$），速度は

$$v=-\sqrt{\frac{mg}{k}}$$

に落ち着く。これが終端速度（または最終速度）v_∞である。これで，速度vの時間変化を求めることができた。

さらに$v=\mathrm{d}y/\mathrm{d}t$であることに注意して(5.22)式を時間$t$で積分すれば，

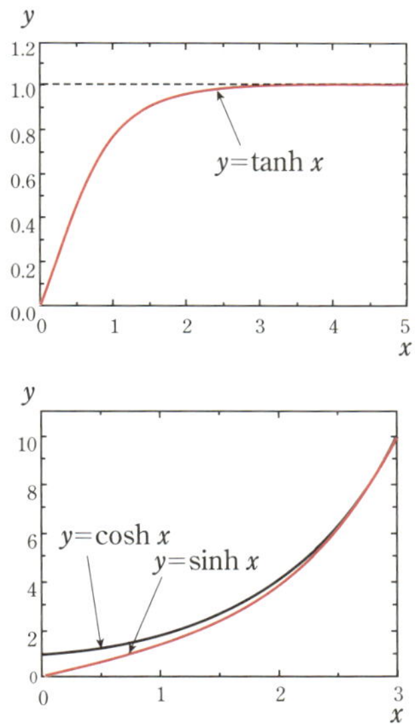

図 5.5

$$\tanh x\equiv\frac{e^x-e^{-x}}{e^x+e^{-x}}$$

$$\cosh x\equiv\frac{e^x+e^{-x}}{2}$$

$$\sinh x\equiv\frac{e^x-e^{-x}}{2}$$

$$y=-\sqrt{\frac{mg}{k}}\int\left(\frac{e^{\sqrt{\frac{gk}{m}}t}-e^{-\sqrt{\frac{gk}{m}}t}}{e^{\sqrt{\frac{gk}{m}}t}+e^{-\sqrt{\frac{gk}{m}}t}}\right)\mathrm{d}t$$

$$\Leftrightarrow \quad y=-\sqrt{\frac{mg}{k}}\cdot\frac{1}{\sqrt{\frac{gk}{m}}}\log\left(e^{\sqrt{\frac{gk}{m}}t}+e^{-\sqrt{\frac{gk}{m}}t}\right)+C' \tag{5.23}$$

C'は積分定数である。初期条件を用いると，$t=0$のとき$y=y_0$だから，

$$C'=\frac{m}{k}\log 2+y_0$$

が得られる。これを入れて(5.23)式を変形すると，

$$y=-\frac{m}{k}\log\left(e^{\sqrt{\frac{gk}{m}}t}+e^{-\sqrt{\frac{gk}{m}}t}\right)+\frac{m}{k}\log 2+y_0 \quad \Leftrightarrow$$

$$y=-\frac{m}{k}\log\left(\frac{e^{\sqrt{\frac{gk}{m}}t}+e^{-\sqrt{\frac{gk}{m}}t}}{2}\right)+y_0 \tag{5.24}$$

5.2.2　抵抗力が弱い極限

さて，抵抗力の弱い極限，つまり$k\to 0$を考えると，(5.15)式は，

$$m\frac{\mathrm{d}^2y}{\mathrm{d}t^2}=-mg$$

となり，抵抗力を考慮しなかった自然落下のときのニュートンの運動方程式とまったく同じである（4.2節(4.2)式を参照）。したがって，$k\to 0$では速度の時間変化(5.22)式，位置の時間変化(5.24)式は，それぞれ4.2節の(4.5)式，(4.8)式に帰着するはずである。本当にそのようになっていることを示そう。5.1節と同様に，テイラー展開を用いる。

$$x\equiv\sqrt{\frac{gk}{m}}t,\quad f(x)=\tanh x$$

とおけば，

$$f'(x)=\frac{1}{\cosh^2 x},\quad f''(x)=-\frac{2\sinh x}{\cosh^3 x}$$

なので，(5.22)式は，xが小さいとき（$|x|\ll 1$），

$$\begin{aligned}v&=-\sqrt{\frac{mg}{k}}\left\{f(0)+\frac{x}{1!}f'(0)+\frac{x^2}{2!}f''(0)+\cdots\right\}\\&=-\sqrt{\frac{mg}{k}}\left\{0+x\cdot 1+\frac{x^2}{2}\cdot 0+\cdots\right\}\\&=-\sqrt{\frac{mg}{k}}\cdot\sqrt{\frac{gk}{m}}t=-gt\end{aligned} \tag{5.25}$$

となって確かに(4.5)式に帰着することがわかる。また，(5.24)式でも同様にテイラー展開を用いる。

$$x \equiv \sqrt{\frac{gk}{m}}t, \quad g(x) \equiv \log\left(\frac{e^x + e^{-x}}{2}\right)$$

とおけば，

$$g'(x) = \tanh x, \quad g''(x) = \frac{1}{\cosh^2 x}$$

なので，(5.24) 式は，x が小さいとき（$|x| \ll 1$），

$$\begin{aligned} y &= -\frac{m}{k}\left\{g(0) + \frac{x}{1!}g'(0) + \frac{x^2}{2!}g''(0) + \cdots\right\} + y_0 \\ &= -\frac{m}{k}\left\{0 + x \cdot 0 + \frac{x^2}{2} \cdot 1 + \cdots\right\} + y_0 \\ &= -\frac{m}{k} \cdot \frac{1}{2} \cdot \frac{gk}{m}t^2 + y_0 = -\frac{1}{2}gt^2 + y_0 \end{aligned} \tag{5.26}$$

となり，確かに (4.8) 式に帰着することがわかる。(5.25) 式，(5.26) 式はロピタルの定理を用いても導ける。

例題 5-2

直径 1 mm の球形の雨滴が，地表から測って高さ 2000 m にある積乱雲から落下した。終端速度はいくらか。雨滴（水）の密度は 1 g/cm^3 とする。空気の抵抗力は雨滴の落下速度の 2 乗に比例するものとし，無次元の比例定数を C=0.5 とせよ。

解説＆解答

雨滴の断面積，体積，密度，質量，半径をそれぞれ S，V，ρ，m，a とすると，

$$S = \pi a^2, \quad \rho = \frac{m}{V}$$

である。(5.14) 式より，抵抗力の比例定数は，

$$\begin{aligned} k &= \frac{1}{2}C\rho S = \frac{1}{2} \times 0.5 \times \left(1 \times 10^3\right) \times \left\{\pi \times \left(0.5 \times 10^{-3}\right)^2\right\} \\ &= 1.96 \times 10^{-4}\ \mathrm{kg/m} \end{aligned}$$

と求められる。終端速度は

$$\begin{aligned} v_\infty &= \sqrt{\frac{mg}{k}} = \sqrt{\frac{\rho \cdot 4\pi a^3 g}{3k}} = \sqrt{\frac{10^3 \times 4\pi \times \left(0.5 \times 10^{-3}\right)^3 \times 9.8}{3 \times 1.96 \times 10^{-4}}} \\ &\approx 0.16\ \mathrm{m/s} \approx 0.58\ \mathrm{km/h} \end{aligned}$$

となる。また，

$$\sqrt{\frac{mg}{k}} \approx 0.16\ \mathrm{m/s}, \quad \sqrt{\frac{gk}{m}} \approx 60.5\ \mathrm{s}^{-1}$$

より (5.22) 式を用いて，

$$v = -0.16\tanh(60.5t)$$

これを図示すると図 5.6 のようになる。

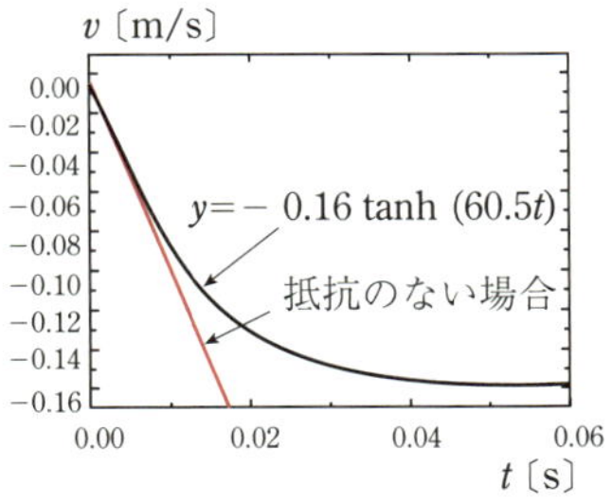

図 5.6

第6章 等速円運動

自然界の運動を観察すると，一定の時間が経過した後に元の位置まで戻ってきて，また同じように繰り返し動いていく現象が多くみられる。太陽のまわりを回る惑星の運動などは，その典型例であろう。また，ばねの動きも繰り返し同じように動いていることがわかるだろう。このような動きを周期運動と呼ぶ。本章では周期運動の最も簡単な例として等速円運動を取り上げ，周期運動を取り扱う際に重要な周期や振動数といった概念を学ぶことにしよう。

6.1 等速円運動の周期と角速度

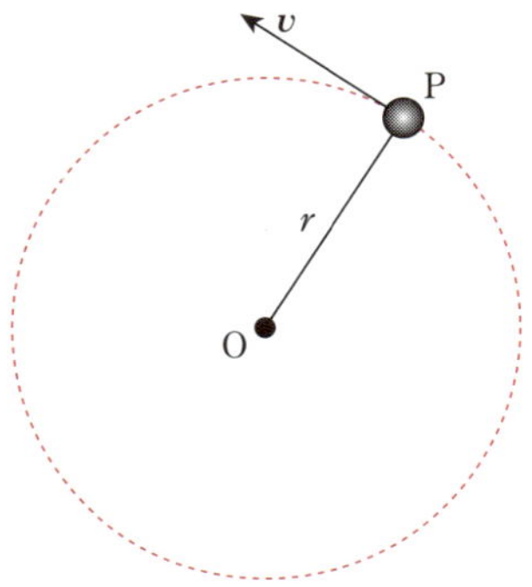

図6.1

糸の一端を固定し，他端におもりをつけて一定の速さで円周上を回転している運動を考えよう。図6.1のように，固定されている点をO，おもりの位置をPとする。またOP間の距離（= 糸の長さ）をr〔m〕，速さをv〔m/s〕しよう。ただし，速さは一定であるが，P点が円周上のどこにあるかで進む向きが違うことから，速度$\boldsymbol{v}$〔m/s〕は一定ではないことに注意しよう。このように$|\boldsymbol{v}| = v$を一定に保ちながら円周上を移動していく運動を**等速円運動**という。等速円運動は同じ運動を繰り返し行なっていることから，周期運動の1つである。

円周の長さは$2\pi r$であるので，1周回って元の位置に戻るまでの時間T〔s〕は

$$T = \frac{2\pi r}{v} \tag{6.1}$$

となる。一般に周期運動に対して，元の状態に戻るまでの最短時間を**周期**と呼ぶ。よって，(6.1)式で表されるTは等速円運動の周期である。ここで"元の位置"とはいわずに"元の状態"といったことに注意しよう。これは単に位置が同じであるだけではなく，その後の運動が再び同じように繰り返される必要があるからである。さて，等速円運動で1周回るのにかかる時間がT〔s〕であるならば，1秒間では何周回ることができるであろうか。もし$T = 0.5$ sであれば1秒あたり2周，$T = 0.1$ sであれば10周となるであろう。すなわちTの逆数が回った回数を与えることになる。いいかえれば，これは1秒間に何回同じ状態になるのかを示している。これを**振動数**（または**周波数**）と呼ぶ。単位は1秒あたりの回数であるから〔回数/s = 1/s〕となることがわかるであろう。この振動数の単位は省略して〔Hz〕と書かれることが多い。読み方は「ヘルツ」である。上記の例で1秒あたり2周すれば2 Hz，10周すれば10 Hzである。なお，振動数は周期の逆数で与えられたので，振動数をf〔Hz〕として式で表せば

$$f = \frac{1}{T} \tag{6.2}$$

である。

さて，どのような半径r〔m〕の円であっても，円周を1周回るということは角度で表せば2π〔rad〕回転するということである。そこでrによらずに円運動を記述することを考えてみよう。T〔s〕で2π〔rad〕回転することから1秒あたりの回転角度ωは

$$\omega = \frac{2\pi}{T} \tag{6.3}$$

となる。これを**角速度**という。角度〔rad〕を時間〔s〕で割っているので単位は〔rad/s〕=〔1/s〕である。(6.1)式からTを代入すれば$\omega = 2\pi/(2\pi r/v) = v/r$であるから

$$v = \omega r \tag{6.4}$$

という関係が成り立つ。この式から，角速度がわかっていれば，後は円の半径によって，それぞれの円周上の速さを求めることができる。また，同じ角速度であっても半径が大きな円周上を移動している物体のほうが大きな速さを持つことがわかるだろう。次に角速度と振動数の関係をみてみよう。(6.3)式に(6.2)式を代入すると

$$\omega = \frac{2\pi}{T} = 2\pi f \tag{6.5}$$

となり，角速度は振動数の2π倍であり，振動数と密接な関係があることがわかる。このため角速度は**角振動数**あるいは**角周波数**とも呼ばれる。

例題 6-1

半径$r = 0.50$ mの円周上を一定の速さで円運動している物体を観察したところ，5.0秒間で10回転していた。この物体の周期T〔s〕，周波数f〔Hz〕，角速度ω〔rad/s〕，速さv〔m/s〕を求めなさい。

解説&解答

周期は1回転にかかる時間であるから，$T = 5.0/10 = 0.5$ sとなる。

周波数は(6.2)式を用いて，$f = 1/0.5 = 2$ Hzである。

角速度は(6.5)式を用いて，$\omega = 2\pi \times 2 = 4\pi \approx 13$ rad/sである。

速度は(6.4)式を用いて，$v = 4\pi \times 0.50 = 2\pi \approx 6.3$ m/sである。

ここまでは周期や周波数などの等速円運動の特徴を考えるにあたって，1回転以上観察をすることが前提にあった。ここでは，円運動の一部を観察して全体の特徴を捉えることを考えてみよう。今，図6.2に示されるように，観察時間が短くΔt〔s〕の間に$\Delta\theta$〔rad〕しか回転しなかったとしよう。しかしこの2つの量から角速度ω〔rad/s〕は容易に求めることが可能である。すなわち

$$\omega = \frac{\Delta\theta}{\Delta t} \tag{6.6}$$

である。等速円運動であれば(6.3)～(6.5)式が成り立つので，ωを用いて

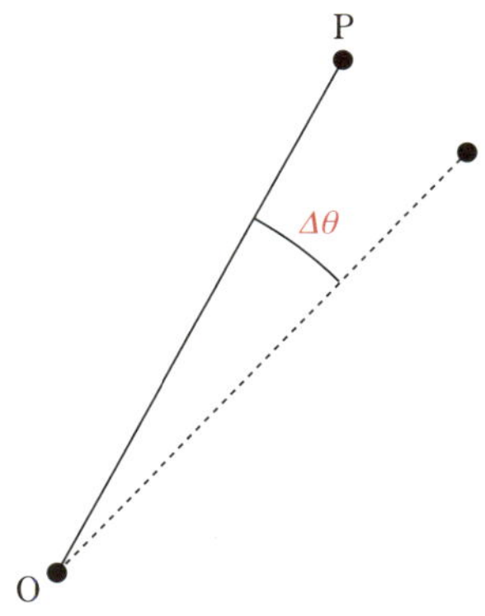

図 6.2

$$T=\frac{2\pi}{\omega},\quad f=\frac{\omega}{2\pi},\quad v=\omega r$$

の各量が求められる。このように，回転する運動に対しては角速度を中心に考えていくことで見通しがよくなることが多い。そこでもう少し角速度について考察を進めてみよう。2章で学んだように速度という概念は無限小の時間における移動距離であったことを思い出してほしい。これは各瞬間に速度が変わった場合にも対応することが可能であった。今，円運動に対しても同様に「瞬間の角速度」を定義しておこう。これは (6.6) 式において Δt を無限小にすることである。すなわち

$$\omega=\lim_{\Delta t\to 0}\frac{\Delta\theta}{\Delta t}=\frac{\mathrm{d}\theta}{\mathrm{d}t} \tag{6.7}$$

を瞬間の角速度，あるいは単に角速度と呼ぶことにする。等速円運動ではこの ω が変わらない量（恒量）となっている。そこで (6.7) 式の両辺に $\mathrm{d}t$ を掛けて積分すると

$$\int\omega\,\mathrm{d}t=\int\mathrm{d}\theta\qquad\therefore\quad\theta(t)=\omega t+\theta_0 \tag{6.8}$$

となる。ここで回転角度 θ は時間 t の経過に伴い変化していくので，t の関数であることを明示した。また，積分定数を θ_0 としている。(6.8) 式の意味するところを考えてみよう。図6.3に示されるように，x-y 座標系における円運動を考えたとき，$\theta(t)$ は x 座標からの角度に相当している。また，$t=0$ としたとき $\theta(0)=\theta_0$ となることから，θ_0 は観察開始時における角度を表している。この θ_0 のことを**初期位相**と呼ぶ。また θ_0 との和で ωt が結ばれていることから，ωt 自体が角度の単位を持つことに留意しよう。

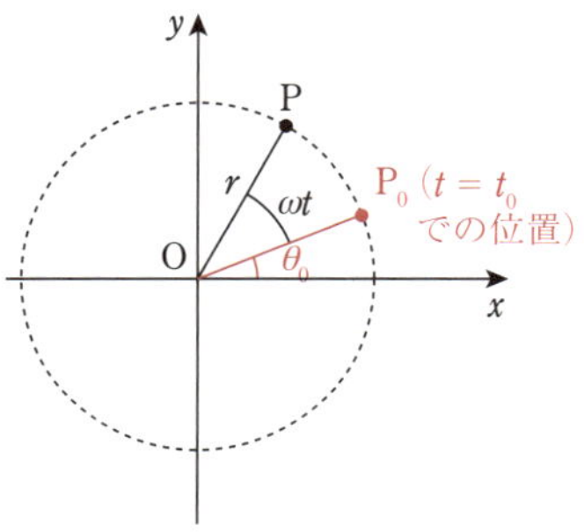

図 6.3

例題 6-2

ある等速円運動を観察したところ，時刻 $t=3.0$ s において x 軸からの角度 θ が $\pi/6$ rad であった。また $t=5.0$ s では更に $\pi/6$ rad 進み，θ が $\pi/3$ rad となった。この等速円運動の角速度 ω および初期位相 θ_0 を求めなさい。

解説&解答

$t=3.0$ から $t=5.0$ までの2.0秒間で $\pi/6$ rad 進んだことから，$\omega=(\pi/6)/2=\pi/12\approx 0.26$ rad/s である。

$t=3.0$ のとき $\omega t=3\pi/12$ であり，このときの θ が $\pi/6$ であることから

$$\theta_0=\pi/6-3\pi/12=(2\pi-3\pi)/12=-\pi/12\approx-0.26\ \mathrm{rad}$$

あるいは (6.8) 式を用いると

$$\theta(3)=\omega\times 3+\theta_0=\pi/6$$

$$\theta(5)=\omega\times 5+\theta_0=\pi/3$$

となり，ω と θ_0 の連立方程式から求めることもできる。

6.2　x-y 座標で表される等速円運動

図6.3のP点で示されたx-y座標系における等速円運動について，より詳しく調べてみよう。P点の座標$(x,\ y)$は図6.4に示されるようにx軸からの角度θと円の半径rによって次のように表される。

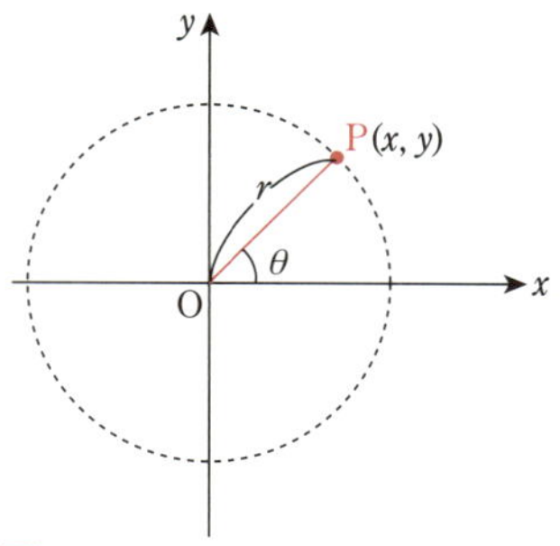

図 6.4

$$x = r\cos\theta, \quad y = r\sin\theta \tag{6.9}$$

これはちょうど (1.1) 式で示された極座標形式による表記と同じである。ただし今，θは (6.8) 式の関係が成り立っているために，xとyもtの関数となる。すなわち

$$x(t) = r\cos(\omega t + \theta_0), \quad y(t) = r\sin(\omega t + \theta_0) \tag{6.10}$$

である。ここで原点Oから点Pに向かう位置ベクトルを$\boldsymbol{r}$とする。すなわち

$$\boldsymbol{r} = (x, y) = (r\cos(\omega t + \theta_0), \quad r\sin(\omega t + \theta_0)) \tag{6.11}$$

である。なお，$\sqrt{x^2 + y^2} = \sqrt{(r\cos(\omega t + \theta_0))^2 + (r\sin(\omega t + \theta_0))^2} = r$ であるから，$|\boldsymbol{r}| = r$となっている。

2章で学んだように，速度ベクトル$\boldsymbol{v} = (v_x,\ v_y)$は$\boldsymbol{r} = (x,\ y)$の時間微分であるから

$$\begin{aligned} \boldsymbol{v} = (v_x, v_y) &= \frac{\mathrm{d}\boldsymbol{r}}{\mathrm{d}t} = \left(\frac{\mathrm{d}x}{\mathrm{d}t}, \quad \frac{\mathrm{d}y}{\mathrm{d}t}\right) \\ &= (-\omega r\sin(\omega t + \theta_0), \quad \omega r\cos(\omega t + \theta_0)) \end{aligned} \tag{6.12}$$

(6.12) 式は速さ$v = |\boldsymbol{v}|$ではなく速度ベクトル$\boldsymbol{v}$を表していることに留意しよう。これにより，刻々と変化する等速円運動の進む向きがわかる。今，位置ベクトル$\boldsymbol{r}$と速度ベクトル$\boldsymbol{v}$の内積をとってみると

$$\begin{aligned} \boldsymbol{r}\cdot\boldsymbol{v} &= r\cos(\omega t + \theta_0)\times(-\omega r\sin(\omega t + \theta_0)) + r\sin(\omega t + \theta_0)\times(\omega r\cos(\omega t + \theta_0)) \\ &= 0 \end{aligned} \tag{6.13}$$

である。すなわち，速度ベクトル$\boldsymbol{v}$はどの時刻tにおいても常に位置ベクトル$\boldsymbol{r}$と直交している。$\boldsymbol{r}$は原点Oから円周上のP点に向かう動径方向のベクトルであるから，その方向と直交している$\boldsymbol{v}$は円周の接線方向に向かっていることがわかる。なお，$\boldsymbol{v}$の大きさをとると

$$\begin{aligned} v = |\boldsymbol{v}| = \sqrt{{v_x}^2 + {v_y}^2} &= \sqrt{\left(-\omega r\sin\left(\omega t + \theta_0\right)\right)^2 + \left(-\omega r\cos\left(\omega t + \theta_0\right)\right)^2} \\ &= \omega r \end{aligned}$$

となり，(6.4) 式と一致することがわかる。

では，等速円運動における加速度はどうなるであろうか。これについても2章で学んだように，加速度ベクトル$\boldsymbol{a} = (a_x,\ a_y)$は速度ベクトル$\boldsymbol{v} = (v_x,\ v_y)$の時間微分であるから

$$\boldsymbol{a}=\left(a_x, a_y\right)=\frac{\mathrm{d}\boldsymbol{v}}{\mathrm{d}t}=\left(\frac{\mathrm{d}v_x}{\mathrm{d}t}, \frac{\mathrm{d}v_y}{\mathrm{d}t}\right)$$
$$=\left(-\omega^2 r\cos\left(\omega t+\theta_0\right),\quad -\omega^2 r\sin\left(\omega t+\theta_0\right)\right)=-\omega^2\boldsymbol{r} \qquad (6.14)$$

である。ここで，加速度ベクトル$\boldsymbol{a}$は位置ベクトル$\boldsymbol{r}$の$(-\omega^2)$倍であることに留意しよう。あるベクトルが別のベクトルの定数倍で表されるということは，同じ方向を向いているということである。$\boldsymbol{r}$は原点Oから円周上のP点に向かうベクトルであり，$\boldsymbol{a}$はその定数倍，ただし，負号を伴っているということから，加速度はP点から原点Oに向かう向きである。いいかえれば**常に円運動の中心に向かっている**ことがわかる。

等速円運動に対する速度や加速度の大きさや向きについての重要な結果は，一見すると難しく見えるかもしれないが，$\boldsymbol{r}$を (6.11) 式とおくことさえできれば，後は速度・加速度の定義にしたがって微分することで，自動的に計算できるものである。微分という数学上の手法に基づいた力学が非常に強力な味方であることを味わってもらいたい。

なお，(6.14) 式によって加速度ベクトル$\boldsymbol{a}$が直接位置ベクトル$\boldsymbol{r}$に結びついて表されているのに対して，速度ベクトル$\boldsymbol{v}$が$v = \omega r$のように大きさとしてしか関係づけられていないことに釈然としない気がするかもしれない。どう表せば$v = \omega r$の関係を保ちながら，$\boldsymbol{v}$と$\boldsymbol{r}$が関連づけられるだろうか。もし，$\boldsymbol{v} = \omega\boldsymbol{r}$と表したとすると，$\boldsymbol{v}$は$\boldsymbol{r}$と同じ方向を向いてしまうことになる。これは$\boldsymbol{v}$と$\boldsymbol{r}$が互いに直交するという (6.13) 式と矛盾してしまう。これを解決するための鍵は，これまでスカラー量として扱っていたωをベクトル量として$\boldsymbol{\omega}$と表すことにある。$\boldsymbol{\omega}$は大きさを$|\boldsymbol{\omega}| = \omega$とし，その向きを円運動の回転方向に対して右ねじの進む向きのベクトルとするのである。すなわち図6.3において点Pがx軸正方向からy軸正方向に向かって回転している場合は，$\boldsymbol{\omega}$は常にz軸正方向を向いていることになる（図6.5）。つまり，$\boldsymbol{\omega}$を成分表示すれば$\boldsymbol{\omega} = (0,\ 0,\ \omega)$ということになる。すると，$\boldsymbol{\omega}$は$\boldsymbol{r}$とも$\boldsymbol{v}$とも直交しているベクトルとなる。2つの直交しているベクトルから，もう1つの直交しているベクトルを出すのであるから，1章で学んだ外積が使える。実際

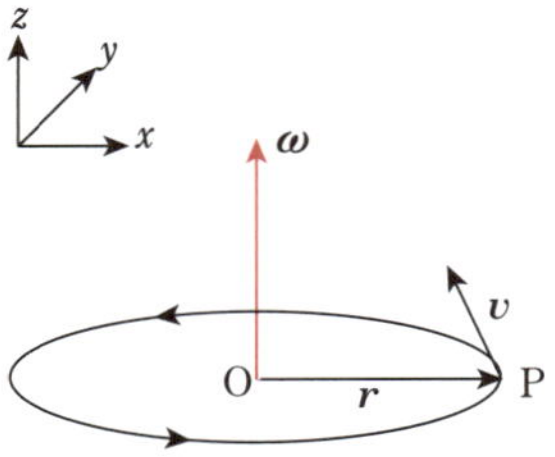

図 6.5

$$\boldsymbol{\omega}\times\boldsymbol{r}=\begin{vmatrix}\boldsymbol{i} & \boldsymbol{j} & \boldsymbol{k}\\ 0 & 0 & \omega\\ x & y & 0\end{vmatrix}=\omega x\boldsymbol{j}-\omega y\boldsymbol{i}=(-\omega y, \omega x, 0)$$
$$=(-\omega r\sin(\omega t+\theta_0), \omega r\cos(\omega t+\theta_0), 0)=\boldsymbol{v} \qquad (6.15)$$

となるので，$\boldsymbol{v} = \boldsymbol{\omega}\times\boldsymbol{r}$と表すことができる。なお，大きさだけの関係式$v = \omega r$であれば掛ける順番を変えて$v = r\omega$としても気にせずに済んだが，外積は掛ける順番が異なれば符号が変わってしまう。つまり，$\boldsymbol{v} = \boldsymbol{r}\times\boldsymbol{\omega}$とはできないという点に注意しておこう。

さて，$\boldsymbol{v}$を表すために角速度をベクトル量$\boldsymbol{\omega}$として扱ったわけだが，すると逆に$\boldsymbol{a} = -\omega^2\boldsymbol{r}$でも$\omega$を$\boldsymbol{\omega}$として扱うべきではないだろうか。ただし，$\omega^2$のように$\boldsymbol{a}$では$\omega$はスカラー量としてしか効いていない。二乗してスカ

ラー量になればよいのだから，$\boldsymbol{a} = -(\boldsymbol{\omega}\cdot\boldsymbol{\omega})\boldsymbol{r}$のように内積の形で入っていると考えれば一応説明がつきそうである。しかし，なぜ$\boldsymbol{v}$では$\boldsymbol{\omega}$は外積の形で入っているのに，$\boldsymbol{a}$では内積なのだろうか。ここであらためて$\boldsymbol{\omega}$という量を考えてみよう。

$\boldsymbol{v}$を求める際に，我々は2種類の方法を行った。1つは位置ベクトル$\boldsymbol{r}$に対して時間微分を演算することであり，もう1つは$\boldsymbol{r}$に対して$\boldsymbol{\omega}$を外積として掛けることであった。このことから

$$\frac{\mathrm{d}}{\mathrm{d}t} \Leftrightarrow \boldsymbol{\omega}\times \tag{6.16}$$

という対応関係が成り立ちそうである。単位としてみても，どちらも時間の逆数であることから共通性がある。では，これを拡張して$\boldsymbol{a}$を求める際にも同様の演算を行えると考えたらどうだろうか。時間微分を用いれば$\boldsymbol{a} = \mathrm{d}\boldsymbol{v}/\mathrm{d}t$なのであるから，$\boldsymbol{\omega}$を用いる場合も$\boldsymbol{a} = \boldsymbol{\omega}\times\boldsymbol{v}$の演算が成り立つのではないかと推論してみる。$\boldsymbol{v} = \boldsymbol{\omega}\times\boldsymbol{r}$を代入すると$\boldsymbol{a} = \boldsymbol{\omega}\times(\boldsymbol{\omega}\times\boldsymbol{r})$のように外積が2回も出てくる式になる。すでに$\boldsymbol{\omega}\times\boldsymbol{r}$は$(-\omega y,\ \omega x,\ 0)$と計算されているので，これを用いよう。すなわち

$$\boldsymbol{a} = \boldsymbol{\omega}\times\left(\boldsymbol{\omega}\times\boldsymbol{r}\right) = \begin{vmatrix} \boldsymbol{i} & \boldsymbol{j} & \boldsymbol{k} \\ 0 & 0 & \omega \\ -\omega y & \omega x & 0 \end{vmatrix} = -\omega^2 y\boldsymbol{j} - \omega^2 x\boldsymbol{i}$$
$$= -\omega^2(x, y, 0) = -\omega^2\boldsymbol{r} \tag{6.17}$$

が導かれる。よって，$\boldsymbol{a} = \boldsymbol{\omega}\times(\boldsymbol{\omega}\times\boldsymbol{r})$とした推論は悪くないようである。この外積が2回でてくる形はベクトル3重積と呼ばれ，一般に下記のようになることが計算からわかる（付録Cを参照）。

$$\boldsymbol{A}\times(\boldsymbol{B}\times\boldsymbol{C}) = (\boldsymbol{A}\cdot\boldsymbol{C})\boldsymbol{B} - (\boldsymbol{A}\cdot\boldsymbol{B})\boldsymbol{C}$$

これを$\boldsymbol{a} = \boldsymbol{\omega}\times(\boldsymbol{\omega}\times\boldsymbol{r})$に適用すると

$$\boldsymbol{\omega}\times(\boldsymbol{\omega}\times\boldsymbol{r}) = (\boldsymbol{\omega}\cdot\boldsymbol{r})\boldsymbol{\omega} - (\boldsymbol{\omega}\cdot\boldsymbol{\omega})\boldsymbol{r}$$

ここで第1項にある$\boldsymbol{\omega}\cdot\boldsymbol{r}$は$\boldsymbol{\omega}$と$\boldsymbol{r}$が互いに直交しているために0となり第2項しか残らない。すなわち$\boldsymbol{a} = -(\boldsymbol{\omega}\cdot\boldsymbol{\omega})\boldsymbol{r}$となり，結果として$\boldsymbol{\omega}$の内積の形になっていたことになる。なお，(6.16)の対応関係は等速円運動の場合に成り立つものであり，一般にはもう少し複雑な形となる。より詳細な議論は9章で行うこととする。

6.3　等速円運動に必要な力

前節までに等速円運動の運動学，すなわち位置，速度，加速度が時間によってどう変化していくのかを考えてきた。ここでは等速円運動にはどのような力が働いているのかを考えよう。力とは3章で学んだように加速度に質量を掛けたものと定義できる。等速円運動において，加速度は常に中心方向へ向かっており，$\boldsymbol{a} = -\omega^2\boldsymbol{r}$と表された。したがって等速円運動に働く力$\boldsymbol{F}$〔N〕は

$$\boldsymbol{F} = m\boldsymbol{a} = -m\omega^2\boldsymbol{r} \tag{6.18}$$

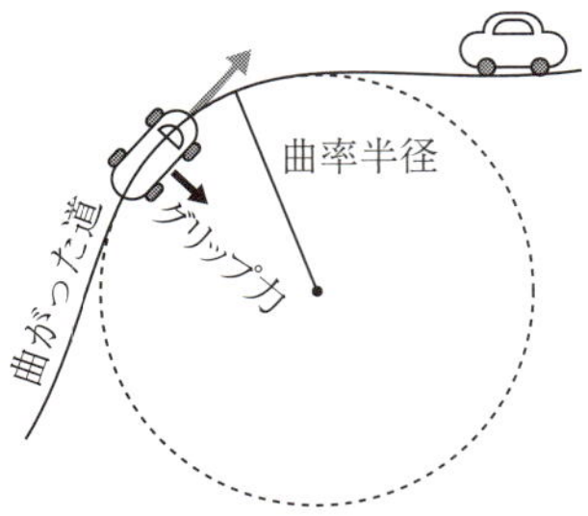

図 6.6

である。ここで大きさだけに着目し，また速さ $v = \omega r$ を用いると

$$F = |\boldsymbol{F}| = m\omega^2 r = \frac{mv^2}{r} \tag{6.19}$$

となる。この力は等速円運動をしている物体が受ける力であるが，作用・反作用の法則から，逆に考えれば等速円運動を物体にさせるためには何らかの力で (6.19) 式を与えてやらなければならないということになる。たとえば糸の一端を固定し，他端におもりをつけて等速円運動させた場合にはおもりを引っ張るために，常に糸には張力がかかることになる。そして，その糸を固定した端では張力に耐えるだけの力が必要になる。(6.19) 式の $m\omega^2 r$ から，その力は角速度が大きくなれば2乗に比例して大きくならなければならない。また，角速度が同じであれば，おもりの質量が大きいほど，また半径が大きいほど，力も必要になる。さらに，角速度ではなく物体の速さをもとに考えると，mv^2/r の式より，速さが速いほど，あるいは半径が小さいほど力を要することがわかる。これは自動車でカーブを曲がる際に体験することと同様である。実際にはカーブはずっと続くわけではないが，図6.6のように同様の曲がり具合のカーブが続いたと仮定したときに想定される円周を考え，その半径（曲率半径）を r とする。r が小さければ，それだけ急カーブとなり，充分にスピードを落とさないと曲がりきれないで事故を起こす可能性がある。自動車には円周の中心から引っ張る糸はついていないが，mv^2/r の力をタイヤのグリップで与えなければならない。v が大きく r が小さいとグリップ力の上限を越えてしまい，スリップしてしまうことになる。**力学は机上の理論ではなく，このように日常で体感するできごとと結びつけて理解しておくことも重要である。**

第7章 単振動

周期運動の中でも，ばねの振動や振り子の運動に代表される振動現象はとくに広く自然界にみられるものである。たとえば建物や橋の揺れのような目に見える振動，物質を構成している原子の微視的な振動，また電子回路の中で起こる電気的な振動など，異なる事象であるにもかかわらず振動という共通の捉え方を通して理解を深めることができる。本章では振動現象の中で最も単純な単振動を扱う。実際の振動では複雑な挙動を示すことが多いが，そのような振動であっても，いくつかの単振動の集まりとして扱えることができるために，単振動について深く学んでおくことが重要である。

7.1 等速円運動と単振動

前章で学んだ等速円運動は，x-y座標系における平面上での運動であった。今，この等速円運動のうちy軸方向の動きだけに着目して観察した場合を考えよう。これは図7.1のように等速円運動をしている物体の左側から光を照射して，右側のスクリーンに映った物体の影の位置を観察することに相当する。このとき影の位置は時間の経過に伴って，上下方向の運動を繰り返す振動となる。では時間と影の位置にどのような関係があるのかを具体的にみることにしよう。

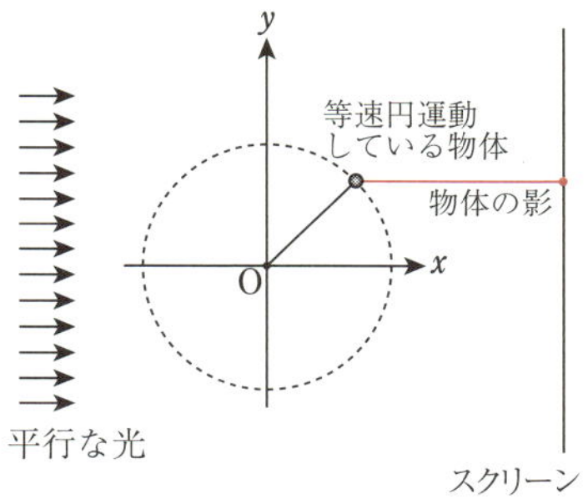

図7.1

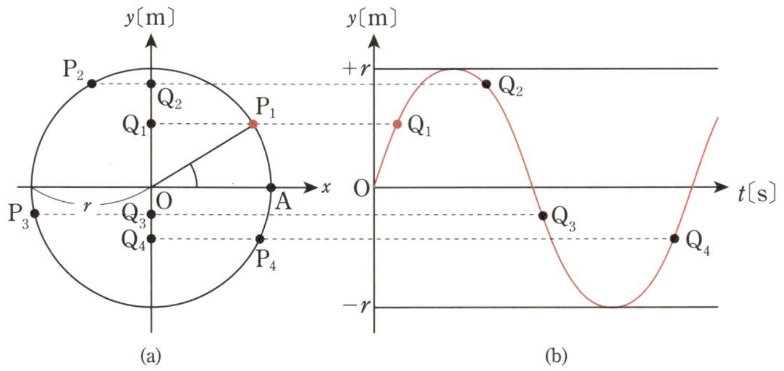

図7.2

図7.2(a)で示されるように，半径r〔m〕の円周上を角速度ω〔rad/s〕で質点が運動している等速円運動を考える。円周上の物体の位置をP点としよう。またP点は$t = 0$ sのときにx軸からの角度が$\theta = \theta_0$〔rad〕の位置にあるとする。このとき影の位置Q点の座標をy〔m〕として表すと

$$y(t) = r\sin\theta$$

となる。時間tの経過にともなってP点の角度は$\theta = \omega t + \theta_0$と変化していくので，Q点の座標も

$$y(t) = r\sin(\omega t + \theta_0) \tag{7.1}$$

のように動くことになる。ここでyは時間の関数であることを意識するた

めに$y(t)$と表した。横軸に時間t〔s〕，縦軸にQ点の座標y〔m〕をとってグラフに表すと図7.2(b)のようになる。グラフをみる際に，横軸は時間の経過を表しており，Q点が空間中を横にずれていくわけではないことに注意しよう。Q点はあくまでもy軸上を上下に移動している。このように時間の経過にともなって，その位置がsin関数として表される運動を**単振動**と呼ぶ。

図7.2(b)から，Q点の上限値は$+r$〔m〕，下限値は$-r$〔m〕となることがわかる。つまり，Q点は$-r \leq y \leq +r$の範囲で振動している。このrを**振幅**と呼ぶ。また，sin関数の変数である$\theta = \omega t + \theta_0$を**位相**と呼び，とくに$t = 0$ sのときの位相$\theta = \theta_0$を**初期位相**と呼ぶ。

また，sin関数は位相が，あるθから2πだけ変わる（すなわち$\theta \to \theta + 2\pi$になる）と元の状態に戻る。(7.1)式において，位相がθの場合の時刻をt_1，$\theta + 2\pi$の場合の時刻をt_2とすると$\theta = \omega t_1 + \theta_0$, $\theta + 2\pi = \omega t_2 + \theta_0$であるから，その時間差$T$〔s〕は

$$T = t_2 - t_1 = \frac{2\pi}{\omega} \tag{7.2}$$

である。等速円運動の場合と同様に，このTを**周期**と呼ぶ。これは1回の振動に要する時間である。図7.2(b)ではグラフの山から山，あるいは谷から谷までの時間がTとなっている。ただし，振動の中心値（$y = 0$）では隣り合う$y = 0$との間の時間は周期ではない。これは$y = 0$では上から下へ向かう場合と下から上に向かう場合があるからである。6章でも述べたが，このように位置が同じであっても，状態が違う場合の間の時間は周期とはみなされない。

また，1秒あたりに振動する回数fを**振動数**といい，等速円運動と同様に単位にはHzを用いる。1回の振動に要する時間が周期Tであるからfはその逆数となり

$$f = \frac{1}{T} = \frac{\omega}{2\pi} \tag{7.3}$$

と表せる。これより$\omega = 2\pi f$となるので，角速度ωは振動現象では**角振動数**と呼ばれることが多い。振動数fが1秒あたりの往復運動の回数を示すことに対して，角振動数ωは1秒あたり位相が何rad進んだのかを示していることになる。

例題 7-1

上下の往復運動をしている単振動を観察したところ，その下限値は床から0.10 m，上限値は0.50 mであった。また周期は0.20 sであった。この単振動の振幅a〔m〕，振動数f〔Hz〕，角振動数ω〔rad/s〕を求めなさい。

解説＆解答

単振動の中心位置は上限値と下限値の平均値となるので，(0.10 + 0.50)/2 = 0.30 mの位置にある。振幅は中心位置から上限値までの距離であるから

$a = 0.50 - 0.30 = 0.20$ m

振動数 f〔Hz〕は周期 T〔s〕の逆数であるので

$f = 1/T = 1/0.20 = 5.0$ Hz

角振動数 ω〔rad/s〕は f〔Hz〕の 2π 倍であるので

$\omega = 2\pi f = 10\pi \approx 31.4$ rad/s

7.2 単振動の速度と加速度

単振動の様子を観察すると上下端に近づくにつれて速さが遅くなり，端で止まった後に逆方向に動き出していく。つまり，速度は一定ではない。そこで式(7.1)から，単振動における速度 v を求めてみよう。速度 v は位置 y の時間微分で与えられるから

$$v = \frac{\mathrm{d}}{\mathrm{d}t}y(t) = \frac{\mathrm{d}}{\mathrm{d}t}r\sin(\omega t + \theta_0) = \omega r\cos(\omega t + \theta_0) \tag{7.4}$$

となる。式(7.4)から，y が上端に近いとき，すなわち $\theta = \omega t + \theta_0 \approx \frac{\pi}{2}$ では v がほぼ0となり，かつ $\theta = \frac{\pi}{2}$ を境にして符号が＋から－へと変わる（すなわち移動方向が逆転する）ことがわかる。また v の大きさが最大になるのは $\theta = n\pi (n = 0, 1, 2, \cdots)$ のときであり，これは $y = r\sin(n\pi)$ から，ちょうど振動の中心にきたときに相当する。

では，単振動の加速度はどうなるだろうか。もしこの運動が等加速度運動であるとすると，4章で学んだ投げ上げ運動のように，上端に近づき減速して下方へ動き始めた後，再びアップターンして上方へ動き始めることはないだろう。つまり，単振動では加速度も時間によって変化するはずである。加速度 a は速度 v の時間微分で与えられるから

$$\begin{aligned} a &= \frac{\mathrm{d}}{\mathrm{d}t}v(t) = \frac{\mathrm{d}}{\mathrm{d}t}\omega r\cos(\omega t + \theta_0) = -\omega^2 r\sin(\omega t + \theta_0) \\ &= -\omega^2 y(t) \end{aligned} \tag{7.5}$$

となる。すなわち加速度も時間を含む sin 関数で表され，刻一刻と変化している。加速度の大きさが最大になるのはおもりが振動の上限および下限にある場合となる。また加速度 a には $r\sin(\omega t + \theta_0)$ の項が含まれるが，これは $y(t)$ と等しい。速度 v は位置 y の時間微分であったことを考慮すると

$$a = \frac{\mathrm{d}}{\mathrm{d}t}v(t) = \frac{\mathrm{d}}{\mathrm{d}t}\frac{\mathrm{d}}{\mathrm{d}t}y(t) = \frac{\mathrm{d}^2}{\mathrm{d}t^2}y(t) = -\omega^2 y(t) \tag{7.6}$$

であるから，「元の関数の2階微分をとると，元の関数に負号のついた定数倍が得られる」ことになる。式(7.6)は単振動の特徴を与える重要な微分方程式である。これまでは位置 $y(t)$ が与えられた上で速度，加速度を求めてきたが，次節でみるようにむしろ式(7.6)の解として $y(t)$ が求められることが多い。またこの型の微分方程式は力学以外にも様々な物理現象の中に現れるものであり，十分に理解しておくことが望ましい。

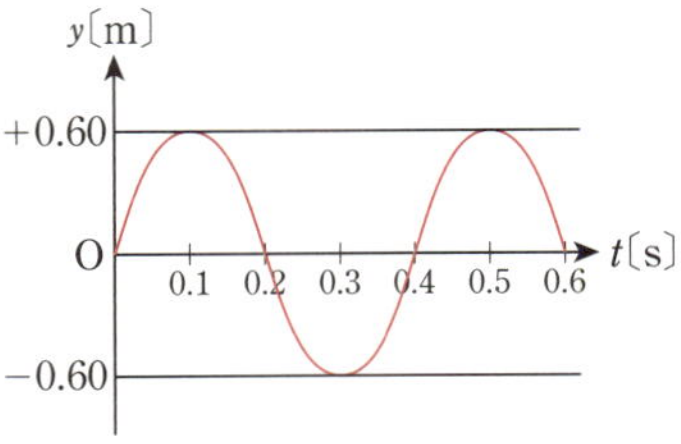

図 7.3

例題 7-2

y 軸上で単振動している物体がある。物体の位置 y〔m〕と時刻 t〔s〕の関係をグラフにしたところ，図 7.3 のようになった。次の問いに答えよ。

(1) y と t との関係が $y = A\sin\omega t$ であるとすると，振幅 A，角振動数 ω はいくらか。

(2) $t = 0.15$ s のときの物体の位置 y を求めなさい。

(3) $t = 0.15$ s のときの物体の速度 v を求めなさい。

(4) $t = 0.15$ s のときの物体の加速度 a を求めなさい。

(5) v と t の関係のグラフおよび a と t の関係のグラフを描きなさい。

解説＆解答

(1) 図 7.3 のグラフより物体は -0.6 m から $+0.6$ m の範囲で振動していることがわかるので，振幅 A は $A = 0.6$ m である。またグラフより山から次の山までの間隔（すなわち周期 T）は $T = 0.5 - 0.1 = 0.4$ s であるので，$\omega = \dfrac{2\pi}{T} = 5\pi \approx 15.7$ rad/s となる。

(2) (1) より $y(t) = 0.6\sin(5\pi t)$ がわかるので，$t = 0.15$ s を代入して

$$y(0.15) = 0.6\sin(5\pi\times 0.15) = 0.6\sin\left(\frac{3}{4}\pi\right) = 0.6\times\frac{1}{\sqrt{2}} \approx 0.42\,\mathrm{m}$$

(3) $v(t) = \dfrac{\mathrm{d}y(t)}{\mathrm{d}t} = 5\pi\times 0.6\cos(5\pi t)$ より $t = 0.15$ s を代入して

$$v(0.15) = 5\pi\times 0.6\cos(5\pi\times 0.15) = 3\pi\cos\left(\frac{3}{4}\pi\right)$$

$$= -\frac{3\pi}{\sqrt{2}} \approx -6.7\ \mathrm{m/s}$$

(4) $a(t) = \dfrac{\mathrm{d}v(t)}{\mathrm{d}t} = -(5\pi)^2\times 0.6\sin(5\pi t)$ より $t = 0.15$ s を代入して

$$a(t) = -(5\pi)^2\times 0.6\sin(5\pi\times 0.15) = -\frac{(5\pi)^2\times 0.6}{\sqrt{2}} \approx -105\,\mathrm{m/s^2}$$

(5) $v(t) = 3\pi\cos(5\pi t)$ のグラフは図 7.4(a)，また $a(t) = -15\pi\sin(5\pi t)$ のグラフは図 7.4(b) のようになる。

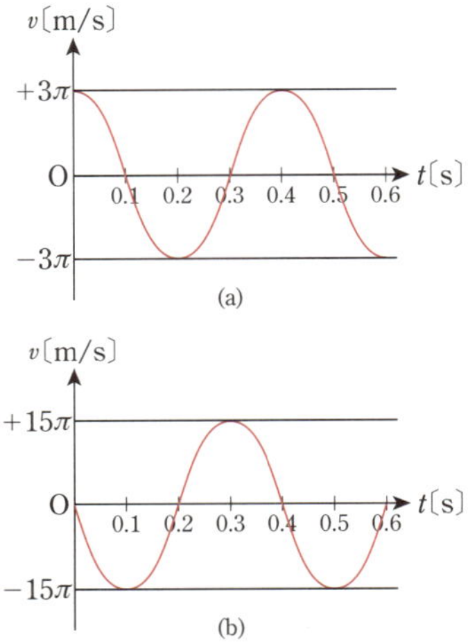

図 7.4

7.3 ばねの力を受けて運動する物体

具体的な単振動の例として，ばねの力を受けて運動する物体について考えよう。そのためにばねの力学的性質について述べておく。図 7.5(a) に示すように，なめらかな水平面上に置かれたばねの一端を固定し，他端に小球をとりつける。ばねの自然の長さ（自然長）の状態で静止している小球の位置を原点として，ばねの方向に x 軸をとる。このとき小球を少し x 軸の正の方向に移動させるとばねも伸びるが，同時にばねは自然長に戻ろうとして小球には x 軸の負の方向の力が働く。逆に自然長から小球を負の方向に移動させると，小球はばねから正の方向の力を受ける。このようにばねが自然長に戻ろうとする力を復元力（またはばねの弾性力）という。ば

ねの復元力F〔N〕は，原点からの伸び縮みの距離x〔m〕がそれほど大きくない場合には，図7.5(b)のようにxに比例して大きくなる。これをフックの法則という。式で表せば

$$F = -kx \tag{7.7}$$

となる。ここで負号がついているのは原点からの移動方向と逆向きに復元力が働くからである。また，kは比例定数であり，**ばね定数**と呼ばれる。単位は，x〔m〕に掛けてF〔N〕が得られることからわかるように，〔N/m〕である。ばね定数k〔N/m〕が大きな値を持つほど，ばねを伸び縮みさせるための力は大きくしなければならず，したがって硬いばねといえる。なお，ばねをどんどん伸ばしていく（すなわち原点からの距離xが大きくしていく）と，やがて式 (7.7) の関係が成り立たなくなってしまい，最後にはばねは破断してしまう。詳細は20章で述べるが，本節の以下の議論では式 (7.7) が成り立つ範囲，すなわち原点からの距離があまり大きくない場合を扱う。

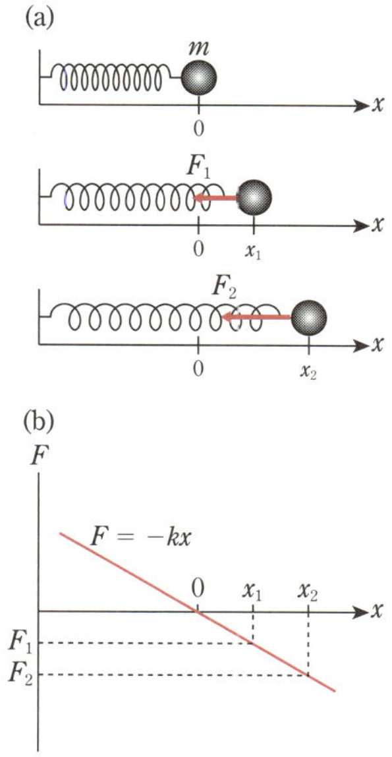

図 7.5

さて，自然長の状態から，小球を$x = a$だけ引っ張った後，小球を静かに離したとしよう。すると復元力を受けて小球は原点に向かって，すなわちx軸の負の方向に移動していく。復元力は小球が原点に戻ると0になるが，小球はこの時点である程度の速度を得ているために原点を通過してしまう。そのためにばねは自然長より短くなり，今度は正方向へ働く復元力が発生する。この復元力により，小球の速度はだんだん小さくなり，やがて$x = -a$に至ると正の方向へと移動し始める。この様子を図7.6に示した。なめらかな面上での移動を想定しているので摩擦力などは働かず，小球はこの運動を繰り返すことになる。すなわち振動現象を起こすと考えられる。

ここで小球に働く力が式 (7.7) で与えられる復元力のみであるとして，運動方程式$ma = F$をたててみよう。ただし，小球の質量をm〔kg〕とする。$a =$は$x(t)$に対する時間の2階微分であるから

$$m\frac{\mathrm{d}^2}{\mathrm{d}t^2}x(t) = -kx(t) \tag{7.8}$$

となる。ここで両辺をmで割ると

$$\frac{\mathrm{d}^2}{\mathrm{d}t^2}x(t) = -\frac{k}{m}x(t) \tag{7.9}$$

となる。(7.9) 式と前節で導いた (7.6) 式を比較してみよう。単振動の加速度を表す (7.6) 式においてω^2であった部分が (7.9) 式では$\dfrac{k}{m}$と変わっているが，式の形は共通している。すなわち「関数を2階微分したら，元の関数に負号のついた定数倍がでてくる」形となっている。そこで$\dfrac{k}{m}$をω^2と置き換えてみよう。

$$\omega = \sqrt{\frac{k}{m}} \tag{7.10}$$

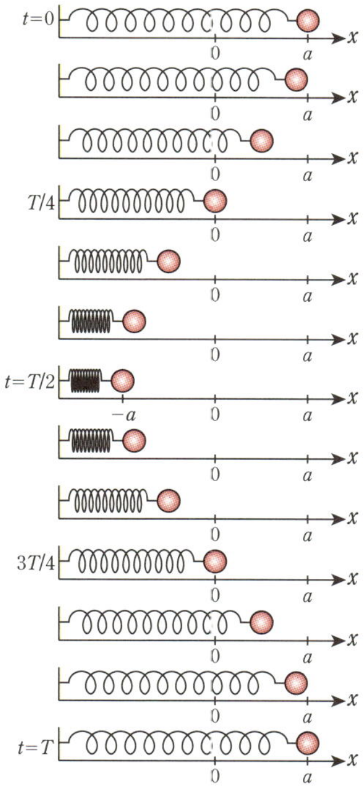

図 7.6

ここで (7.10) 式の両辺の次元量を確認しておく。ωの単位は〔rad/s〕であった。ただし，radは無次元量であるので次元は$[\mathrm{T}^{-1}]$である。一方，ばね

定数kの単位は〔N/m〕，質量mの単位は〔kg〕であるので，右辺の単位は$(\mathrm{N m^{-1}\ kg^{-1}})^{1/2} = (\mathrm{kg\ m\ s^{-2}\ m^{-1}\ kg^{-1}})^{1/2}$である。したがって，次元は$[\mathrm{T^{-1}}]$となり，両辺で同一の次元を示していることがわかる。よって，(7.10) 式のように$\dfrac{k}{m}$とω^2を結びつけることは許されるだろう。なお，このように新しい式を導入する際に，次元*を意識しておくことが大切である。

(7.9) 式に (7.10) 式を代入すると

$$\frac{\mathrm{d}^2}{\mathrm{d}t^2}x(t) = -\omega^2 x(t) \tag{7.11}$$

となり，(7.6) 式の導出過程を思い出せば

$$x(t) = A\sin(\omega t + \delta) \tag{7.12}$$

となるはずである。ただし，振幅をA，初期位相をδと記した。実際に (7.12) 式を (7.11) 式に代入してみれば，この解が満たされることがわかる。すなわち，ばねの力を受けて運動する物体は単振動を示すことが，運動方程式から自然に導かれたことになる。

ここで周期について求めておこう。単振動における周期は (7.7) 式においてωを用いて表され，またばねの力を受けて運動する物体のωは (7.10) 式であったから，その周期T〔s〕は

$$T = \frac{2\pi}{\omega} = \frac{2\pi}{\sqrt{\dfrac{k}{m}}} = 2\pi\sqrt{\frac{m}{k}} \tag{7.13}$$

となる。

なお，(7.11) 式の微分方程式からは振幅Aおよび初期位相δが決まらないが，これらは初期条件によって求められる。これについては次に述べるように (7.12) 式の別の形を述べた上であらためて示そう。

ここでは (7.11) 式を，もう少し数学的に解くことにする。(7.11) 式の特徴は，時間tを変数に持つ関数$x(t)$をtで2階微分すると元の関数が現れ，かつ係数として$-\omega^2$が出てくるというものであった。このような関数として基本的なものを探してみると次の2つのものがあることに気づくだろう。すなわち

$$x_1(t) = \sin\omega t,\quad x_2(t) = \cos\omega t \tag{7.14}$$

実際にどちらも (7.11) 式に代入してみると，解であることがわかる。この2つの解を掛け合わせて$0 \le t \le T$の間で下記のような積分を行うと

$$\begin{aligned}\int_0^T x_1(t)x_2(t)\mathrm{d}t &= \int_0^{2\pi/\omega}\sin\omega t\cos\omega t\mathrm{d}t = \frac{1}{\omega}\int_0^{2\pi}\sin\theta\cos\theta\mathrm{d}\theta\\ &= \frac{1}{2\omega}\int_0^{2\pi}\sin2\theta\mathrm{d}\theta = \frac{1}{4\omega}\Big[-\cos2\theta\Big]_0^{2\pi} = 0\end{aligned}$$

のように結果が0となる。ただし，計算過程で$\theta = \omega t$と置換し，また三角関数の倍角公式$\sin2\theta = 2\sin\theta\cos\theta$を用いている。このように2つの関数を掛け合わせて1周期で積分した場合に0となる場合，その「2つの関数は**独立**である」という。または**互いに直交した関数**であるともいう。これは

> **＊次元（ディメンジョン）**
> ここでは，質量の単位をkg, …などと具体的に扱っているが，一般化すると次のようになる。質量，距離，時間の次元をそれぞれ〔M〕，〔L〕，〔T〕，と書くことにする。すると各物理量の次元は以下の通りになる。
> 力F〔N〕→〔$\mathrm{MLT^{-2}}$〕
> 速度v〔m/s〕→〔$\mathrm{LT^{-1}}$〕
> 加速度a〔$\mathrm{m/s^2}$〕→〔$\mathrm{LT^{-2}}$〕
> ばね定数k〔N/m〕→〔$\mathrm{MT^{-2}}$〕
> 角速度ω〔rad/s〕→〔$\mathrm{T^{-2}}$〕

2つのベクトル$\boldsymbol{a}$，$\boldsymbol{b}$に対してその内積をとった場合に$\boldsymbol{a}\cdot\boldsymbol{b}=0$であれば互いに直交しているというのと同様である。簡単にいえば，一方の関数の中に，他方の関数を表す項が全く含まれていないということである。ここで

$$\sin\left(\omega t+\frac{\pi}{2}\right)=\cos\omega t$$

となるので，$\sin\omega t$の中には$\cos\omega t$も含まれているのではないかと考える方もいるかもしれない。しかし位相に$\pi/2$を加えてしまったら，すでに$\sin\omega t$とは異なる関数となってしまう。あくまでも$\sin\omega t$と$\cos\omega t$の形を保ったままで互いにどちらかを包含しているかを考え，この場合は独立といえるのである。

微分方程式の**一般解**は，このような独立な関数を探し，それぞれに任意の係数を掛けて足し合わせる（**重ね合わせ**）ことで与えられる。すなわち(7.14)式からは一般解$x(t)$として

$$x(t)=A\sin\omega t+B\cos\omega t \tag{7.15}$$

という結果が得られる。これは一見すると(7.12)式と異なるようにみえるが，三角関数の加法定理を適用すれば

$$x(t)=C\sin(\omega t+\delta)=C\cos\delta\sin\omega t+C\sin\delta\cos\omega t$$

となるので，$A=C\cos\delta$，$B=C\sin\delta$とおけば同一の式を与えていることがわかる。(7.15)式では，AとBが任意定数となっており，(7.12)式におけるCおよびδと同様に，初期条件を用いることで求めなくてはならない。任意定数を含んだ(7.15)式のような解を一般解と呼ぶことに対して，一般解に初期条件のような他の物理的条件を与えて任意定数が決められた解を**特解**と呼ぶ。次の例題では(7.15)式で表された一般解に対して，初期条件を適用して特解を求めてみることにする。

例題 7-3

自然長の状態から，ばね定数kのばねにつながれている質量mの小球を$x=x_0$まで伸ばし，時刻$t=0$において静かに離したところ小球は単振動を始めた。各時刻における小球の位置$x(t)$を求めなさい。

解説&解答

$t=0$における小球の位置はx_0，また離した直後は速度を持たないと考えられるので初期条件は

$$x(0)=x_0,\quad v(0)=0$$

となる。(7.15)式に$x(0)=x_0$を代入すると

$$x(0)=A\sin 0+B\cos 0=B=x_0$$

となるので，Bが求まる。また(7.15)式を時間tで一階微分すると

$$v(t)=\omega A\cos\omega t-\omega B\sin\omega t$$

となるので，$v(0)=0$を代入して

$$v(0)=\omega A\cos 0-\omega B\sin 0=\omega A=0$$

から$A=0$が求まる。よってこの初期条件のもとでの解は

$$x(t) = x_0 \cos\omega t = x_0 \cos\sqrt{\frac{k}{m}}t$$

例題 7-4

式(7.15)の一般解に対して，初期条件が$x(0) = 0$，$v(0) = v_0$と与えられる場合の解を求めなさい。

解答

$$x(t) = \frac{v_0}{\omega}\sin\omega t$$

例題 7-5

一端が天井に固定されて鉛直下方につり下げられた質量の無視できるばねがある。このばねの下端を1.0 Nの力で引っ張ったところ，ばねは2.0 cm伸びた。次にこのばねの下端に質量0.50 kgのおもりをつりさげて，鉛直方向に単振動させた。

(1)このばねのばね定数を求めなさい。

(2)単振動の周期と振動数を求めなさい。

解答

(1) 50 N/m

(2) 周期0.63 s，振動数1.6 Hz

本節では，フックの法則にしたがうばねの運動方程式から (7.11) 式を導き，その一般解として (7.12) 式あるいは (7.15) 式を求めた。しかし，これは始めから解が予想できていたから可能だったのではないかと思う方もいるかもしれない。実はこのように物理学では特徴的な微分方程式に対して，結果を予測しながら解を求めることが多い。そしてそこが物理的なセンスを問われるところでもある。ただ，数学的な裏付けがあることを理解しておくことも必要なので，興味のある方のための参考として少し技巧的ではあるが (7.11) 式の解を直接求めるための解法を以下に示しておく。

(7.11) 式の解法

まず (7.11) 式の両辺に $2\frac{\mathrm{d}x}{\mathrm{d}t}$ を掛ける。

$$2\frac{\mathrm{d}x}{\mathrm{d}t}\frac{\mathrm{d}^2x}{\mathrm{d}t^2} = -2\omega^2 x\frac{\mathrm{d}x}{\mathrm{d}t} \tag{7.16}$$

ところで

$$\frac{\mathrm{d}}{\mathrm{d}t}\left(\frac{\mathrm{d}x}{\mathrm{d}t}\right)^2 = 2\frac{\mathrm{d}x}{\mathrm{d}t}\frac{\mathrm{d}^2x}{\mathrm{d}t^2} \quad , \quad \frac{\mathrm{d}}{\mathrm{d}t}x^2 = 2x\frac{\mathrm{d}x}{\mathrm{d}t}$$

であるから，(7.16) 式は下記のように変形できる。

$$\frac{\mathrm{d}}{\mathrm{d}t}\left(\frac{\mathrm{d}x}{\mathrm{d}t}\right)^2 = -\omega^2\frac{\mathrm{d}}{\mathrm{d}t}x^2$$

左辺にまとめて整理すると

$$\frac{\mathrm{d}}{\mathrm{d}t}\left[\left(\frac{\mathrm{d}x}{\mathrm{d}t}\right)^2+\omega^2x^2\right]=0 \tag{7.17}$$

tで1階微分すると0になることから[ ]内は定数でなければならない。次の変形で整理しやすいようにこの定数をω^2A^2とおく。ω^2の項を右辺でまとめると

$$\left(\frac{\mathrm{d}x}{\mathrm{d}t}\right)^2+\omega^2x^2=\omega^2A^2 \qquad \therefore \quad \frac{\mathrm{d}x}{\mathrm{d}t}=\omega A\sqrt{1-\left(\frac{x}{A}\right)^2}$$

ここで平方根をとる際に，Aに複号を含めることで負号を省略している。左辺にxの項を，右辺にtの項を移動させ積分すると

$$\int\frac{\mathrm{d}x}{A\sqrt{1-\left(\frac{x}{A}\right)^2}}=\int\omega\mathrm{d}t \tag{7.18}$$

左辺の積分については$\sin x$の逆関数である$\sin^{-1}x$に関する公式

$$\int\frac{\mathrm{d}x}{\sqrt{1-x^2}}=\sin^{-1}x \tag{7.19}$$

を利用すると

$$\sin^{-1}\frac{x}{A}=\omega t+\delta \tag{7.20}$$

となる。ただし積分定数をδとして右辺にまとめている。これより

$$\frac{x}{A}=\sin(\omega t+\delta) \qquad \therefore \quad x=A\sin(\omega t+\delta)$$

となり，(7.11) 式が導かれた。

$\sin^{-1}x$およびこれを用いた公式(7.19)についてはなじみが薄いと思われるので，説明しておこう。$\sin^{-1}x$は$\sin x$の逆関数であるので$y=\sin^{-1}x$に対して，$x=\sin y$が成り立つ。よってこのyを微分すると

$$\frac{\mathrm{d}y}{\mathrm{d}x}=\frac{1}{\frac{\mathrm{d}x}{\mathrm{d}y}}=\frac{1}{\cos y}$$
$$=\frac{1}{\sqrt{1-\sin^2 y}}$$
$$=\frac{1}{\sqrt{1-\left[\sin\left(\sin^{-1}x\right)\right]^2}}$$
$$=\frac{1}{\sqrt{1-x^2}}$$

となる。なお，逆関数に関数を作用させると何も演算していないことになるので$\sin[\sin^{-1}x]=x$となることを用いている。左辺にxのみ，右辺にyのみの項を移動して積分すれば

$$\int\frac{1}{\sqrt{1-x^2}}\mathrm{d}x$$
$$=\int\mathrm{d}y=y=\sin^{-1}x$$

7.4 単振り子

単振動として取り扱えるもう1つの例として，単振り子を取り上げよう。いま図7.7のように天井からつり下げられた質量の無視できる長さL〔m〕の糸の先端に質量m〔kg〕の小球を取り付けて，鉛直方向からθ〔rad〕傾けた後，小球を離す。θが小さいとき，下記にみるようにこの振り子は単振動として表されるので**単振り子**と呼ばれる。

糸が天井につながれている点を原点Oとし，水平方向右側にx軸を，鉛直下向き方向にy軸をとる。小球は重力によって，y軸の正方向にmgの力が常に働いている。また，糸には張力Tがかかっている。振り子がθ傾いているときに働いている力は，x軸方向の負の向きに$T\sin\theta$，y軸方向の正の向きに重力mgおよび負の向きに$T\cos\theta$である。したがって，それぞれの軸方向に対して運動方程式を記すと

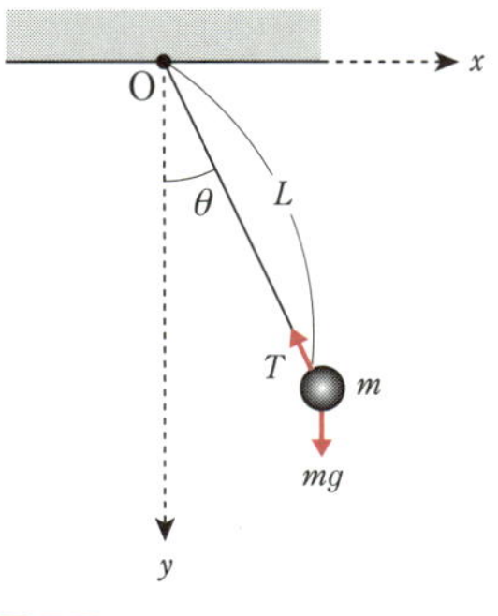

図 7.7

$$
\begin{aligned}
m\frac{\mathrm{d}^2x}{\mathrm{d}t^2} &= -T\sin\theta \\
m\frac{\mathrm{d}^2y}{\mathrm{d}t^2} &= mg - T\cos\theta
\end{aligned}
\tag{7.21}
$$

となる。ここでθが小さいときには$\sin\theta \approx \theta$, $\cos\theta \approx 1$と近似できることを用いる。この近似については付録Dを参照のこと。すると

$$
\begin{aligned}
x &= L\theta \\
y &= L
\end{aligned}
\tag{7.22}
$$

とみなせることから，これを (7.21) 式に代入して

$$
\begin{aligned}
m\frac{\mathrm{d}^2(L\theta)}{\mathrm{d}t^2} &= -T\theta \\
m\frac{\mathrm{d}^2L}{\mathrm{d}t^2} &= mg - T
\end{aligned}
\tag{7.23}
$$

となるが，Lは定数であるので

$$
\begin{aligned}
mL\frac{\mathrm{d}^2\theta}{\mathrm{d}t^2} &= -T\theta \\
0 &= mg - T
\end{aligned}
\tag{7.24}
$$

となる。よって近似的に$T = mg$とみなせるので (7.24) 式の上段は

$$
mL\frac{\mathrm{d}^2\theta}{\mathrm{d}t^2} = -mg\theta \tag{7.25}
$$

となり，両辺から質量mが消える。整理すると

$$
\frac{\mathrm{d}^2\theta(t)}{\mathrm{d}t^2} = -\frac{g}{L}\theta(t) \tag{7.26}
$$

となる。なお，ここではθが時間tの関数であることを明示した。(7.26) 式は

$$
\omega = \sqrt{\frac{g}{L}} \tag{7.27}
$$

とおけば，(7.11) 式と同じ型の微分方程式であり，単振り子が単振動としての振る舞いをすることがわかる。(7.15) 式にならって (7.26) 式の一般解を記せば

$$
\theta(t) = A\sin\omega t + B\cos\omega t \tag{7.28}
$$

となる。周期は (7.27) 式を用いて

$$
T = \frac{2\pi}{\omega} = \frac{2\pi}{\sqrt{\dfrac{g}{L}}} = 2\pi\sqrt{\frac{L}{g}} \tag{7.29}
$$

である。これより単振り子の周期は小球の質量によらず，糸の長さLだけに依存することがわかる。これを**振り子の等時性**という。ただし，計算の過程でθが小さい場合における近似を用いていることに注意しよう。$\sin\theta \approx \theta$とみなせるのは角度にして約$10°$以下の場合である。(7.29) 式により周期が精度よく求められるのもこの範囲となる。実際に値をみてみると，$10° = 0.174$ rad，$\sin 10° = 0.173$ となっており有効数字2桁までを必要と

しているのであれば妥当な近似といえよう。物理学では見通しをよくするために適切な近似によるモデル化を行うことが多いが，このように途中で近似を用いて得られた際の結果は，常に適用範囲を意識しておくことが重要である。

例題 7-6

糸の長さがLの単振り子において，小球を$\theta = \theta_0$の角度まで傾け，$t = 0$において小球を離した。(7.28) 式の一般解に初期条件を適用して，解を求めなさい。

解説＆解答

$t = 0$における小球の傾き角度はθ_0，また離した直後は速度を持たないと考えられるので初期条件は

$$\theta(0) = \theta_0,\quad v(0) = 0$$

となる。(7.28) 式に$\theta(0) = \theta_0$を代入すると

$$\theta(0) = A\sin 0 + B\cos 0 = B = \theta_0$$

となるので，Bが求まる。また (7.28) 式を時間tで一階微分すると速度$v(t)$が

$$v(t) = \omega A\cos\omega t - \omega B\sin\omega t$$

となるので，$v(0) = 0$を代入して

$$v(0) = \omega A\cos 0 - \omega B\sin 0 = \omega A = 0$$

から$A = 0$が求まる。よってこの初期条件のもとでの解は

$$\theta(t) = \theta_0\cos\omega t = \theta_0\cos\sqrt{\frac{g}{L}}t$$

例題 7-7

質量の無視できる軽い糸の一端を天井に固定し，他端におもりをつけて，周期が1.0 sとなる単振り子を作りたい。糸の長さをいくらにすればよいか求めなさい。

解答　0.25 m

第8章 惑星の運動

8.1 ケプラーの法則

天体の運動，とくに惑星の運動は人類の文明の夜明けから人々を強く魅了し続けてきた。人類は，どのようにして惑星の運動を解明してきたかのだろうか。ケプラー (Johannes Kepler) は，当時，非常に精密な天体観測を行なっていたティコ・ブラーエ (Tycho Brahe) の観測データを整理し，惑星の運動に関する3つの法則を，ケプラーの法則としてまとめた。

ケプラーの法則

第1法則　惑星は太陽を焦点とする楕円軌道上を運動している。

第2法則　1つの惑星と太陽を結ぶ動径が，単位時間に掃く面積は一定である（面積速度一定の法則）。

第3法則　惑星の公転周期 T の2乗は，その楕円軌道の長半径 a の3乗に比例する（$T^2 \propto a^3$）。

第1，2法則は1609年に『新天文学』に著され，第3法則はその後10年のときを待って1619年に『世界の調和』に著された。ケプラーが第3法則を発見するために，どれだけ熱意に満ちあふれた研究を継続したかが，この年月の重みから想像できよう。ケプラーの法則は，ティコの持続的・系統的な天体観測の信頼できるデータに基づいた法則の発見であり，数学的に厳密に定式化された法則であったという意味で，近代物理学上，初めての自然法則といわれている。

また，惑星の運動が，円でなく楕円であることから，外的な原因として，太陽の引力を考えなければならなかったが，このことが，ニュートンの万有引力の法則の発見につながっていく。

それでは具体的に，この3法則についていろいろな観点からみてみよう。

8.1.1 中心力

物体がある1点のまわりを回転する運動をし，この物体に作用する力が常にその点の方向を向いているとき，この物体に作用する力を**中心力**という。中心力の方向は，常に一定点Oとその質点Pを結ぶ直線OP方向で，大きさは距離OPによって決まる。

中心力が $\begin{cases} \text{一定の大きさ}\cdots\cdots\text{円軌道} \\ \text{変化する}\cdots\cdots\cdots\cdots\text{楕円軌道} \end{cases}$

なお，楕円軌道上を周回する場合，楕円の定義（2定点からの距離の和が一定，図8.1参照）より，

$$F_1P + F_2P = \text{一定} \tag{8.1}$$

である。

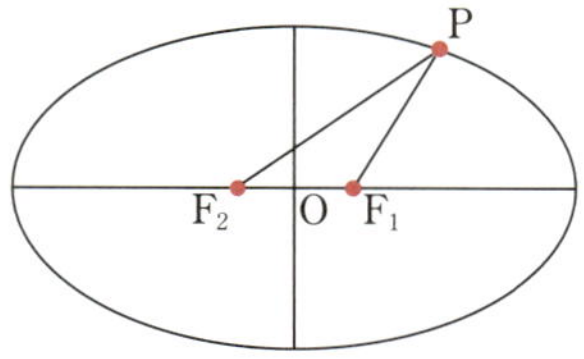

図 8.1

8.1.2　面積速度一定の法則

図8.2に示すように，楕円の焦点の1つF_1に物体があり，その楕円上を質量mの物体が微小時間Δtの間にP_1からP_2まで運動したとき，線分F_1P_1と線分F_1P_2で囲む面積をΔSとする。このとき，単位時間あたりに囲む面積は$\Delta S/\Delta t$であり，これを**面積速度**という。

簡単のため，この質量mの物体の運動を角速度ωの円運動とすると，$F_1P_1 = F_1P_2 = r$，$\angle P_1F_1P_2 = \omega\Delta t$，円弧$P_1P_2$は$P_1P_2 = r\omega\Delta t$となるので，$\Delta S$は

$$\Delta S = \frac{1}{2} r \times r\omega\Delta t$$

よって，面積速度は

$$\frac{\Delta S}{\Delta t} = \frac{1}{2} r^2 \omega \tag{8.2}$$

となる。円運動では，半径rと角速度ωが一定であるので，面積速度も一定となる。これがケプラーの第2法則（**面積速度一定の法則**）である。証明は省くが，これは楕円軌道においても成り立つ。

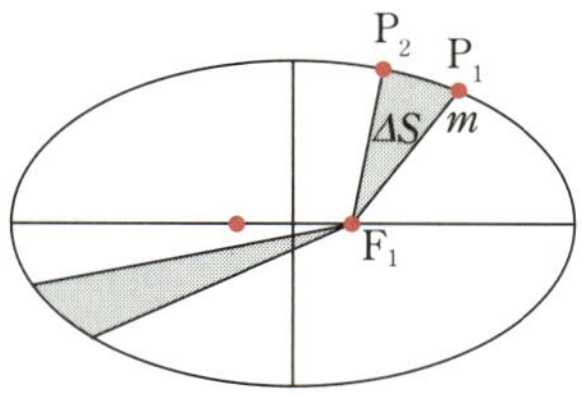

図 8.2

8.1.3　第 3 法則（$T^2 = ka^3$）

冥王星を一時期，太陽系の惑星としていた時期もあったが，現在では，太陽系の惑星は，水星，金星，地球，火星，木星，土星，天王星，海王星の8個と決められている。

これらの8個の惑星は，大きく概観すると，ほぼ円軌道を描いているとみなすことができ，等速円運動をしていると考えることができる。

それぞれの惑星の周期をT，半径をrとすると，

$$T^2 = kr^3 \tag{8.3}$$

となるが，このkの値はすべての惑星で等しく，縦軸にT^2を，横軸にr^3をとると，図8.3のようにすべての惑星が一直線上に乗る。

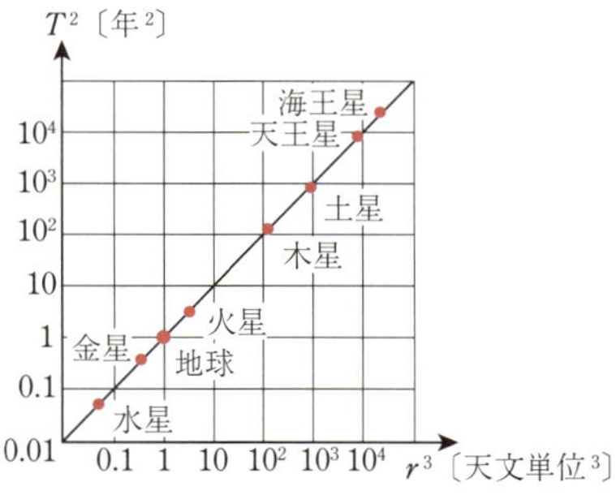

図 8.3

表 8.1 惑星についての定数

	赤道半径〔km〕	質量〔kg〕	自転周期〔日〕	軌道長半径 r〔km〕	公転周期 T〔年〕	T^2/r^3 $\left(\frac{年^2}{天文単位^3}\right)$
水星	2.44×10^3	3.30×10^{23}	58.65	5.79×10^7	0.241	1.001
金星	6.05×10^3	4.87×10^{24}	243.01	1.08×10^8	0.615	1.000
地球	6.38×10^3	5.97×10^{24}	0.9973	1.50×10^8	1.000	1.000
火星	3.40×10^3	6.42×10^{23}	1.026	2.28×10^8	1.881	1.000
木星	7.14×10^4	1.90×10^{27}	0.410	7.78×10^8	11.86	0.999
土星	6.00×10^4	5.68×10^{26}	0.428	14.3×10^8	29.48	1.000
天王星	2.54×10^4	8.70×10^{25}	0.649	28.7×10^8	84.07	1.000
海王星	2.51×10^4	1.03×10^{26}	0.768	45.0×10^8	164.82	1.000
月	1.74×10^3	7.35×10^{22}	27.322	3.84×10^5	27.322日	—
太陽	6.96×10^5	1.99×10^{30}	25.38	—	—	—

1天文単位とは，太陽と地球間の距離のことである。
1天文単位 = 1.50×10^8 km = 1.50×10^{11} m

8.2 万有引力の法則

太陽のまわりの惑星の公転軌道は，表8.1にみるように，離心率が極めて小さく円軌道とみなすことができる。惑星の運動を等速円運動とみなした場合，惑星に作用する向心力Fは，

$$F = mr\omega^2 = mr\left(\frac{2\pi}{T}\right)^2 = 4\pi^2\frac{mr}{T^2} \tag{8.4}$$

となる。この式に，ケプラーの第3法則$T^2 = kr^3$を代入すると，

$$F = 4\pi^2\frac{mr}{kr^3} = \frac{4\pi^2}{k}\cdot\frac{m}{r^2} \tag{8.5}$$

となる。ここで$\frac{4\pi^2}{k}$は定数なので$\frac{4\pi^2}{k} = c$（定数）とおくと，

$$F = c\cdot\frac{m}{r^2} \tag{8.6}$$

となる。すなわち，太陽が惑星を引く力は，惑星の質量に比例し距離の2乗に反比例する。ところで，太陽が惑星を力Fで引けば，その反作用として惑星は太陽を同じ大きさの力Fで引き返す。つまりFは，太陽と惑星が互いに引き合う力の大きさである。(8.6)式から，Fがmに比例するなら，Fは，同じく太陽の質量M_0にも比例するので，

$$F = c'\cdot\frac{M_0}{r^2} \tag{8.7}$$

と書ける。つまり，$cm = c'M_0$なので，cとc'の最大公約数をGとおくと，

$$c = G\,M_0 \quad , \quad c' = Gm$$

となる。したがって，

$$F = G\frac{mM_0}{r^2} \tag{8.8}$$

と表せる。ニュートン（Issac Newton）は，このような質量と距離だけに関係する引力が，任意の2物体間に作用すると考えた。2物体の質量を m_1，m_2 とし，2物体間の距離を r とすると，この引力の大きさは，

$$F = G\frac{m_1 m_2}{r^2} \tag{8.9}$$

となる。これを**万有引力の法則**と呼ぶ。このときの定数 G を**万有引力定数（重力定数）**といい，その値は，観測によって決めたもので，

$$G = 6.673 \times 10^{-11} \quad \mathrm{Nm^2/kg^2}$$

である。

例題 8-1

ニュートンは，地球と月の観測値を用いて，万有引力が正しいことを検証した。月が地球を回る公転周期 T は，T = 27.3日 = 2.36×10^6s であり，地球の半径 R は，$R = 6.37 \times 10^6$m である。また，月と地球の距離 r は地球半径 R を用いて表すと，$r = 60.1R$ である。地上の重力加速度は，$g = 9.80\ \mathrm{m/s^2}$ であることが観測され，万有引力の提唱に踏み切ったといわれている。重力加速度の大きさを求めることにより，万有引力が正しいことを証明せよ。

解説＆解答

万有引力定数を G，地球の質量を M，月の質量を m とする。

$$G\frac{Mm}{r^2} = mr\left(\frac{2\pi}{T}\right)^2 \qquad \therefore \quad G = \frac{4\pi^2 r^3}{T^2 M}$$

ところで，地表面上の質量 m' の物体については，$m'g = G\dfrac{Mm'}{R^2}$ となるので，

$$g = G\frac{M}{R^2} = \frac{4\pi^2 r^3}{R^2 T^2} = \frac{4 \times 3.14^2 \times (60.1 \times 6.37 \times 10^6)^3}{(6.37 \times 10^6)^2 \times (2.36 \times 10^6)^2}$$
$$= 9.80 \quad \mathrm{m/s^2}$$

となり，地上の測定値と一致する。

例題 8-2

太陽と地球の間に作用する万有引力の大きさは何Nか。ただし，太陽の質量は 2.0×10^{30} kg，地球の質量は 6.0×10^{24} kg，太陽と地球との距離は 1.5×10^{11} m とする。

解答　3.6×10^{22}N

例題 8-3

地上での重力は，月面上での重力の何倍か。ただし，地球の質量は 6.0×10^{24} kg，月の質量は 7.3×10^{22} kg，地球の半径は 6.4×10^3 km，月の半径は 1.7×10^3 km とする。

解答　5.8倍

第9章 慣性系と慣性力

9.1 慣性力（見かけの力）

一定速度で直線上を走っている（等速直線運動をしている）電車に乗っているとき，その電車が急に停車すると，乗客は進行方向に力を受けてからだが前のめりになる。逆に，止まっている電車が急に発車すると，乗客は進行方向とは逆向きにのけぞる力を受ける。また，電車内の床に置かれた空き缶は，電車が動きだすと，床の上を電車の進行方向とは逆向きに転がってゆく。こうした光景は日常生活の中でよく経験することである。

電車内の人が受ける力，また，空き缶が受ける力はどこから来るのであろうか。このことを考えるには，第3章3.1節で学んだ慣性系，非慣性系を思い出す必要がある。

ここでは，電車の外の地上にいる観測者は慣性系にいることとみなすことができ，電車に乗っている人は非慣性系にいることになる。慣性系の観測者からみれば，これらの現象は何の不思議もない。電車が急に停車する際に車内の人が前に押し出されるのは，乗客は等速直線運動をしていて外力が働いていないから，電車が急に止まっても，運動の第1法則（慣性の法則）により，そのまま等速直線運動を続けようとするからである。現実的には電車が急停止すると乗客はつり革につかまったり足を踏ん張ったりするから，つり革や床から力を受けて電車と同じようにやがては地面に対して停止する。

また，止まっている電車が急に発車する際に，乗客が進行方向とは逆向きにのけぞる現象も，慣性系の観測者からみると，静止している乗客には何も外力が作用していないので，運動の第1法則により電車が動いても乗客はその場に静止を続けようとしているようにみえるだけで，当然のことと映る。電車が動き出した際に空き缶が床の上を転がるのも同様で，慣性系の観測者からみると，静止している空き缶はその場に静止を続けようとしているようにみえるだけである。したがって，慣性系の観測者からみると何も不思議なことはない。

ところが，電車内の観測者は，等速直線運動をしている電車が急に停止する際に，何も外力が働いていないのに，乗客が前のめりに動き出すのは，運動の第1法則を破っているようにみえ，不思議に感じるわけである。また，止まっている電車が急に発車する際に，乗客が進行方向とは逆向きにのけぞったり，床の上の空き缶が転がったりするのは，外力が働いていないにもかかわらず乗客や缶が動き出すわけであるから，運動の第1法則を破っているようにみえ，不思議に感じられる。

その不思議さを解消するために，非慣性系では**慣性力（見かけの力）**を導入する。電車が加速する方向とは逆向きに，乗客に対して仮想的に慣性力と呼ばれる力が働くものとして扱う。こうすると，非慣性系でも運動の法則が成り立つようになる。その導入の仕方を以下に述べる。

図9.1に示すように，電車が加速度a_{0x}で直線の線路上を加速度運動をしているときに，この電車内を人が電車の進行方向に歩いているとする。電車内に座標系O′-x'系をとる。このO′-x'系は電車と一緒に動いている座標系である。また，地上に線路に沿って座標系O-x系をとる。x軸，x'軸はいずれも電車の進行方向にとるものとする。電車の外で地面に立っている人からみれば，O-x系は慣性系で，O′-x'系は非慣性系である。O-x系，O′-x'系からみた電車内を歩く人の座標をそれぞれx，x'とすると，次の関係が成り立つ。

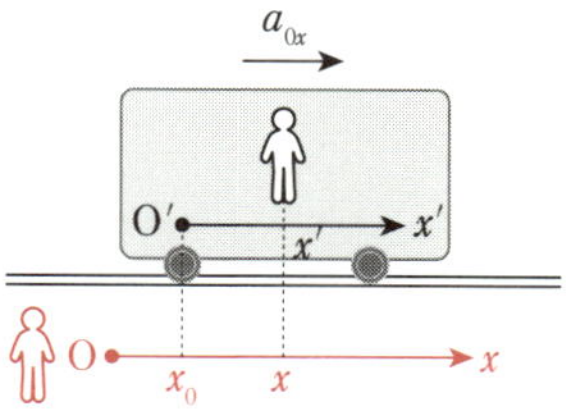

図 9.1

$$x = x_0 + x' \tag{9.1}$$

ただし，O-x系からみたO′-x'系の原点O′の位置をx_0とする。(9.1)式を時間tで微分すると，

$$\frac{\mathrm{d}x}{\mathrm{d}t} = \frac{\mathrm{d}x_0}{\mathrm{d}t} + \frac{\mathrm{d}x'}{\mathrm{d}t} \quad \Leftrightarrow \quad v_x = v_{0x} + v_x{}' \tag{9.2}$$

となる。$\mathrm{d}x_0 / \mathrm{d}t$は電車の速度$v_{0x}$を意味し，$v_x$，$v_x{}'$はO-$x$系，O′-$x'$系からみた電車内を歩く人の速度である。(9.2)式を時間tでもう一度微分すると，

$$\frac{\mathrm{d}^2x}{\mathrm{d}t^2} = \frac{\mathrm{d}^2x_0}{\mathrm{d}t^2} + \frac{\mathrm{d}^2x'}{\mathrm{d}t^2} \quad \Leftrightarrow \quad a_x = a_{0x} + a_x{}' \tag{9.3}$$

となる。ここで，$\mathrm{d}^2x_0 / \mathrm{d}t^2$は電車の加速度$a_{0x}$を意味し，$a_x$，$a_x{}'$はO-$x$系，O′-$x'$系からみた電車内を歩く人の加速度である。

電車内を歩く人（質量m）は，歩く際に床を蹴り，床から反作用として摩擦力F_xを受ける。この摩擦力によって人は前に進むことができる。実際に人が受ける力はこれだけであるから，ニュートンの運動方程式は，

$$ma_x = F_x \tag{9.4}$$

となり，これは，慣性系（O-x系）における車内の人に対する運動方程式である。(9.3)式と(9.4)式よりa_xを消去すると，

$$ma'_x = F_x - ma_{0x} \tag{9.5}$$

となる。(9.5)式をO′-x'系からみた車内の人に対する運動方程式とみなす場合には，(9.4)式と比べてみれば明らかなように，$-ma_{0x}$が余計に加わっていることがわかる。これが慣性力（見かけの力）である。非慣性系（O′-x'系）で運動方程式をたてようとすれば，実在する力に慣性力を付け加えないと正しい運動方程式にならない。

さて，次のような情景を考えてみよう。図9.2に示すように，電車の天井からひもをつるし，ひもの先に質量Mのおもりをつける。この電車が加速度a_0で直線の線路上を加速度運動をしているとする。ひもは電車の進行方向とは反対向きに角度θだけ傾いた位置でつりあう（電車内のつり革

を思い出そう)。これも慣性系，非慣性系で考えてみよう。電車の外の慣性系にいる観測者からみれば(図(a))，ひもの張力Sの水平成分$F = S\sin\theta$によっておもりは加速度a_0を得て，加速度運動をしていると観測し，何も不思議な点はない。しかし，電車内の加速度系にいる観測者(図(b))にはおもりが静止しているようにみえるわけであるから，$F = S\sin\theta$を打ち消すだけの慣性力Ma_0の存在を仮定しなければ，運動の第2法則が成り立たないと感じてしまう。こうして，加速度系にいる観測者は，重力，ひもの張力，慣性力の3力がつりあって，ひもが角度θだけ傾いていると解釈する。

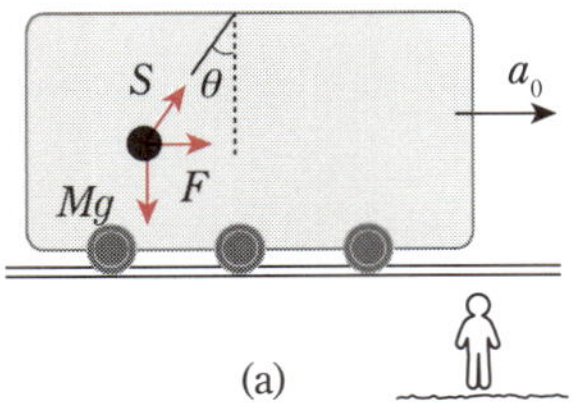

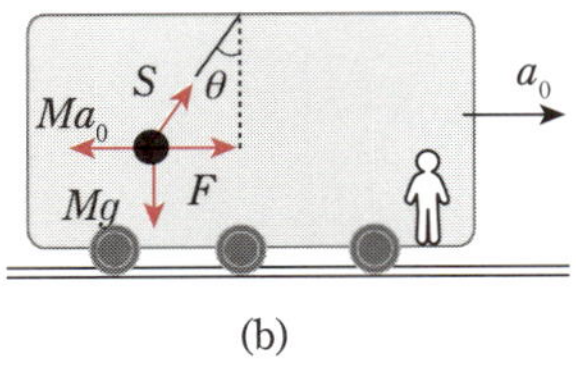

図 9.2

9.2 遠心力

前節では，加速度運動している系では，慣性力が現れることを学んだ。第6章で学んだように，等速円運動も加速度運動の一種である。したがって等速円運動においても慣性力が現れる。

図9.3に示すように，鉛直線を軸とし，この軸に垂直な平面内でばねの先端に取り付けられたおもりが，一定の角速度ωで等速円運動をしている状況を考えよう。ばねの自然の長さ(伸び縮みしていないときの長さ)をr_0，等速円運動をしているときのばねの長さをrとすると，$r > r_0$であることが実験的に観測される。等速円運動ではおもりには中心に向かって常に向心力が働くので，この現象を地上の慣性系にいる観測者からみた場合(図(a))，ばねの復元力$k(r - r_0)$が等速円運動の向心力$mr\omega^2$とつりあっているようにみえ，何の不自然さも感じられない。つまり，

$$mr\omega^2 = k(r - r_0) \tag{9.6}$$

が成立している。ところが，このおもりと一緒になって等速円運動をしている観測者(非慣性系，図(b))からみると，このおもりは(等速円運動ではなく)静止しているようにみえる(地球は太陽のまわりを等速円運動しているが，地球上にいる観測者からみると，地球の自転を考えなければ，地球は静止しているようにみえるのと同じ)。運動の第1法則より，静止しているからおもりに対して外力は働いていないはずだと思えるのに，なぜかばねが伸びているので不思議に感じられる。これは円運動の半径の外向きに慣性力$mr\omega^2$が作用していることを考えないと説明ができない。等速円運動の場合に現れる慣性力を特に遠心力という。

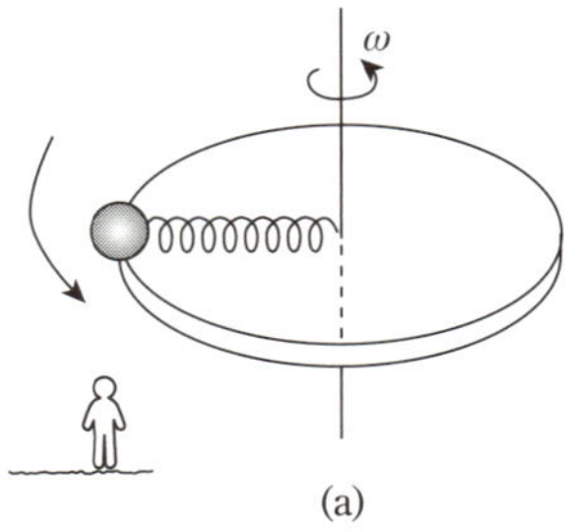

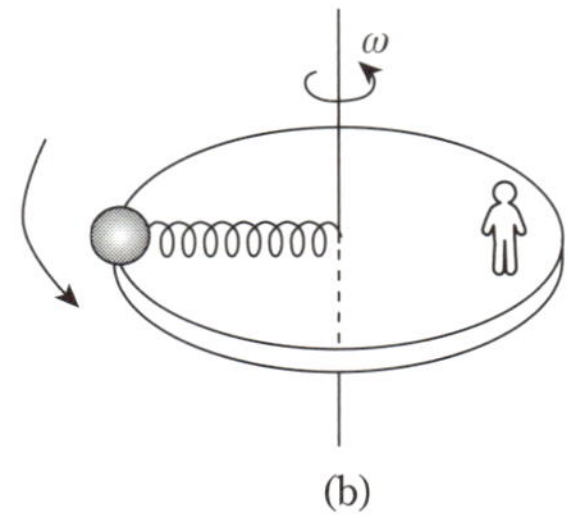

図 9.3

9.3 コリオリの力

図9.4(a)に示すように，水平面内で一定の角速度ωで等速回転している半径rの円板がある。円板の中心Oにいるピッチャーが円板のふちAにいるキャッチャーに向かって一定速度vでボールを投げたとする。ピッチャーがボールを投げた瞬間は，確かにボールはキャッチャーをめがけて飛び出したにもかかわらず，円板は角速度ωで反時計回りに回転しているから，ボールが円板のふちまで到達したときにはキャッチャーはBの位置

に来てしまっていて，ボールをキャッチすることができない。これを円板の外の地上の観測者（慣性系）からみれば（図(a)），ボールは確かに真っ直ぐに飛んでいって，A点のすぐ後ろの地上に固定した点A′を通過したようにみえる。すなわち，A点がB点まで回転移動しても，ボールはOA′間を真っ直ぐ進んだようにみえて，何の不自然さも感じない。ところが，円板と一緒に回転しているキャッチャーは，ボールが自分の方に飛んで来ないでボールの進路がそれてしまったと感じる（図(b)）。ボールには外力が働いていないから進路がそれるのはへんだ，と感じ，運動の第1法則が破れているのではないか，と疑いを抱く。

この場合も，円板に乗っている観測者は非慣性系にいるので，慣性力を導入しなければ説明ができない。この場合の慣性力を特に**コリオリ(Coliolis)の力**という。ボールが一定速度vで進んだとすると，ふちまで到達するのに要する時間は

$$t=\frac{r}{v} \tag{9.7}$$

である。ボールは，ふちに到達するまでずっとコリオリの力Fを受けて一定加速度aを与えられ続けたと考える。この加速度aによって円板のふちの弧$\overset{\frown}{\mathrm{AB}}$の長さ分，円板の半径に対して垂直に，円板の回転方向とは逆向きに進んだと考えると，

$$\frac{1}{2}at^2=\overset{\frown}{\mathrm{AB}}=r\omega t \tag{9.8}$$

である。これと運動の第2法則（ボールの質量をmとする）

$$F=ma \tag{9.9}$$

より，aを消去すると，

$$F=m\cdot\frac{2r\omega}{t}=2m\omega v \tag{9.10}$$

となる。これがコリオリの力である。

逆に，キャッチャーのいる円板のふちから中心にいるピッチャーに向けてボールを投げたとすると，投げた瞬間はピッチャーの方に向かってボールを投げても，ボールは円板の回転方向の速度をもあわせて持つことになるため，ボールは真っ直ぐピッチャーのところへは届かず，ピッチャーからみて左の方にボールはそれてしまう。

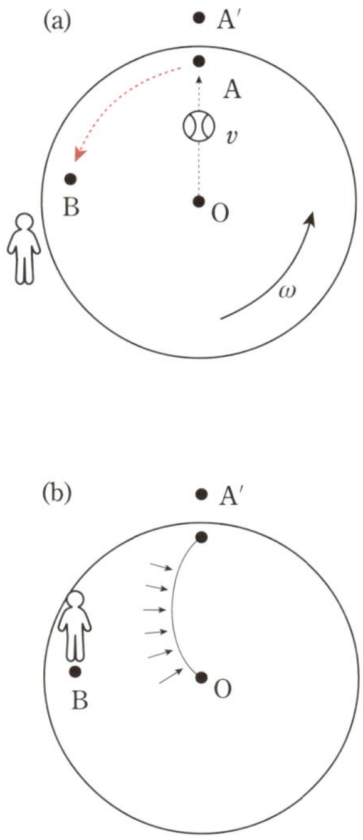

図 9.4

例題 9-1

赤道上から北極に向けて，飛行機が一定の経度上を飛行している。この飛行機はどのくらいのコリオリの力を受けるか。飛行機の質量を 100 トン，速度を時速 800 キロとして計算しなさい。

解説＆解答

まず，地球の自転による角速度ωは，

$$\omega=\frac{2\pi}{24\times60\times60}\approx7.27\times10^{-5}\ \mathrm{rad/s}$$

また，時速800キロとは，

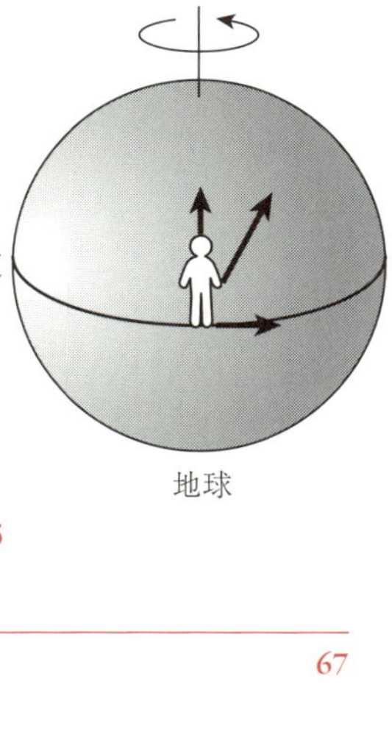

図 9.5

$$v = \frac{800 \times 10^3}{60 \times 60} \approx 222 \text{ m/s}$$

あとは(9.10)式を用いて計算すればよい。

$$F = 2m\omega v = 2 \times (100 \times 10^3) \times (7.27 \times 10^{-5}) \times 222 \approx 3230\,\text{N}$$

例題 9-2

北半球では，台風の渦は左巻き（反時計まわり）になっている理由をコリオリの力を用いて説明しなさい。

解説&解答

台風は赤道付近で発生し，北上するように進んでいく。台風の目はもっとも気圧の低い場所になっているので，周囲の気圧の高い場所から台風の目に向かって風が吹き込む構造になっている。赤道の方から台風の目に向かう風（空気の集団）は，コリオリの力によって右に進路を曲げられるような力を受ける（図9.4でキャッチャーからピッチャーに向かってボールを投げる場合に相当）。右に進路を曲げられるのは，北半球での地球の自転の向きによる。また，北側から台風の目に向かう風も，コリオリの力によって右に進路を曲げられるような力を受ける（図9.4でピッチャーからキャッチャーに向かってボールを投げる場合に相当）。どちらにしても風は右に進路を曲げられるような力を受けながら台風の目に向かってゆく。したがって，反時計回りの渦になる。

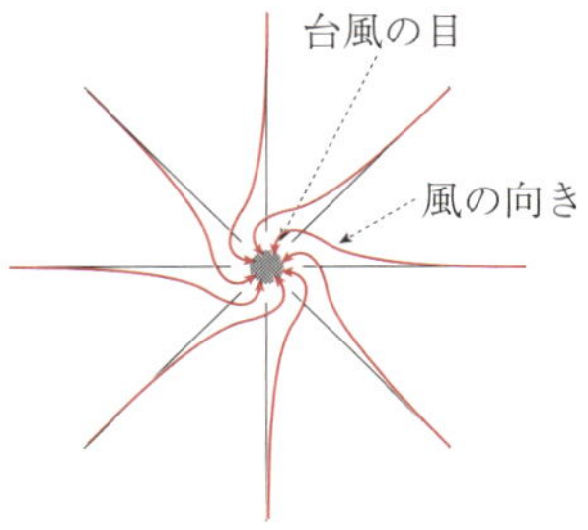

図 9.6

9.4 回転座標系

本節では，回転座標系を用いて，遠心力，コリオリの力を導く。

地上に固定した座標系O-xy系に対して，回転する座標系O$'$-$x'y'$系を考える。原点OとO$'$は同一点とし，両系のz軸は重なっているものとする。O$'$-$x'y'$系は，z軸のまわりに一定角速度ωで回転していて，時刻$t = 0$ではx軸，x'軸は一致しているが，時刻tでは，x'軸はx軸に対して反時計まわりに角度ωtだけ回転している。O-xy系，O$'$-$x'y'$でみた点Pの座標をそれぞれ$(x,\ y)$，$(x',\ y')$とすると，両座標間の変換則は次のように書ける。

$$x = x'\cos\omega t - y'\sin\omega t \tag{9.11}$$

$$y = x'\sin\omega t + y'\cos\omega t \tag{9.12}$$

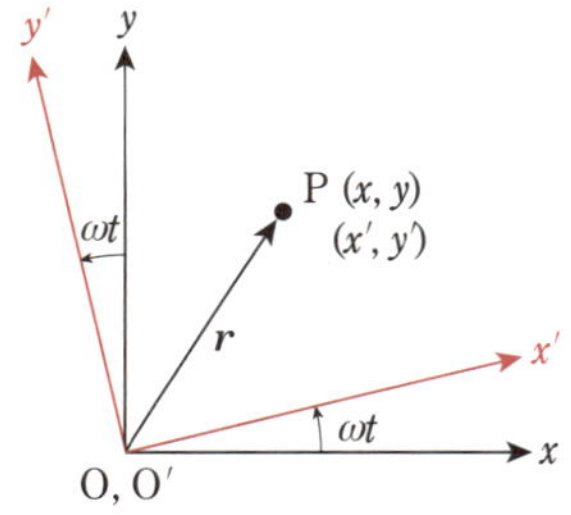

図 9.7

上式は，位置の読みに関する変換則であるが，ベクトルは皆同じように変換される。したがって，O-xy系，O$'$-$x'y'$系でみた点Pに作用する力をそれぞれ$\boldsymbol{F}$，$\boldsymbol{F}'$とすれば，(9.11)式，(9.12)式と同様に，

$$F_x = F_x{}'\cos\omega t - F_y{}'\sin\omega t \tag{9.13}$$

$$F_y = F_x{}'\sin\omega t + F_y{}'\cos\omega t \tag{9.14}$$

座標軸の回転に対してこのような変換則にしたがうものをベクトルという，といってもよい。また，距離OPはどちらの座標系でみても同じである。このように座標軸の回転に対して不変のものをスカラーという。(9.11)式，

(9.12)式を時間tで微分すると，

$$\frac{dx}{dt}=\left(\frac{dx'}{dt}-\omega y'\right)\cos\omega t-\left(\frac{dy'}{dt}+\omega x'\right)\sin\omega t \tag{9.15}$$

$$\frac{dy}{dt}=\left(\frac{dx'}{dt}-\omega y'\right)\sin\omega t+\left(\frac{dy'}{dt}+\omega x'\right)\cos\omega t \tag{9.16}$$

となる。さらにもう一回時間tで微分すると，

$$\frac{d^2x}{dt^2}=\left(\frac{d^2x'}{dt^2}-2\omega\frac{dy'}{dt}-\omega^2x'\right)\cos\omega t-\left(\frac{d^2y'}{dt^2}+2\omega\frac{dx'}{dt}-\omega^2y'\right)\sin\omega t \tag{9.17}$$

$$\frac{d^2y}{dt^2}=\left(\frac{d^2x'}{dt^2}-2\omega\frac{dy'}{dt}-\omega^2x'\right)\sin\omega t+\left(\frac{d^2y'}{dt^2}+2\omega\frac{dx'}{dt}-\omega^2y'\right)\cos\omega t \tag{9.18}$$

となる。点Pに関するニュートンの運動方程式は，O-xy系では，

$$m\frac{d^2x}{dt^2}=F_x,\qquad m\frac{d^2y}{dt^2}=F_y \tag{9.19}$$

と書ける。(9.13)，(9.14)，(9.17)，(9.18)式を，(9.19)式へ代入すると，

$$m\left(\frac{d^2x'}{dt^2}-2\omega\frac{dy'}{dt}-\omega^2x'\right)\cos\omega t-m\left(\frac{d^2y'}{dt^2}+2\omega\frac{dx'}{dt}-\omega^2y'\right)\sin\omega t$$
$$=F_x{}'\cos\omega t-F_y{}'\sin\omega t \tag{9.20}$$

$$m\left(\frac{d^2x'}{dt^2}-2\omega\frac{dy'}{dt}-\omega^2x'\right)\sin\omega t+m\left(\frac{d^2y'}{dt^2}+2\omega\frac{dx'}{dt}-\omega^2y'\right)\cos\omega t$$
$$=F_x{}'\sin\omega t+F_y{}'\cos\omega t \tag{9.21}$$

が得られる。(9.20) × cosωt + (9.21) × sinωt，および(9.20) × sinωt − (9.21) × cosωtを実行すると，

$$m\frac{d^2x'}{dt^2}=F_x{}'+2m\omega\frac{dy'}{dt}+m\omega^2x' \tag{9.22}$$

$$m\frac{d^2y'}{dt^2}=F_y{}'-2m\omega\frac{dx'}{dt}+m\omega^2y' \tag{9.23}$$

これらの (9.22)，(9.23)式は，O′-$x'y'$系でみた点Pの運動方程式である。両方の式の第2項，第3項は，それぞれコリオリの力，遠心力のx成分，y成分を表している。(9.22)，(9.23)の両式をベクトルを用いてひとまとめに表現すれば，

$$m\frac{d^2\boldsymbol{r}'}{dt^2}=\boldsymbol{F}'-2m(\boldsymbol{\omega}\times\boldsymbol{v}')+m\omega^2\boldsymbol{r}' \tag{9.24}$$

であるので，コリオリの力，遠心力をベクトルで表現すればそれぞれ

$$-2m(\boldsymbol{\omega}\times\boldsymbol{v}'),\qquad +m\omega^2\boldsymbol{r}' \tag{9.25}$$

であるといってもよい。

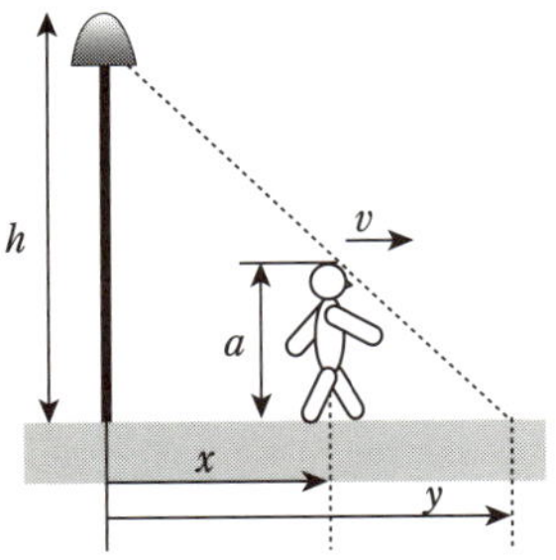

図1 問題2

第1部　演習問題（解答は巻末）

1. tを変数とするベクトル$\boldsymbol{A}(t) = (a\cos\omega t, a\sin\omega t, 0)$がある。ただし$a$, ωは定数。このとき，2つのベクトル$\boldsymbol{A}$と$\dfrac{\mathrm{d}\boldsymbol{A}}{\mathrm{d}t}$は直交することを示せ。

2. 図1のように，高さhの街路灯の先に電灯が付いている。街路灯の根元から測って距離xのところを人が歩いている。この人の身長を$a(h > a)$とする。この人は街路灯から遠ざかる方向に速さvで歩いている。街路灯の根元から測って，地面に写るこの人の影の頭の先端部分までの距離をyとする。

(1)　影の頭の先端の速度v_kはいくらになるか。

(2)　(1)で得られた結果からvとv_kの大小関係を述べよ。それは理に適った結果かどうか，判断せよ。

(3)　この人の身長aが限りなく0に近づく場合，vとv_kの関係は直観的にはどうなりそうか。

3. (1)　2つの物体を同じ初速度$v_0(>0)$で，時間間隔$t_0(>0)$をおいて，高さ0の地面から鉛直上向きに投げ上げた。最初の物体を投げ上げた時刻から計って，2つの物体が空中で衝突するまでの時間を求めよ。また衝突するときの高さはいくらか。

(2)　2つの物体が空中で衝突するための条件を求めよ。

4. 速度に比例した摩擦力のある運動を考える。第5章の(5.8)式，(5.10)式で，抵抗力の弱い極限，つまり$c \to 0$を考えると，抵抗力を考慮しなかった自由落下のときの結果，(4.5)式，(4.8)式に帰着することを，ロピタルの定理を用いて証明しなさい。

5. 質量mの物体を初速度$v_0(>0)$で鉛直上向きに投げ上げた。鉛直上向きをy軸正の方向と定める。物体の速さvに比例する空気の抵抗力が働くものとし，その時の比例定数をcとする（ただし$c>0$）。

(1)　ニュートンの運動方程式を書きなさい。

(2)　初期条件を考慮して(1)の運動方程式を解き，速度vの時間変化を求めなさい。

(3)　最高点に達するまでの時間を求めなさい。

(4)　(3)で求めた時間は，$c \to 0$の極限で，空気の抵抗力のない場合に得られる時間$t = \dfrac{v_0}{g}$と同じになることを証明しなさい。

6. 図2のように，質量m_A，m_Bの物体A，Bがあり，両者は滑車を通して伸び縮みしないひもで結ばれている。滑車とひもの質量，滑車の摩擦は考慮しなくてよい。

⑴ 物体Aと水平面との間に摩擦はないものとする。このとき，物体Bの下降する加速度aおよびひもの張力Tはいくらか。

⑵ 次に，物体Aと水平面との間の動摩擦係数をμ'とする。このとき，物体Bの下降する加速度aおよびひもの張力Tはいくらか。

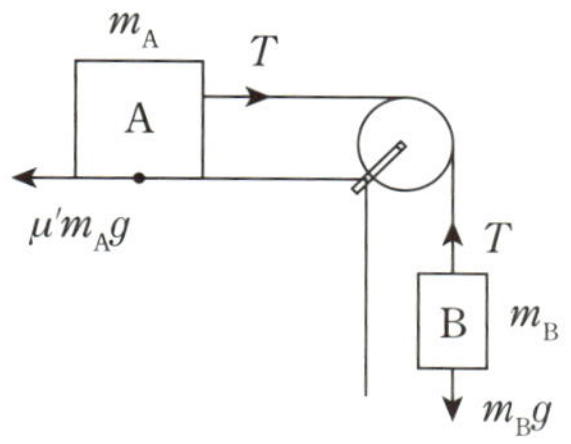

図2　問題6

7. $\boldsymbol{i}$，$\boldsymbol{j}$，$\boldsymbol{k}$をそれぞれx-y-z直交座標系のx軸，y軸，z軸上の単位ベクトルとする。tは時刻を表すとする。今，粒子の加速度を表すベクトル$\boldsymbol{a}(t)$が

$$\boldsymbol{a}(t) = 12\sin 3t\boldsymbol{i} - 8\cos 2t\boldsymbol{j} + 20t\boldsymbol{k}$$

で与えられるとき，この粒子の速度ベクトル$\boldsymbol{v}(t)$および位置ベクトル$\boldsymbol{r}(t)$を求めなさい。初期条件を$\boldsymbol{r}(0) = \boldsymbol{0}$，$\boldsymbol{v}(0) = \boldsymbol{0}$とする。

8. 2両編成の列車がある。先頭の動力のある車両Aは，後部の車両Bをある大きさの力で前方に引く。作用・反作用の法則より，車両Bは，車両Aを同じ大きさの力で後方に引きもどす。したがって，この列車は動かない。このロジックは正しいかどうか，論じなさい。

9. 図3のように，水平方向と角度θだけ傾いた粗い斜面上に，質量mのおもりを置いた。このとき，おもりは斜面をすべり落ちるので，おもりに水平方向の力Kを加えたところ，このおもりを斜面上に静止させることができた。斜面とおもりとの間の静止摩擦係数をμとする。Kの大きさはいくらか。

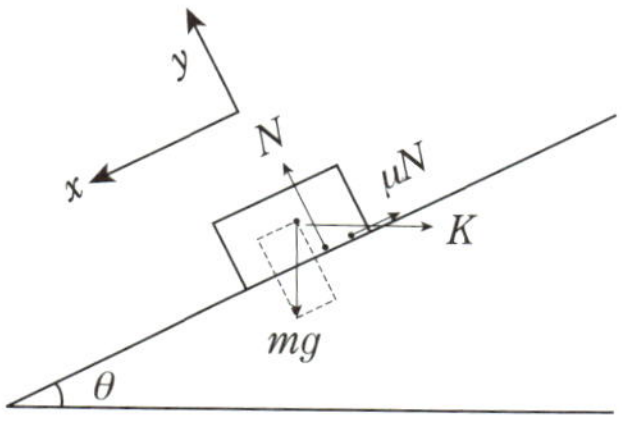

図3　問題9

10. 図4のように初速度v_0で弾丸を点Aから発射して，点Aより距離aの場所にある壁に垂直に当たるようにしたい。弾丸をどういう角度θで発射すればよいか。重力加速度をgとする。空気の抵抗力は考慮しなくてよい。また，距離aが固定されているとき，v_0があるしきい値以下の値だとどんな角度θで弾丸を発射してもけっして壁に垂直に当たらない。そのしきい値はいくらか。

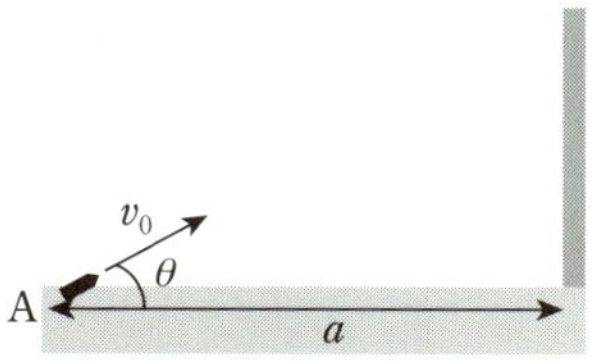

図4　問題10

11. 図5のように，天井に固定された糸の他端に質量mのおもりを付けた長さLの糸がある。この糸が鉛直線と角度θを保つように回転し，おもりは水平面上を円運動をしている。このおもりの描く運動の周期はいくらか。これを円錐振り子という。

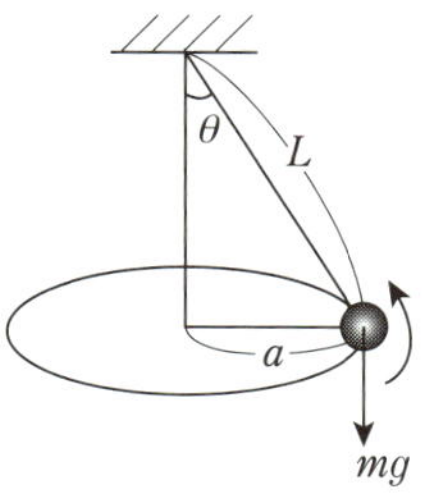

図5　問題11

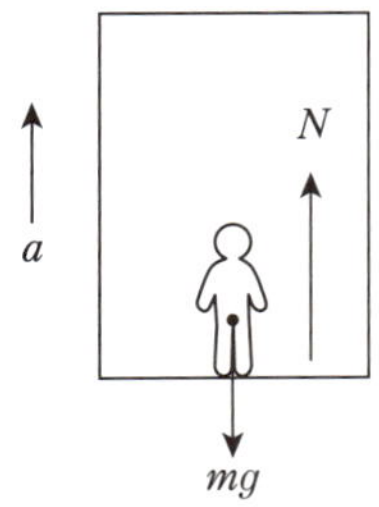

図6　問題12

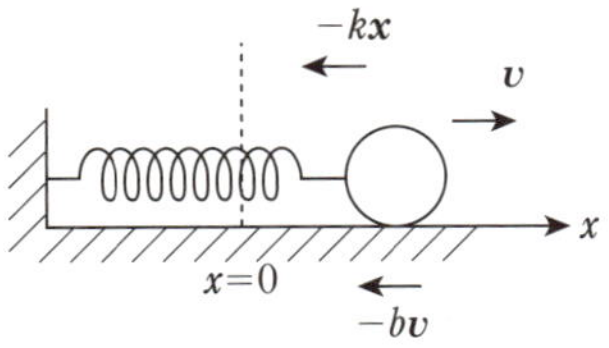

図7　問題7

12. 図6のように，質量mの人がエレベータに乗っている。エレベータが加速度$a>0$で上昇するとき，人が床に及ぼす力はいくらか。

13. 図7のように，ばねの一端に質量mのおもりを固定し，他端を壁に固定した。最初手でおもりを距離x_0だけ水平に引っ張ってばねを伸ばした後に手を静かに放して，水平面上でばねの伸縮運動をさせた。ばねが自然の長さ（伸びても縮んでもいないときの長さ）のときのおもりの位置を原点とし，水平方向をx軸に選ぶ。おもりの位置をxとし，ばねが伸びているときは$x>0$，縮んでいるときは$x<0$である。ばね自身の質量は無視してよい。ばね定数を$k>0$とする。時刻をtとする。

(1)　水平面とおもりとの間に速度vに比例する摩擦力（比例定数を$b>0$とする）が存在するものとする。このおもりの運動に対して，ニュートンの運動方程式を書きなさい。ただし，次の置き換え

$$\omega_0^2=\frac{k}{m},\quad 2\gamma=\frac{b}{m}$$

を行なって，ω_0，γを用いて表しなさい。

(2)　$x=e^{pt}$と置いて，(1)の結果からpの満たすべき代数方程式を求めなさい。

(3)　摩擦力は小さい（$\gamma<\omega_0$）とする。また，$\sqrt{\omega_0^2-\gamma^2}\equiv\omega_1$とする。(1)のニュートンの運動方程式の一般解を求めなさい。ただし，ここで，オイラー（Euler）の公式$e^{\pm i\omega_1 t}=\cos\omega_1 t\pm i\sin\omega_1 t$を用いて，一般解が実数になるように工夫しなさい。

(4)　(3)で得られた一般解の概形をグラフに描きなさい。

14. 問題13では，摩擦力があまり強くない場合($\gamma<\omega_0$)を考えた。

(1)　摩擦力が強い場合($\gamma>\omega_0$)は，問題13の(1)のニュートンの運動方程式の一般解はどうなるか。

(2)　また，両者の境界（$\gamma=\omega_0$）では，問題13の(1)のニュートンの運動方程式の一般解はどうなるか。

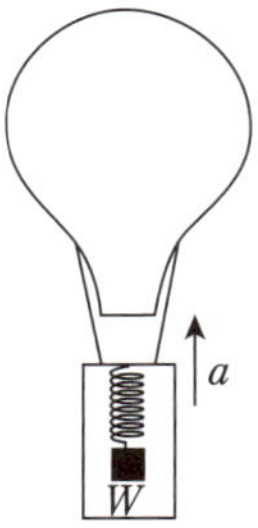

図8　問題15

15. 図8のように，地上で重さWの物体を，加速度a (>0)で上昇中の熱気球のゴンドラ中でその重さを測ると，見かけの重さはいくらか。また，見かけの重さがW'になったとき，熱気球の上昇の加速度はいくらか。

16. 同じ重さWのおもりを，図9(a)のようにばねの両端につるした場合と，図9(b)のように片側を壁に取り付けたばねの他端につるした場合で，ばねの伸びに違いはないことを，数式を使わず文章で説

明しなさい。図9(a)，(b)で使われているばねはまったく同等で，ばね自身の質量も無視できる。

17. 図10のように，滑らかな水平な氷の上に質量Mの板を置く。その上を質量mの人が，板に対して加速度aで動くとする。氷に対する板の加速度bはいくらか。人と板との間の水平方向の力（人の足と板との摩擦力）はいくらか。

18. 速度に比例した摩擦力のある運動を考える。第5章の(5.8)式（速度を与える式）で，時刻$t = 0$におけるvの勾配を求めなさい。これは何を意味しているか。

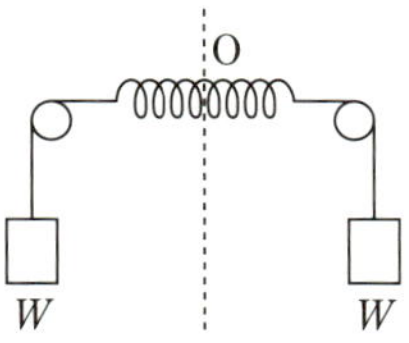

(a)

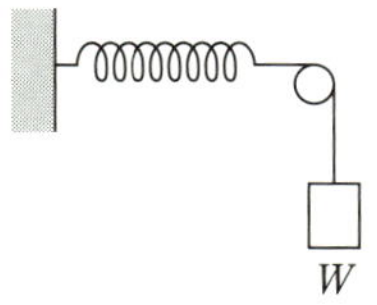

(b)

図9　問題16

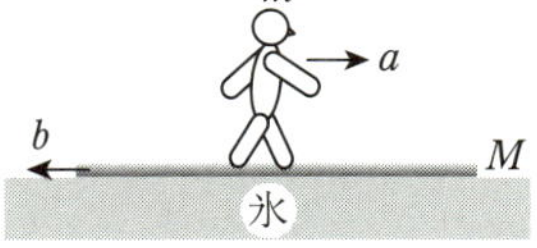

図10　問題17

第2部　仕事とエネルギー

第10章 仕事

日常でよく用いられる「仕事」という言葉は，物理学でも重要なキーワードである。日常では広く，またあいまいな意味合いを持つこの言葉を物理学では厳密な定義のもとに使用することになる。本章では物理学における「仕事」とはどのような意味なのかを学ぶことにしよう。

10.1 仕事

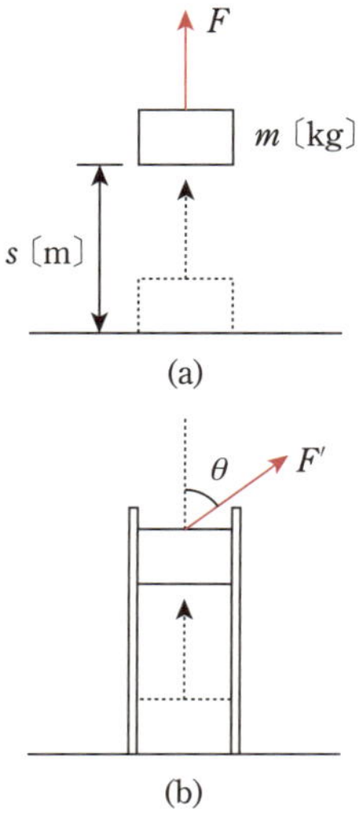

図 10.1

今，図10.1(a)のように質量m〔kg〕の物体を上方に，ゆっくりとs〔m〕だけ持ち上げることを考えよう。物体は重力によってmg〔N〕の力で下方に引かれているから，上方に持ち上げるためには，重力より少しだけ大きな力F〔N〕を物体に与えなければならない。すなわちαを微少量として，$F = mg + \alpha$の上方に向く力が必要である。ただし，mgよりほんの少しでもFが大きければ，物体はゆっくりと上方に移動するので，実質的にはαを無限小として$F = mg$の力で上がっていくとしてよいだろう。さて，このような力で物体をs〔m〕上げた場合にある分量の「仕事」をしたと考えることは日常で使う言葉としても違和感はないと思われる。ではこの「仕事」の分量を決めるのは，どのような物理量だろうか。1つは移動させた距離s〔m〕があげられるだろう。たとえば移動距離を$2s$〔m〕とすればs〔m〕の場合よりも2倍「仕事」をしたと考えられる。また，かけた力の大きさF〔N〕にも「仕事」の分量は関わるだろう。物体の質量が$2m$〔kg〕であれば，物体にかかっている重力も2倍になり，$2F$〔N〕で持ち上げなければならないので，この場合も2倍の「仕事」をしたと考えられるだろう。すなわち「仕事」の分量WはFとsに比例している。つまり，aを比例定数とすればWは

$$W = aFs \tag{10.1}$$

となる。さらにaを1とするように単位を決めておけば，

$$W = Fs \tag{10.2}$$

と表すことができる。式(10.2)の右辺はF〔N〕とs〔m〕の積であるので，Wの単位として〔N·m〕を用いればよい。この〔N·m〕という単位を略して，〔J〕と表す。読み方はジュールである。

次に図10.1(b)のように，物体が滑らかなレールにはめ込まれており，移動は常に鉛直方向に限られているとしよう。この場合，鉛直方向からθ傾いた力F'〔N〕を加えたとしても，物体は上方にしか移動しない。つまりF'のうち物体が移動する方向の成分$F'\cos\theta$だけが物体の移動に使われていることになる。これと垂直な成分$F'\sin\theta$は物体をレールに押し付けるだけであり，物体の移動には寄与していない。するとこの場合の「仕事」

の分量 W' は式(10.2)に対応させると

$$W' = F'\cos\theta s \qquad (10.3)$$

としなければならないだろう。これは日常の感覚と異なることになる。もし人間の疲労具合が「仕事」の分量と比例していたとすれば，F' の力をかけていたのだから，たとえ θ 傾いていたとしても，$F's$ の「仕事」をしたとみなされてもよさそうである。しかし物理学では，あくまでも移動に寄与した力だけが「仕事」をしたものとして扱われる。もし $\theta = \pi/2$ として水平方向に F' が加えられたとしても，この場合物体の移動には全く寄与していないので，いくら人間が疲労しても「仕事」をしたとはみなされないのである。いわば移動距離という実績を通してしか「仕事」としてカウントされない結果主義のようなものである。しかし，このような取り扱いをすることで，「仕事」というものを実際に測定できる量，すなわち物理量として扱えるのである。

ここで本来，力も移動距離も向きを持ったベクトル量であることを思い出そう。いま物体に一定の力 $\boldsymbol{F}$〔N〕が加えられて，その結果として物体が $\boldsymbol{s}$〔m〕移動したとする。すると式(10.3)にならってこの場合にした「仕事」の分量 W を表すには

$$W = \boldsymbol{F} \cdot \boldsymbol{s} \qquad (10.4)$$

として内積を用いればよい。内積なので W はスカラー量である。このように表された W のことを物理的な**仕事**と呼ぶ。単位は先に述べた〔J〕が用いられる。

例題 10-1

質量3 kgの物体に10 Nの力をかけ，力の向きに50 m移動させた。この場合の仕事を求めなさい。

解説&解答

仕事は，かけた力と移動距離でのみ決まる。力の向きと移動方向が同じであれば $\theta = 0$ であるので $\cos\theta = 1$ であり，仕事は

$$10\ \mathrm{N} \times 50\ \mathrm{m} = 500\ \mathrm{J}$$

となる。仕事を求める際に質量は直接には関わらないことに留意すること。

図 10.2

次に図10.2のように，なめらかな水平面上に置かれたばねの一端を固定し，他端に小球をとりつけて，小球を右方向に引っ張ることを考えよう。自然長での小球の位置を原点として，ばねの方向に x 軸をとる。小球を原点から $x = s$〔m〕まで移動させた場合にした仕事はどのように求めればよいだろうか。いま加えられた力の方向は，小球の移動方向と同じであるから $|\boldsymbol{F}| = F$, $|\boldsymbol{s}| = s$ として式(10.2)のように表してもよいように思われる。しかし，ばねの力に逆らって右方向に小球を移動させる力は一定ではない。すなわち小球の位置が x にあるとき，式(7.7)で示したようにフックの法則からばねは $-kx$ の力で引き戻そうとするので，それに対抗して加える力は $F = kx$ とならなければならない。つまり，小球の位置ごとに F が変化する

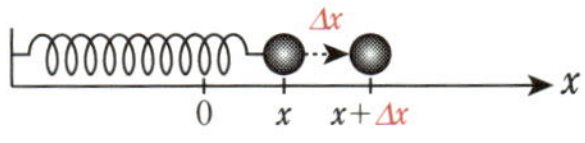

図 10.3

ことになる。Fがxの関数であることを明示的に表すために$F(x)$と記述する。ただし，この場合でも図10.3のようにxの位置からわずかにΔxだけ移動する際には$F(x)$はほとんど変わらないと考えられる。よって近似的に$x \to x + \Delta x$の区間における仕事ΔWは

$$\Delta W \approx F(x)\Delta x = kx\Delta x$$

と表せる。さらにΔxの極限をとり$\Delta x \to 0$とすれば，微小な仕事$\mathrm{d}W$は

$$\mathrm{d}W = F(x)\mathrm{d}x = kx\mathrm{d}x \tag{10.5}$$

となる。極限をとっているので$x \to x + \mathrm{d}x$の区間において$F(x)$は変化せず，式(10.5)は正確に成り立っている。小球を$x = 0$から$x = s$まで移動させた場合の全体の仕事Wを求めるには，各xにおける式(10.5)を足し合わせればよい。すなわち

$$W = \int \mathrm{d}W = \int F(x)\mathrm{d}x = \int_0^s kx\mathrm{d}x = \left[\frac{1}{2}kx^2\right]_0^s = \frac{1}{2}ks^2 \tag{10.6}$$

と求められる。このように位置によって加えられる力が変化する場合にも微小な仕事$\mathrm{d}W$を求めることができれば，積分によって全体で行われた仕事が計算できる。

例題 10-2

x軸上で物体を$x = a$から$x = b$まで移動させた。ただし，物体に加えた力Fは位置xによって下記のように変化したとする。

$$F\left(x\right) = \frac{1}{x^2}$$

この場合の仕事を求めなさい。

解説&解答

$x \to x + \mathrm{d}x$の区間における微小な仕事$\mathrm{d}W$は

$$\mathrm{d}W = F(x)\mathrm{d}x = \frac{1}{x^2}\mathrm{d}x$$

と与えられるので，$x = a$から$x = b$までに行われた仕事Wは

$$W = \int \mathrm{d}W = \int F(x)\mathrm{d}x = \int_a^b \frac{1}{x^2}\mathrm{d}x = \left[-\frac{1}{x}\right]_a^b = -\frac{1}{b} + \frac{1}{a}$$

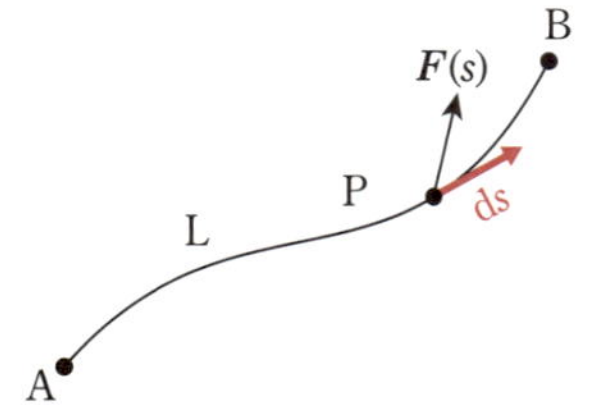

図 10.4

上記の議論をさらに一般化してみよう。図10.4のようにA点からB点までを経路L上にそって物体を移動させた場合の仕事について考える。A点から経路Lにそって測った任意のP点までの道のりをsとする。このときP点における力を$\boldsymbol{F}(s)$としよう。この$\boldsymbol{F}(s)$は任意の向きを持つとしてよいが，P点から物体が動く方向はP点におけるLの接線方向に限られる。Lは任意の曲線であるが，微小な区間であれば直線とみなしてもよい。そこでP点からLの接線方向に向かって微小な移動量$\mathrm{d}\boldsymbol{s}$を導入する。するとP点から$\mathrm{d}\boldsymbol{s}$だけ物体が移動した際にされた微小な仕事$\mathrm{d}W$は

$$\mathrm{d}W = \boldsymbol{F}(s) \cdot \mathrm{d}\boldsymbol{s} \tag{10.7}$$

と表すことができる。そのためA点からB点まで物体が移動した際の全体

の仕事 W は

$$W = \int \mathrm{d}W = \int_{\mathrm{A}}^{\mathrm{B}} \boldsymbol{F}(s) \cdot \mathrm{d}\boldsymbol{s} \tag{10.8}$$

となる。なお，このように任意の経路にそって行う積分を**線積分**と呼ぶ。ここで $\boldsymbol{F}$ と $\mathrm{d}\boldsymbol{s}$ をベクトルの成分表示して $\boldsymbol{F} = (F_x, F_y, F_z)$，$\mathrm{d}\boldsymbol{s} = (\mathrm{d}x, \mathrm{d}y, \mathrm{d}z)$ と表せば式(10.7)は

$$\boldsymbol{F}(s) \cdot \mathrm{d}\boldsymbol{s} = F_x\,\mathrm{d}x + F_y\,\mathrm{d}y + F_z\,\mathrm{d}z$$

となるので，式(10.8)は

$$W = \int F_x \mathrm{d}x + \int F_y \mathrm{d}y + \int F_z \mathrm{d}z \tag{10.9}$$

として表すこともできる。

例題 10-3

図10.5のように2次元 xy 座標系におかれた物体をA点→B点→C点まで移動させた。各点の座標はA点(0,0)，B点(1,0)，C点(1,1)である。物体に加えられた力 $\boldsymbol{F}$ は

$$\boldsymbol{F} = (kx,\ g)$$

であった。ここで k，g は定数である。A点からC点まで物体を移動させた際にした仕事を求めなさい。

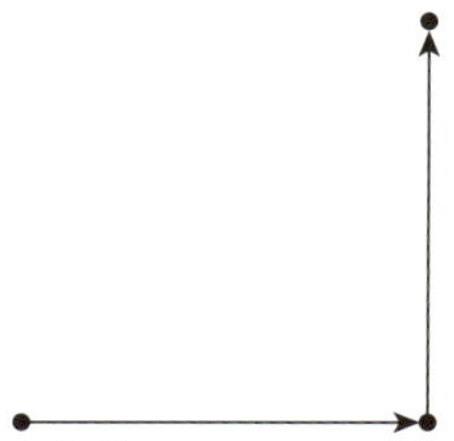

図 10.5

解説＆解答

式(10.9)を用いて W は

$$W = \int_{\mathrm{A}}^{\mathrm{C}} F_x \mathrm{d}x + \int_{\mathrm{A}}^{\mathrm{C}} F_y \mathrm{d}y = \int_{\mathrm{A}}^{\mathrm{B}} kx\mathrm{d}x + \int_{\mathrm{B}}^{\mathrm{C}} g\mathrm{d}y = \int_0^1 kx\mathrm{d}x + g = \frac{1}{2}k + g$$

と求められる。ここでA点からB点への移動では物体の移動方向が x 方向であるので $\boldsymbol{F}$ の y 成分である g は仕事に寄与せず，またB点からC点への移動では y 方向であるので $\boldsymbol{F}$ の x 成分である kx は仕事に寄与しないことを用いている。

10.2 仕事率

前節で述べた仕事では，物体を移動させるためにかかった時間について何も述べられていない。たとえば，x 軸上で10 mの距離を x 方向に10 Nの力で移動させた場合には，10 m × 10 N = 100 Jの仕事をしたといえるが，この仕事を1秒で行ったのか，あるいは10秒かかったのかによって仕事の効率には差ができるであろう。そこである時間 Δt〔s〕に仕事 ΔW〔J〕が行われた場合に，その比を用いて平均的な**仕事率** $\overline{P}$ を定義する。すなわち

$$\overline{P} = \frac{\Delta W}{\Delta t} \tag{10.10}$$

とする。ここで $\overline{P}$ の単位は〔J/s〕となるが，この単位を〔W〕と定める。読み方はワットである。仕事（work）を表す文字の W と混同しないこと。仕事率を用いれば，同じ100 Jの仕事であっても，かかった時間が1秒であれば100 Wであり，10秒であれば10 Wであるというように，その効率

を定量的に表すことができる。

ただし，各瞬間ごとにはその効率が変化していることも考えられる。そこで下記のように瞬間の仕事率Pを式(10.10)の極限として表そう。

$$P = \lim_{\Delta t \to 0} \frac{\Delta W}{\Delta t}$$

ΔW〔J〕が力$\boldsymbol{F}$〔N〕のもとで行われた仕事であるならば，その際の移動距離を$\Delta \boldsymbol{s}$〔m〕として

$$P = \lim_{\Delta t \to 0} \frac{\Delta W}{\Delta t} = \lim_{\Delta t \to 0} \frac{\boldsymbol{F} \cdot \Delta \boldsymbol{s}}{\Delta t} = \boldsymbol{F} \cdot \lim_{\Delta t \to 0} \frac{\Delta \boldsymbol{s}}{\Delta t} = \boldsymbol{F} \cdot \boldsymbol{v} \qquad (10.11)$$

として力と速度の内積で表すことができる。

第11章　運動エネルギーとポテンシャル・エネルギー

エネルギーは仕事によって定義される物理量である。外力のする仕事により，物体の有するエネルギーが増加したり減少したりする。本章では，物体の持つエネルギーに関する法則と物理量について，ニュートンの運動の第2法則から導出していく。その手順の概略は，図11.1に示した。

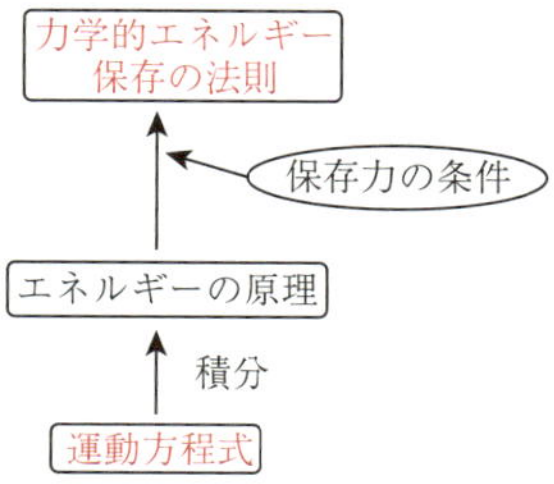

図 11.1

11.1　運動エネルギー

運動エネルギーは，物体の速度に関係するエネルギーである。物体の速度が大きいほど，運動エネルギーは大きい。

11.1.1　運動エネルギーの導出（1次元の場合）

図11.2に示すように，時刻t_Aで位置x_Aにあり速度v_Aを持つ質量mの物体が外力F_xを受けて加速され，時刻t_Bで位置x_Bに移り速度v_Bになったとする。外力を受けている間はニュートンの運動方程式：

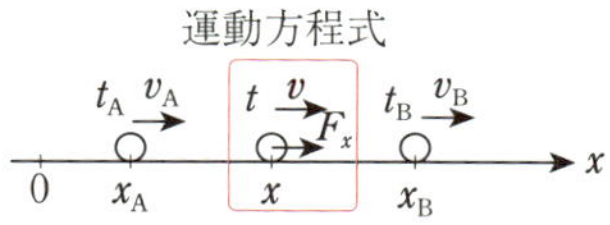

図 11.2

$$m\frac{\mathrm{d}v}{\mathrm{d}t}=F_x \tag{11.1}$$

が成り立つからこれを積分する。つまり，運動方程式の両辺に速度vをかけて，時間$t_A \leq t \leq t_B$で定積分すると，

$$\int_{t_A}^{t_B} mv\frac{\mathrm{d}v}{\mathrm{d}t}\mathrm{d}t=\int_{t_A}^{t_B} F_x\frac{\mathrm{d}x}{\mathrm{d}t}\mathrm{d}t \tag{11.2}$$

となる。さらに計算を進めると，積分の上限，下限が変わることに注意して，

$$\int_{v_A}^{v_B} mv\mathrm{d}v=\int_{x_A}^{x_B} F_x\mathrm{d}x$$

$$\frac{1}{2}mv_B^2-\frac{1}{2}mv_A^2=\int_{x_A}^{x_B} F_x\,\mathrm{d}x \tag{11.3}$$

が得られる。

(11.3)式の右辺は外力F_xの行なった仕事である（(10.8)式参照）。時刻tにおける運動エネルギーを$K=\frac{1}{2}mv^2$と定義すると，(11.3)式は，外力の行なった仕事が運動エネルギーの変化に等しいことを示している。これをエネルギーの原理という。

11.1.2　運動エネルギーの導出（3次元の場合）

図11.3に示すように，時刻t_Aで位置$\boldsymbol{r}_A$にあり速度$\boldsymbol{v}_A$を持つ質量mの物体が，外力$\boldsymbol{F}$を受けて加速され，時刻t_Bで位置$\boldsymbol{r}_B$に移って速度$\boldsymbol{v}_B$になっ

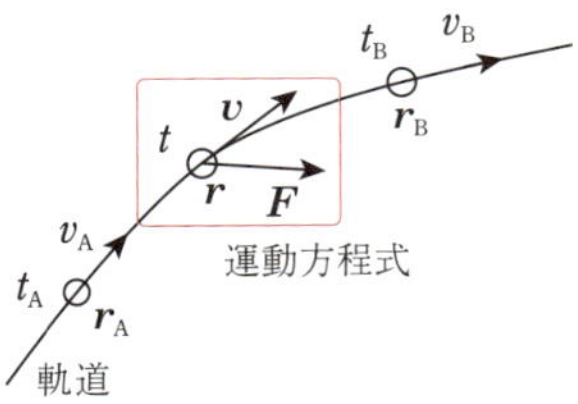

図 11.3

たとする。外力を受けている間はニュートンの運動方程式

$$m\frac{d\boldsymbol{v}}{dt}=\boldsymbol{F} \tag{11.4}$$

が成り立つからこれを積分する。つまり，運動方程式の両辺に速度$\boldsymbol{v}$を掛けて内積をつくる。

$$m\boldsymbol{v}\cdot\frac{d\boldsymbol{v}}{dt}=\boldsymbol{F}\cdot\frac{d\boldsymbol{r}}{dt} \tag{11.5}$$

ここで，$\boldsymbol{v}=\dfrac{d\boldsymbol{r}}{dt}$を用いた。時間$t_A\le t\le t_B$で定積分すると

$$\int_{t_A}^{t_B}m\boldsymbol{v}\cdot\frac{d\boldsymbol{v}}{dt}dt=\int_{t_A}^{t_B}\boldsymbol{F}\cdot\frac{d\boldsymbol{r}}{dt}dt$$

計算を進めていくと，積分の上限，下限が変わることに注意して，

$$\int_{v_A}^{v_B}m\boldsymbol{v}\cdot d\boldsymbol{v}=\int_{r_A}^{r_B}\boldsymbol{F}\cdot d\boldsymbol{r} \tag{11.6}$$

(11.6)式の右辺は外力$\boldsymbol{F}$の行なった仕事である（(10.8)式参照）。一方，左辺は，$\boldsymbol{v}=(v_x, v_y, v_z)$とすると，

$$\begin{aligned}\int_{v_A}^{v_B}m\boldsymbol{v}\cdot d\boldsymbol{v}&=\int_{v_A}^{v_B}m\left(v_x dv_x+v_y dv_y+v_z dv_z\right)\\&=\left(\frac{1}{2}mv_x^2+\frac{1}{2}mv_y^2+\frac{1}{2}mv_z^2\right)_{r_B}-\left(\frac{1}{2}mv_x^2+\frac{1}{2}mv_y^2+\frac{1}{2}mv_z^2\right)_{r_A}\\&=\frac{1}{2}m\boldsymbol{v}_B^2-\frac{1}{2}m\boldsymbol{v}_A^2\end{aligned}$$

以上より，

$$\frac{1}{2}m\boldsymbol{v}_B^2-\frac{1}{2}m\boldsymbol{v}_A^2=\int_{r_A}^{r_B}\boldsymbol{F}\cdot d\boldsymbol{r} \tag{11.7}$$

が得られる。

複数の外力が働いている場合には，$\boldsymbol{F}=\sum_{i=1}^{n}\boldsymbol{F}_i$ より，

$$\frac{1}{2}m{v_B}^2-\frac{1}{2}m{v_A}^2=\int_{r_A}^{r_B}\left(\sum_{i=1}^{n}\boldsymbol{F}_i\right)\cdot d\boldsymbol{r}=\sum_{i=1}^{n}\left(\int_{r_A}^{r_B}\boldsymbol{F}_i\cdot d\boldsymbol{r}\right)=\sum_{i=1}^{n}W_i \tag{11.8}$$

と，右辺は外力ごとにする仕事の総和となる。

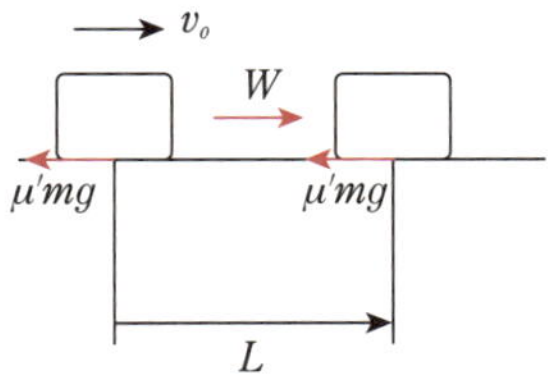

図 11.4

例題 11-1

粗い水平面上で，質量mの物体を速さv_0で滑らせたところ，距離Lだけ滑って静止した。動摩擦係数をμ'とし，重力加速度の大きさをgとすると，空気抵抗が物体にした仕事はいくらか。

解説&解答

物体に働く動摩擦力は$\mu'mg$だから，動摩擦力のした仕事は$-\mu'mg<0$である（動摩擦力は実際は物体によって仕事をされることに注意しよう）。空気抵抗のする仕事を未知量$-W(W>0)$として，エネルギーの原理を適用すると，

$$0-\frac{1}{2}mv_0^2=-\mu' mgL-W \qquad \therefore\quad -W=-\left(\frac{1}{2}mv_0^2-\mu' mgL\right) \tag{11.9}$$

が得られる。ここで，(11.9)式の右辺のカッコ内は，物体が最初に持っていた運動エネルギーから，動摩擦力に対して行なった仕事量を差し引いた量である。したがってこれは正の数であるから，$-W<0$となる。確かに，空気抵抗は仕事をされる。

11.1.3　座標系と運動エネルギー

等速直線運動をしている新幹線の中を想定すると，その中に固定した座標系は慣性系とみなせる。座席のテーブルの上に置かれた物体の運動エネルギーKは，乗客からみると静止しているので，$K=0$である。しかし一方で，駅のホームにいる人からみると，物体は新幹線の速さvで運動しているので，運動エネルギーは$K=\frac{1}{2}mv^2$となる。このように，運動エネルギーは，座標系の取り方によって値が変わる物理量である。

11.2　ポテンシャル・エネルギー

重力のもとで物体が高所から転がり落ちるときに最下点で得る速さは，物体が最初に高いところにあればあるほど大きい。このことは，高いところにある物体は，潜在的に大きなエネルギーを持つことを示唆している。物体の存在する位置に関係して，物体が潜在的に持つ重力によるエネルギーを**位置エネルギー**という。位置エネルギーは，いくつかあるポテンシャル・エネルギーの中の1つである。

エネルギーの原理では，外力の行なった仕事が運動エネルギーの変化量として物体に蓄積されることを示した。同様に，外力が行なった仕事が，運動エネルギー以外のエネルギー形態で物体に蓄積されることがある。

一般に，物体に物理的な力$\boldsymbol{F}$が作用しているとき，それを打ち消すように外部から人為的に逆向きの力$-\boldsymbol{F}$を物体に加えるとする。物体はこの$-\boldsymbol{F}$によりA点からB点まで移動し，移動することで仕事をされる。つまり物体はエネルギーを受け取る。物体が移動する間に受け取ったエネルギーの総量は，その物体に蓄積される。つまり同じ量のエネルギーを放出する潜在的(ポテンシャル)能力を持つことになる。これを力$\boldsymbol{F}$による**ポテンシャル・エネルギー**と呼ぶ。数式で表現すると，

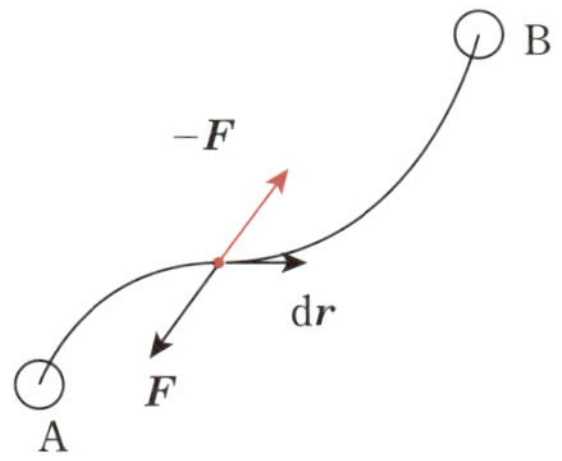

図 11.5

$$U(\boldsymbol{r})=\int_{\mathrm{A}}^{\mathrm{B}}(-\boldsymbol{F})\cdot \mathrm{d}\boldsymbol{r} \tag{11.10}$$

と書くことができる。B点まで移動された物体が，始点つまり基準点Aに対して保有するポテンシャル・エネルギーを表している。ポテンシャル・エネルギー(11.10)式は，基準点Aから目的地B点に至るまでの経路によらず，一意に決まる。つまり，(11.10)式は始点と終点の位置だけで決まってしまう。このような型の力$\boldsymbol{F}$を**保存力**といい，保存力に対してだけポテ

ンシャル・エネルギーは定義される。物理学で出てくる力はほぼすべて保存力である。保存力でない力は摩擦力だけであると思ってよい。以下の表に，おもな保存力とそれに伴うポテンシャル・エネルギーをまとめる。

表 11.1 保存力

保存力	状況	ポテンシャル・エネルギー
重力	質量mの物体が高さhに置かれているとき	mgh
ばねの弾性力(復元力)	ばね定数kのばねが長さxだけ伸縮しているとき	$\frac{1}{2}kx^2$
万有引力	質量m，Mの2つの物体が距離rだけ離れて置かれているとき（G：万有引力定数）	$-\frac{GMm}{r}$
電気力(クーロン力)	電気量q，Qの2つの電荷が距離rだけ離れて置かれているとき（ε_0：真空中の誘電率）	$\frac{1}{4\pi\varepsilon_0}\frac{qQ}{r}$

物理学で扱われる大部分の力は保存力である。そうでないと不合理となってしまう。その理由は次の通りである。物理的な力$\boldsymbol{F}$があって逆向きの力$-\boldsymbol{F}$を物体に加えて始点Aから終点Bへ移動する際，仮にこの$\boldsymbol{F}$が保存力ではないとする。すると，物体に加えなければならない仕事は経路によって異なってしまうことになるので，加えなければならない仕事が最大$E_{\rm max}$，最小$E_{\rm min}$となる経路が必ず存在する。それをそれぞれ経路C，C′とする。そこで，経路C′を通ってB点に行き，経路Cを通ってA点に戻ってくることを考える。経路C′を通ると最小エネルギー$E_{\rm min}$を物体に加えることになるが，経路Cを通ってもどってくると最大エネルギー$E_{\rm max}$を物体が放出してくれることになる。つまり，空間の中をA点からB点に行き，またA点に戻って来たというだけで，空間からエネルギーの差$\Delta E = E_{\rm max} - E_{\rm min} > 0$を取り出すことができることになってしまう。空間の中を一まわり回ってきたというだけで空間からエネルギーを取り出せるというのは不合理である。したがって，経路によって物体に加える仕事が異なることはない。つまり，力$\boldsymbol{F}$は保存力となる。

11.2.1 重力によるポテンシャル・エネルギー

地面を基準点$\boldsymbol{r}_0 = (0,\ 0,\ 0)$とする。水平面内に$x$軸と$y$軸をとり，鉛直上向きに$z$軸をとる。質量$m$の物体が位置$\boldsymbol{r} = (x,\ y,\ z)$にあるとき，この物体に働く重力は$\boldsymbol{F} = (0,\ 0,\ -mg)$で与えられる。この重力を打ち消すように外部から力を加える。この外部からの力で微小距離$\mathrm{d}\boldsymbol{r}$だけ移動させると，この力が行なった仕事は

$$-\boldsymbol{F}\cdot\mathrm{d}\boldsymbol{r} = -(-mg)\mathrm{d}z$$

である。これを全部寄せ集めれば，$z = 0$から$z = h$まで物体を移動する際

に加えなければならないエネルギーの総量が求められる。

$$U(\boldsymbol{r}) = -\int_{\boldsymbol{r}_0}^{\boldsymbol{r}} \boldsymbol{F} \cdot \mathrm{d}\boldsymbol{r} = -\int_0^h (-mg)\mathrm{d}z = mgh \qquad (11.11)$$

これが，物体に蓄えられる潜在的能力，つまり重力によるポテンシャル・エネルギーとなる。このように重力によるポテンシャル・エネルギーは，基準点からの高さhだけで決まる。

11.2.2　弾性力によるポテンシャル・エネルギー

おもりが平衡位置から距離x'（符号は，おもりが平衡位置より右にあるときは正，左にあるときは負とする。7.3節を参照）にあるとき，ばねの復元力は$-kx'$である。この復元力を打ち消すように外部から力$+kx'$を加える。この外部からの力で微小距離$\mathrm{d}x'$だけおもりを移動させると，この力が行なった仕事（あるいはおもりが受け取ったエネルギー）は$+kx' \cdot \mathrm{d}x'$である。おもりを平衡位置から距離xまで移動させるのに加えなければならないエネルギーの総量は，

$$\int_0^x kx'\mathrm{d}x' = \frac{1}{2}kx^2 \qquad (11.12)$$

となる。これが，おもりが蓄えている潜在的能力，つまり弾性力によるポテンシャル・エネルギーである。

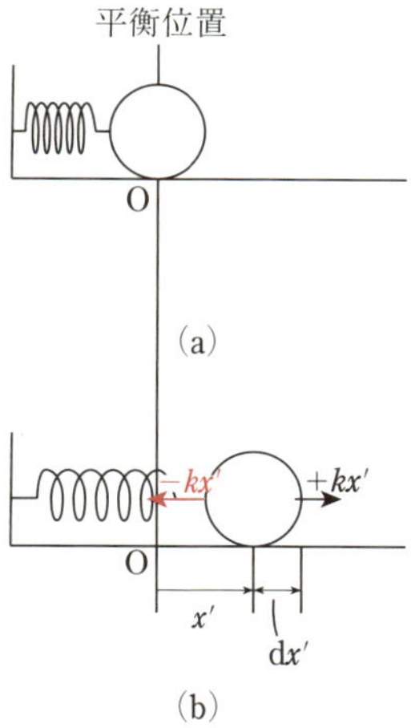

図 11.6

11.2.3　万有引力によるポテンシャル・エネルギー

図11.7のように，質量Mの物体の位置を原点とし，原点から遠ざかる方向に$+r$軸をとり，質量mのもう1つの物体が位置r'にあるとする。質量mの物体に作用する万有引力は$-\dfrac{GMm}{r'^2}$である。逆向きの外力$\dfrac{GMm}{r'^2}$によって質量mの物体を微小距離$\mathrm{d}r'$だけ移動させたとすると，この外力が行なった仕事は$\dfrac{GMm}{r'^2}\mathrm{d}r'$である。基準点を無限遠（$\infty$）にとり，$\infty$から距離$r$のところまで質量$m$の物体を運んだとすると，この外力の行なった全仕事量は，

$$\int_\infty^r \frac{GMm}{r'^2}\mathrm{d}r' = GMm\left[-\frac{1}{r'}\right]_\infty^r = -\frac{GMm}{r} \qquad (11.13)$$

となる。これが，質量mの物体に蓄えられた潜在的能力，つまり万有引力によるポテンシャル・エネルギーである。

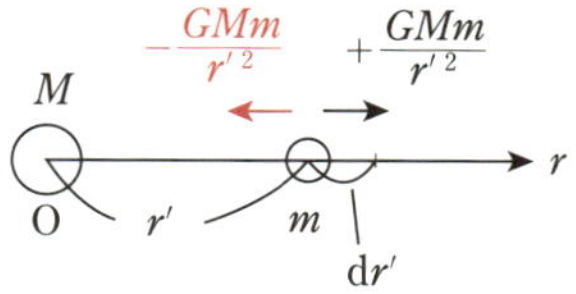

図 11.7

11.3　ポテンシャル・エネルギーから力を導く

ポテンシャル・エネルギーは，保存力のする仕事を計算することで求めることができる。本節では，その逆にポテンシャル・エネルギーから保存力を求めてみる。

11.3.1　ポテンシャル・エネルギーと保存力の関係（1 次元の場合）

ポテンシャル・エネルギーと保存力の関係式は，次のように置換積分を用いて，計算していくことができる。

$$U(x)=-\int_0^x F_x \mathrm{d}x \quad \therefore \int_0^{U(x)} \mathrm{d}U=\int_0^x \frac{\mathrm{d}U}{\mathrm{d}x}\mathrm{d}x=\int_0^x (-F_x)\mathrm{d}x \qquad (11.14)$$

被積分関数を比較すると，ポテンシャル・エネルギーから保存力を，微分により求める関係式が得られる。

$$F_x=-\frac{\mathrm{d}U}{\mathrm{d}x} \qquad (11.15)$$

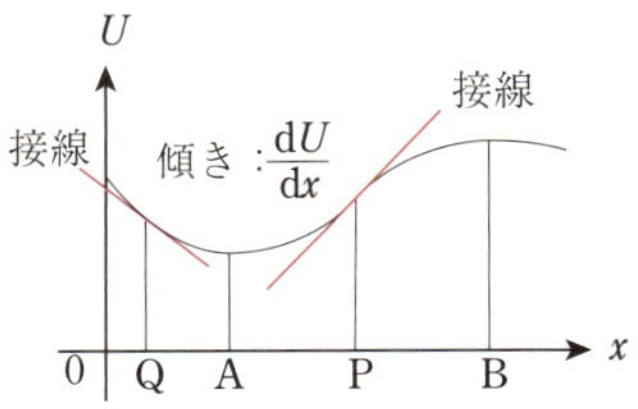

図 11.8

図11.8にポテンシャル・エネルギー $U(x)$ のグラフを示した。まず，このグラフの接線の傾きが，微分 $\frac{\mathrm{d}U}{\mathrm{d}x}$ であり，その絶対値が力の大きさである。一方，力の向きは，点Pのように傾きが正の場合には $-x$ 方向，点Qのように傾きが負の場合には $+x$ 方向である。よって，−の符号は，ポテンシャル・エネルギーが下る向きに力が働くことを意味している。また，点Aや点Bでは微分が0であるため力が0であることも，グラフからわかる。

例題 11-2

ばね振り子のポテンシャル・エネルギーが，$U(x)=\frac{1}{2}kx^2-mgx$ で与えられている。次の問いに答えよ。

(1)ばね振り子の小物体に働く力を位置 x の関数として求めよ。

(2)ばね振り子に働く力がつりあう位置を求めよ。

解説&解答

(1)(11.15)式を用いて，$F_x=-\frac{\mathrm{d}U}{\mathrm{d}x}=mg-kx$ 。

(2)つりあう位置は，$F_x=0$ より，$x=mg/k$ 。

11.3.2　位置エネルギーと保存力（3 次元の場合）

位置エネルギーと保存力の関係式：$U(\boldsymbol{r})=-\int_{r_0}^{r} \boldsymbol{F}\cdot \mathrm{d}\boldsymbol{r}$ は，次のように置換積分と完全微分を用いて，計算していくことができる。

$$U(\boldsymbol{r})=-\int_0^{U(\boldsymbol{r})} \mathrm{d}U=\int_{r_0}^{r}\left(\frac{\partial U}{\partial x}\mathrm{d}x+\frac{\partial U}{\partial y}\mathrm{d}y+\frac{\partial U}{\partial z}\mathrm{d}z\right)$$
$$=-\int_{r_0}^{r}\left(F_x\mathrm{d}x+F_y\mathrm{d}y+F_z\mathrm{d}z\right) \qquad (11.16)$$

被積分関数を比較すると，ポテンシャル・エネルギーから保存力を，偏微分により求める関係式が得られる。

$$F_x = -\frac{\partial U}{\partial x},\quad F_y = -\frac{\partial U}{\partial y},\quad F_z = -\frac{\partial U}{\partial z} \tag{11.17}$$

ナブラ演算子 $\nabla \equiv \left(\frac{\partial}{\partial x},\frac{\partial}{\partial y},\frac{\partial}{\partial z}\right)$ を用いてまとめると，

$$\boldsymbol{F} = -\nabla U \tag{11.18}$$

と表される。

11.3.3　保存力である条件

保存力であれば，移動経路がわずかに異なっても，力のする仕事は変わらないはずである。図11.9に示すように，微小経路（点A→点B→点C）および（点A→点D→点C）で，仕事を計算してみる。

経路（点A→点B→点C）では，

$$W_{\mathrm{A\to B}} + W_{\mathrm{B\to C}} = F_x(x, y)\mathrm{d}x + F_y(x+\mathrm{d}x, y)\mathrm{d}y$$

経路（点A→点D→点C）では，

$$W_{\mathrm{A\to D}} + W_{\mathrm{D\to C}} = F_y(x, y)\mathrm{d}y + F_x(x, y+\mathrm{d}y)\mathrm{d}x$$

となる。

両者が等しいとすると，

$$F_x(x, y)\mathrm{d}x + F_y(x+\mathrm{d}x, y)\mathrm{d}y = F_y(x, y)\mathrm{d}y + F_x(x, y+\mathrm{d}y)\mathrm{d}x$$

より，移項して整理すると，

$$(F_y(x+\mathrm{d}x, y) - F_y(x, y))\mathrm{d}y = (F_x(x, y+\mathrm{d}y) - F_x(x, y))\mathrm{d}x$$

$$\therefore\quad \frac{\partial F_y}{\partial x}\mathrm{d}x\mathrm{d}y = \frac{\partial F_x}{\partial y}\mathrm{d}x\mathrm{d}y$$

係数を比較すると，保存力であるための条件として，

$$\frac{\partial F_y}{\partial x} = \frac{\partial F_x}{\partial y}$$

を得る。

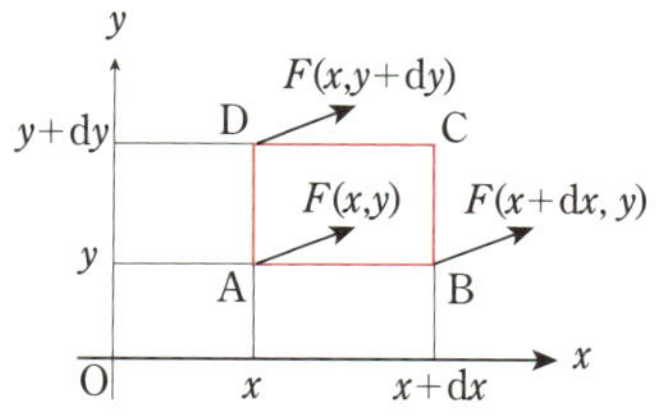

図 11.9

例題 11-3

力の成分 (F_x, F_y) が位置 (x,y) の関数として，$F_x = Ax + By$，$F_y = Cx + Dy$ で与えられている。この力が保存力であるためには，定数 A，B，C，D の間に，どのような条件が必要か

解説＆解答

$\frac{\partial F_y}{\partial x} = C$，$\frac{\partial F_x}{\partial y} = B$ より，$C = B$ であれば，保存力である。

第12章 **力学的エネルギー保存の法則**

前章では，力学的エネルギーとして，運動エネルギーとポテンシャル・エネルギーがあることを学んだ。本章では，この2つの形態のエネルギーには重要な関係があることを示そう。

12.1 力学的エネルギー保存の法則

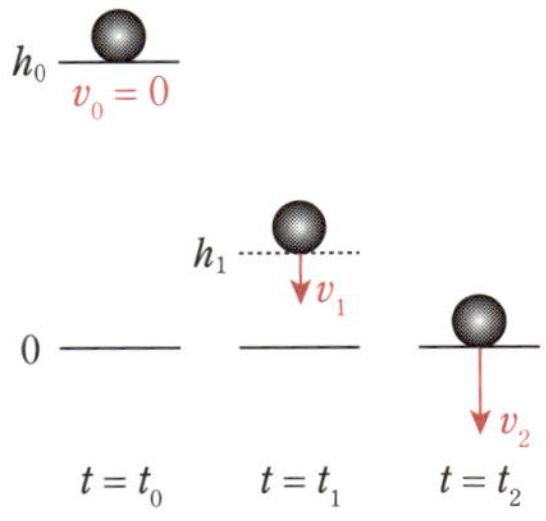

図 12.1

4章で取り扱った自由落下運動を再び取り上げよう。図12.1のように地表からの高さh_0の位置に固定されていた質量mの小球が時刻$t = t_0 = 0$で静かに離され，落下を始めたとする。$t = t_0$での高さはh_0であり速度v_0はゼロであるから，このときのポテンシャル・エネルギーU_0は$U_0 = mgh_0$であり，運動エネルギーK_0は$K_0 = \frac{1}{2}mv_0^2 = 0$である。$t = t_1$には小球は高さ$h_1$まで下がる(すなわち$h_0 - h_1$だけ落下している)。よってポテンシャル・エネルギーU_1は$U_1 = mgh_1$となる。このときの速度をv_1とすれば，運動エネルギーK_1は$K_1 = \frac{1}{2}mv_1^2$である。さらに地表に到達する直前$t = t_2$では高さは0であるので，ポテンシャル・エネルギー$U_2 = 0$であり，このときの速度をv_2とすれば運動エネルギーK_2は$K_2 = \frac{1}{2}mv_2^2$である。

さて，自由落下運動は重力加速度gによる等加速度運動であることから，時刻$t = t_1$およびt_2における速度v_1，v_2を求めてみよう。

まずv_1については

$$h_0 - h_1 = \frac{1}{2}gt_1^2$$

から

$$t_1 = \sqrt{\frac{2}{g}(h_0 - h_1)}$$

が求まり，これを$v_1 = gt_1$に代入して

$$v_1 = g\sqrt{\frac{2}{g}(h_0 - h_1)} = \sqrt{2g(h_0 - h_1)}$$

となる。ただし，$v_0 = 0$であることを用いている。同様にしてv_2については

$$h_0 = \frac{1}{2}gt_2^2$$

から

$$t_2 = \sqrt{\frac{2}{g}h_0}$$

であり，これを$v_2 = gt_2$に代入して

$$v_2 = g\sqrt{\frac{2}{g}h_0} = \sqrt{2gh_0}$$

となる。

これより時刻$t = t_1$およびt_2における運動エネルギーK_1，K_2は

$$K_1 = \frac{1}{2}mv_1^2 = mg(h_0 - h_1) \tag{12.1}$$

$$K_2 = \frac{1}{2}mv_2^2 = mgh_0 \tag{12.2}$$

となる。以上を整理して表12.1に示す。

表 12.1 自由落下運動における各時刻でのポテンシャル・エネルギー U，運動エネルギー K および両者の総和 U + K

t	U	K	$U+K$
t_0	mgh_0	0	mgh_0
t_1	mgh_1	$\frac{1}{2}mv_1^2$	mgh_0
t_2	0	$\frac{1}{2}mv_2^2$	mgh_0

ここでは興味深いことがわかる。それは各時刻におけるポテンシャル・エネルギーと運動エネルギーが変化しているにもかかわらず，エネルギーの総和$U+K$は常にmgh_0であり，不変となっていることである。

次に7章で扱った単振動について考えてみよう。図12.2のようにばね定数kのばねにつながれた質量m〔kg〕の小球を考える。小球を自然長からの距離$x = x_0$まで伸ばし，時刻$t = t_0 = 0$ sで静かに放す。小球の位置$x(t)$は，例題7.3を参照して

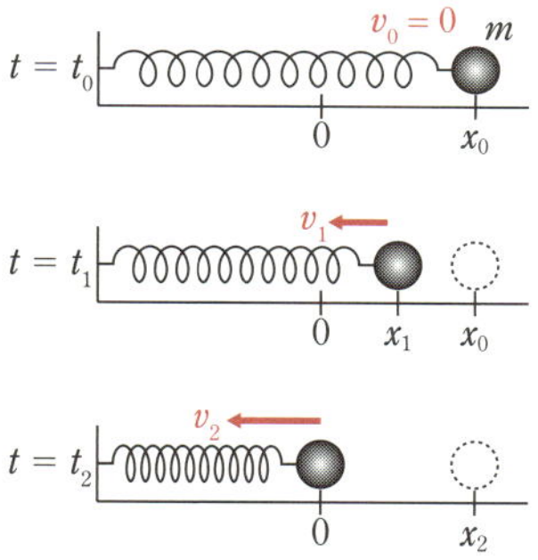

図 12.2

$$x(t) = x_0\cos\omega t \tag{12.3}$$

となる。ただしωは

$$\omega = \sqrt{\frac{k}{m}} \tag{12.4}$$

である。このとき各時刻での速度は$x(t)$を微分して得られるので

$$v(t) = \frac{\mathrm{d}x(t)}{\mathrm{d}t} = -\omega x_0 \sin\omega t \tag{12.5}$$

となる。

時刻$t = t_0 = 0$での小球の位置はx_0〔m〕であり，速度v_0はゼロであるから，ポテンシャル・エネルギーU_0は$U_0 = \frac{1}{2}kx_0^2$であり，運動エネルギーK_0は$K_0 = \frac{1}{2}mv_0^2 = 0$である。$t = t_1$で小球は位置$x = x_1$にあると

すると，ポテンシャル・エネルギー U_1 は $U_1 = \frac{1}{2}kx_1{}^2 = \frac{1}{2}k(x_0\cos\omega t_1)^2$ となる。このときの速度を v_1 とすれば，運動エネルギー K_1 は $K_1 = \frac{1}{2}mv_1{}^2 = \frac{1}{2}m(-\omega x_0 \sin\omega t_1)^2$ である。式(12.4)より $k = m\omega^2$ であるから，$K_1 = \frac{1}{2}kx_0{}^2\sin^2\omega t_1$ となる。さらに自然長に到達した時刻 $t = t_2$ では，$x = x_2 = 0$ であるので，ポテンシャル・エネルギー U_2 は $U_2 = 0$ であり，このときの速度を v_2 とすれば運動エネルギー K_2 は $K_2 = \frac{1}{2}mv_2{}^2 = \frac{1}{2}m(-\omega x_0 \sin\omega t_2)^2$ である。ここで t_2 は周期 T の 1/4 であり，$T = \frac{2\pi}{\omega}$ を用いると

$$K_2 = \frac{1}{2}m\left(-\omega x_0 \sin\omega\frac{T}{4}\right)^2 = \frac{1}{2}m\left(-\omega x_0 \sin\omega\frac{2\pi}{4\omega}\right)^2$$
$$= \frac{1}{2}m\left(-\omega x_0 \sin\frac{\pi}{2}\right)^2 = \frac{1}{2}m\omega^2 x_0{}^2$$

となり $k = m\omega^2$ と置き換えれば，$K_2 = \frac{1}{2}kx_0{}^2$ と表せる。以上を整理して表12.2に示す

表 12.2 単振動における各時刻でのポテンシャル・エネルギーU，運動エネルギーKおよび両者の総和U＋K

t	U	K	$U+K$
t_0	$\frac{1}{2}kx_0{}^2$	0	$\frac{1}{2}kx_0{}^2$
t_1	$\frac{1}{2}kx_0{}^2\cos^2\omega t_1$	$\frac{1}{2}mv_1{}^2$	$\frac{1}{2}kx_0{}^2$
t_2	0	$\frac{1}{2}kx_0{}^2$	$\frac{1}{2}kx_0{}^2$

ここでも，各時刻におけるポテンシャル・エネルギーと運動エネルギーは変化しているにもかかわらず，エネルギーの総和 $U+K$ は常に $\frac{1}{2}kx_0{}^2$ であり，不変となっている。

上記の例だけでなく，**ポテンシャル・エネルギーと運動エネルギーの総和が不変であることは一般的に成り立つ法則であり，力学的エネルギー保存の法則と呼ばれる。**

例題 12-1

再び図12.1における落下運動を考える。地表からの高さ h_0 の位置に固定されていた質量 m の小球が静かに放され，落下を始めた後，高さ h_1 まで下がったときの速度 v_1 を力学的エネルギー保存の法則を用いて求めなさい。

解説＆解答

表12.1を参照すると，小球が落ち始めた瞬間のポテンシャル・エネルギー

は$U_0 = mgh_0$であり，運動エネルギーは$K_0 = 0$である。また，高さh_1に達したときのポテンシャル・エネルギーは$U_1 = mgh_1$となる。力学的エネルギー保存の法則を用いれば，このときの運動エネルギーをK_1とすると$U_0 + K_0 = U_1 + K_1$が成り立つので

$$K_1 = U_0 + K_0 - U_1$$

となる。ここで$K_1 = \frac{1}{2}mv_1^2$であることから，v_1について解けば

$$v_1 = \sqrt{\frac{2}{m}(U_0 + K_0 - U_1)} = \sqrt{\frac{2}{m}(mgh_0 - mgh_1)} = \sqrt{2g(h_0 - h_1)}$$

となり，式(12.1)から得られるものと一致する。

例題 12-2

再び図12.2における単振動を考える。小球を自然長からの距離$x = x_0$まで伸ばし，静かに放した後，小球が$x = x_1$を通過するときの速度v_1を力学的エネルギー保存の法則を用いて求めなさい。

解説&解答

表12.2を参照すると，小球が離された瞬間のポテンシャル・エネルギーU_0は$U_0 = \frac{1}{2}kx_0^2$であり，運動エネルギーK_0は$K_0 = 0$である。また，位置x_1に達したときのポテンシャル・エネルギーU_1は$U_1 = \frac{1}{2}kx_1^2$となる。力学的エネルギー保存の法則を用いれば，このときの運動エネルギーをK_1とすると$U_0 + K_0 = U_1 + K_1$が成り立つので

$$K_1 = U_0 + K_0 - U_1$$

となる。ここで$K_1 = \frac{1}{2}mv_1^2$であることから，v_1について解けば

$$v_1 = \sqrt{\frac{2}{m}(U_0 + K_0 - U_1)} = \sqrt{\frac{2}{m}\left(\frac{1}{2}kx_0^2 - \frac{1}{2}kx_1^2\right)}$$
$$= \sqrt{\frac{k}{m}(x_0^2 - x_1^2)}$$

となる。

これは一見すると式(12.5)式にt_1を代入したものと違うように思えるが$\omega = \sqrt{\frac{k}{m}}$であり，また(12.3)式より$x_1 = x_0\cos\omega t_1$であることから

$$v_1 = \omega\sqrt{(x_0^2 - x_0^2\cos^2\omega t_1)} = \omega x_0\sqrt{1 - \cos^2\omega t_1} = \omega x_0 \sin\omega t_1$$

となり等しいことがわかる。

力学的エネルギー保存の法則さえ認めれば，上記2つの例題の解法は特に困難なく習得できるかもしれない。しかし，いま一度この解法をよく考えてみよう。どちらの例題も運動現象を扱っているはずなのに，解法の途中で時刻tがあらわに出てこなかったことに気づいただろうか。これまで

運動現象の解析は運動方程式から各時刻における加速度を知ることによって，次の瞬間の速度を割り出し，そこから位置の推移（軌道）が求められるという手続きにそってきた。いわば時刻の経過を追いながら逐次的に各瞬間の速度や位置を算出してきたことになる。これに対して力学的エネルギー保存の法則を用いた解法では，段階的に軌道を求めていくことをせずに，既知の状態と未知の状態を直接比較して求めたい量を算出しているといえよう。このようなことが可能なのは，どの状態にあっても変わらない量（恒量）が存在するからであり，この場合はエネルギーの総和がそれに相当している。

また例題12.1は等加速度運動であるが，例題12.2は単振動であるから等加速度運動ではないにもかかわらず，どちらの解法も途中までほとんど同じ形式にそって進められている。これまでの方法では，それぞれの運動に則した解法がとられてきたが，エネルギー保存則を用いることで運動の形態によらない取り扱いが可能となっているのである。このように，もしどのような運動に対しても同じ手続きをとることで求めたい量が導けるとしたら，それは未知の現象を解析する際にも大きな指針を与えることとなるだろう。実際にエネルギー保存則は力学という範疇をこえて広い範囲で活用される大事な指針となっている。

次節ではなぜこのような法則が成り立つのかを考えてみることにしよう。

12.2　エネルギー保存則と運動方程式

力学的エネルギー保存の法則は，実は運動方程式から得られる一般的な帰結の1つである。ここでは保存力Fを受けた質量mの物体が，x軸上で運動している場合を考えよう。このとき運動方程式は

$$m\frac{\mathrm{d}^2x}{\mathrm{d}t^2}=F \tag{12.6}$$

となることは3章で学んだ通りである。いま，この式の両辺に$\dfrac{\mathrm{d}x}{\mathrm{d}t}$を掛けると

$$m\frac{\mathrm{d}x}{\mathrm{d}t}\cdot\frac{\mathrm{d}^2x}{\mathrm{d}t^2}=F\frac{\mathrm{d}x}{\mathrm{d}t} \tag{12.7}$$

となる。ここで

$$\frac{\mathrm{d}}{\mathrm{d}t}\left(\frac{\mathrm{d}x}{\mathrm{d}t}\right)^2=2\frac{\mathrm{d}x}{\mathrm{d}t}\frac{\mathrm{d}^2x}{\mathrm{d}t^2}$$

であり，また，$\dfrac{\mathrm{d}x}{\mathrm{d}t}$は速度$v$であることから式(12.7)は

$$\frac{m}{2}\frac{\mathrm{d}}{\mathrm{d}t}v^2=F\frac{\mathrm{d}x}{\mathrm{d}t}$$

となる。ここで両辺に$\mathrm{d}t$を掛け，時刻t_Aからt_Bまで積分すると

$$\int_{t_A}^{t_B} \mathrm{d}\left(\frac{1}{2}mv^2\right) = \int_{t_A}^{t_B} F\mathrm{d}x \tag{12.8}$$

となる。式(12.8)の左辺はすぐに計算でき

$$\left[\frac{1}{2}mv^2\right]_{v_A}^{v_B} = \frac{1}{2}m{v_B}^2 - \frac{1}{2}m{v_A}^2 \tag{12.9}$$

となる。ただし，v_Aおよびv_Bは，それぞれ時刻t_Aとt_Bにおける速度である。式(12.9)は時刻t_Aからt_Bに至る際の運動エネルギーの変化量を表している。一方，式(12.8)の右辺において，Fは保存力であるからポテンシャル・エネルギー Uと次の関係が成り立つ。

$$F = -\frac{\mathrm{d}U}{\mathrm{d}x}$$

これより

$$\int_{t_A}^{t_B} \left(-\frac{\mathrm{d}U}{\mathrm{d}x}\right)\mathrm{d}x = \left[-U\right]_{v_A}^{v_B} = -U_B + U_A \tag{12.10}$$

となる。ただしU_AおよびU_Bは，それぞれ時刻t_Aとt_Bにおけるポテンシャル・エネルギーである。式(12.10)は時刻t_Aからt_Bに至る際のポテンシャル・エネルギーの変化量を表している。

以上から

$$\frac{1}{2}m{v_B}^2 - \frac{1}{2}m{v_A}^2 = -U_B + U_A$$

となり

$$\frac{1}{2}m{v_A}^2 + U_A = \frac{1}{2}m{v_B}^2 + U_B \tag{12.11}$$

が得られる。式(12.12)の左辺は時刻t_Aにおける運動エネルギーとポテンシャル・エネルギーの総和であり，右辺は時刻t_Bにおける総和となっている。このことからエネルギーの総和は常に一定であること，すなわち力学的エネルギーの保存の法則が得られた。

上述の過程においては，条件としてFが保存力であることだけを用いて運動方程式を変形したものであるから，力学的エネルギーの保存の法則は12.1節でみた自由落下運動や単振動に限らず，広く一般に適用される法則であるといえよう。

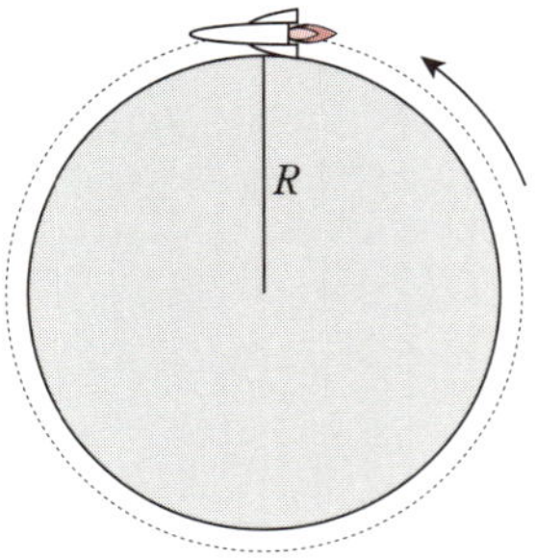

図 12.3

例題 12-3

図12.3のように，質量500 kgのロケットが水平方向に発射されたとして，地上に落ちることなくすれすれに地球表面を1周して回ってくるとすると，このロケットの力学的エネルギーEはいくらになるか。地球の半径を$R = 6.4 \times 10^3$ km，重力加速度の大きさを$g = 9.8$ m/s^{2}とする。また，このときロケットの速さ（これを「第1宇宙速度」という）はいくらか。

（ヒント）ロケットに働く力は，地球との間に働く万有引力である。万有引力は中心力であり速さを変えない。

解説＆解答

万有引力も保存力であるので，この場合も力学的エネルギー保存の法則が成り立つ。ロケットの運動エネルギーを$\frac{1}{2}mv^2$として，万有引力定数G，地球の質量をMとすると力学的エネルギーは

$$E = \frac{1}{2}mv^2 - G\frac{mM}{R}$$

である。一方，等速円運動の向心加速度は万有引力とつりあうから

$$m\frac{v^2}{R} = G\frac{mM}{R^2}$$

となる。また，$G\frac{M}{R^2} = g$ であるから，これから次のようになる。

$$E = -\frac{1}{2}\frac{GmM}{R} = -\frac{1}{2}mgR = -1.57\times10^{10}\,\text{J}$$

この値がマイナスであることは，ロケットが地球に束縛されていることを示している。第1宇宙速度は次のようになる。

$$v = \sqrt{\frac{GM}{R}} = \sqrt{gR} = 7.9\times10^3\,\text{m/s} = 7.9\,\text{km/s}$$

12.3 ポテンシャル図

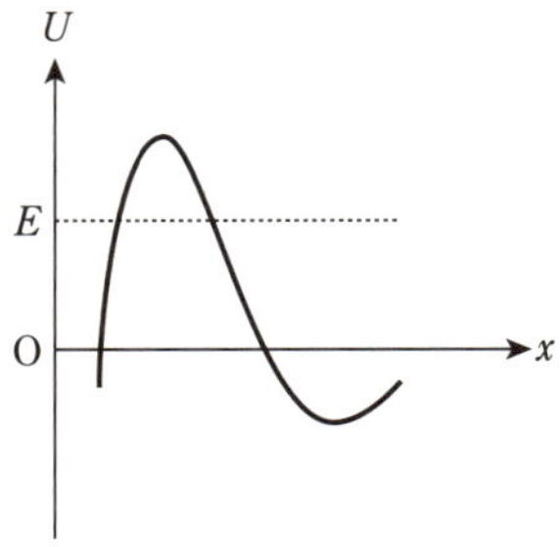

図 12.4

ここではポテンシャルが空間中に広がりを持ち，質点の軌道を決める役割をすることを学ぼう。

12.1でポテンシャル・エネルギーが各位置により異なる値をとったことからわかるように，ポテンシャルは位置座標を変数に持つ関数である。そこで図12.4のように横軸を座標xに，縦軸をポテンシャルUにとった図を考えよう。このような図をポテンシャル図という。ここで，力FとポテンシャルUには

$$F = -\frac{\mathrm{d}U}{\mathrm{d}x} \tag{12.12}$$

の関係があったことを考慮すると，図12.4の関数Uにおける各位置での

傾きの大きさが力の大きさを与え，Uの接線方向と逆向きに力がかかることになる。これはちょうどポテンシャル図を空間中における山や谷のような斜面と読み替え，斜面上におかれた質点が受ける力と同様と考えることができる。たとえば図12.5に示されるように，ばねにつながれた質点がx方向に振動する場合の運動は，ばねのポテンシャル$U=\frac{1}{2}kx^2$で示される2次関数の斜面を転がる質点のx軸への射影と同等である。

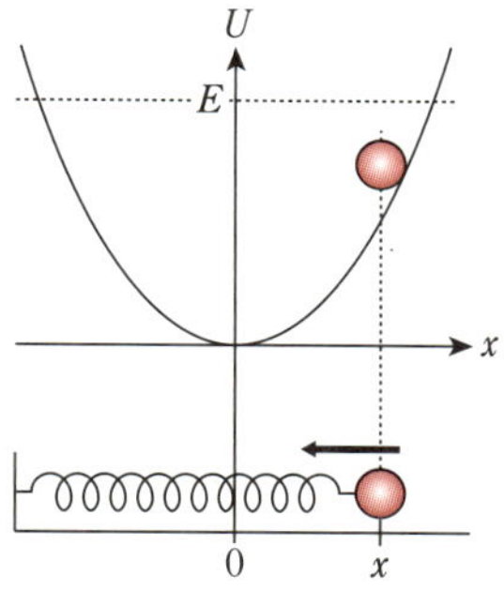

図 12.5

ポテンシャルが存在する空間中におかれた質点の全エネルギーEは，各場所におけるポテンシャル・エネルギーUと運動エネルギーKの和であるから

$$E = U + K \tag{12.13}$$

となり，エネルギー保存則により常に一定である。質点はポテンシャル図に沿いながら様々な軌道をとりうるが，図12.4で記された$U=E$を越えることはできない。なぜなら$U>E$となると(12.13)式から$K<0$となってしまうからである。

ポテンシャル図が示されると，質点がどのような軌道を描くかイメージしやすい。たとえば図12.5の極小点にある質点が左側（x軸の負の方向）に動いていたとすると，$U=E$に近づくにつれてKは小さくなり，速度は遅くなる。やがて$U=E$に達すると今度は質点は右側（x軸の正の方向）に動いて徐々に速度をあげていく。また，もし極小点に質点が静かに置かれれば，ポテンシャルの傾きがゼロであるので質点は動かない。すなわちポテンシャル図における極小点は安定な平衡点を示しているといえる。摩擦などの影響がある場合は外部へエネルギーが散逸していくことになり全エネルギーEは次第に小さくなるが，最終的に質点はポテンシャルの極小点に静止することになる。

例題 12-4

図12.6は，原子が物体の表面に近づいたときに，物体の表面から受ける力のポテンシャル図を示す。表面からの距離をrで表す。原子の安定な状態はA，B，Cのうちどれか。

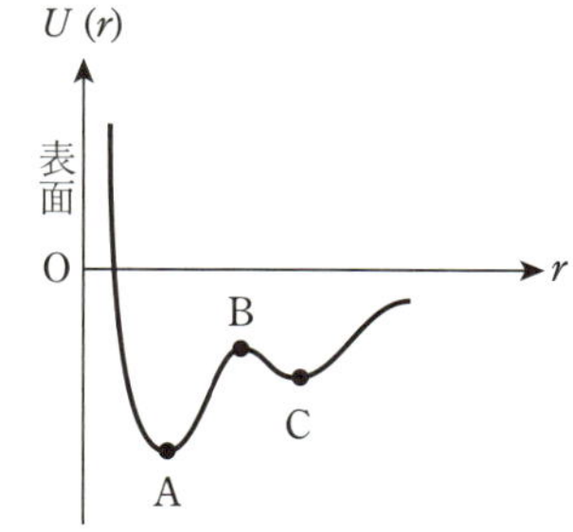

図 12.6

解説&解答

A，Cは極小点であるので安定な平衡点となっており，初めに他の状態にあってもAかCに移り安定な状態になる。ただし，CはAよりもエネルギー状態が高く，Bのポテンシャルの山を乗り越えるだけのエネルギーを受けるとAに移る。このような状態Cを準安定な平衡点という。

第2部　演習問題（解答は巻末）

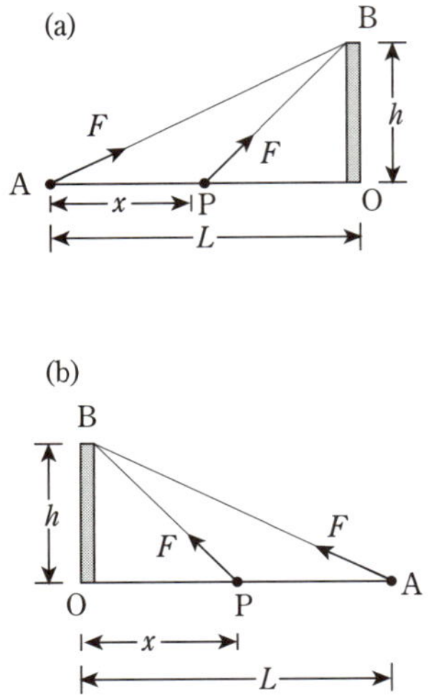

図1　問題1

1. 図1(a)のように，常に点Bの方向を向き，一定の大きさFを持つ力がある物体に作用している。この力の作用により，物体が点Aから点Oまで移動する。$BO = h$，$AO = L$とする。

(1)　力が物体に行った仕事はいくらか。

(2)　とくに$h = 0$のとき，得られた結果は，仕事の定義から判断してもっともな結果となっているか検討しなさい。

(3)　図1(b)は図1(a)とBOに関してまったく対称的な配置である。物体が点Aから点Oまで移動するとき，この場合の力の行う仕事は，対称性から判断して1）で得られた結果と同じになりそうな気がする。同じになることを計算により示しなさい。

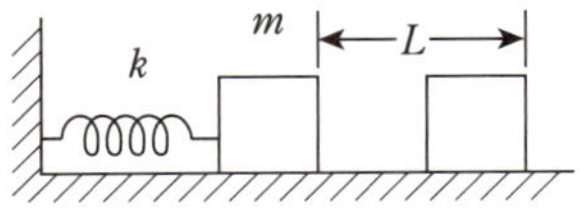

図2　問題2

2. 図2のように，ばね定数kのばねの一端が壁に固定され，ばねの他端には質量mの物体が取り付けられている。物体は，水平な床の上に置かれている。物体を手で最初の位置から距離Lだけ引っ張った。重力加速度をgとする。

(1)　床が粗く，物体と床との動摩擦係数をμ'とすれば，摩擦力の行った仕事はいくらか。

(2)　ばねが物体に対して行った仕事はいくらか。

(3)　手がこの物体に与えた仕事はいくらか。

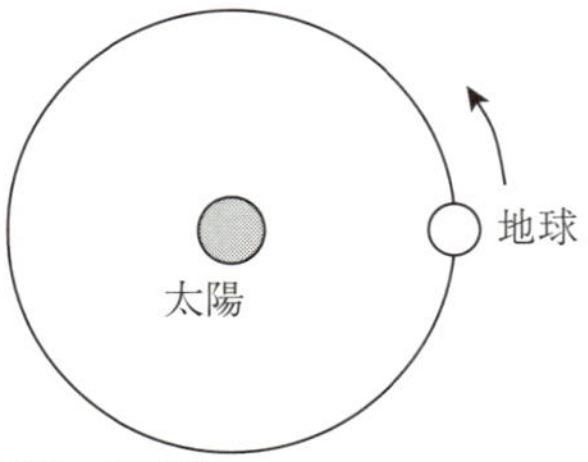

図3　問題3

3. 図3のように，地球が太陽のまわりを公転し，それは等速円運動とみなしてよい。この円運動の半径は1.5×10^8 km，地球の質量は6.0×10^{24} kgとする。地球の円運動の速さ，および運動エネルギーを求めなさい。

4. 月は年に3 cmづつ地球から遠ざかっている。月が地球のまわりをまわる周期は27.3日で変わらないとすると，月の公転運動の運動エネルギーの増加率はどれだけか。月の質量を7.3×10^{22} kg，現在の地球と月との距離を3.8×10^5 kmとする。

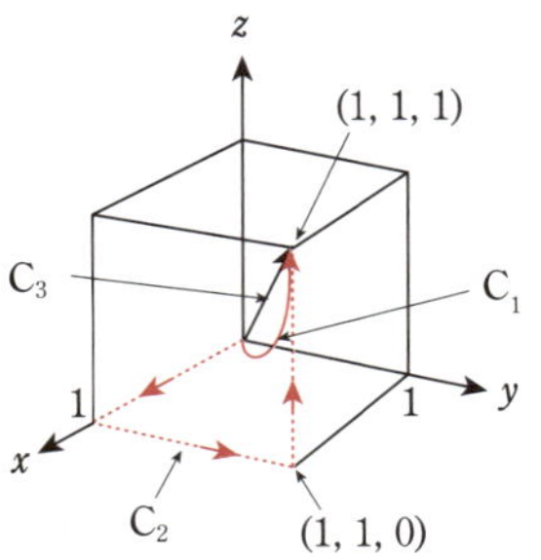

図4　問題5

5. 粒子が，位置によって変化する力：

$$\boldsymbol{F} = (2x^2 + 6y)\boldsymbol{i} - 12yz\boldsymbol{j} + 10xz^2\boldsymbol{k}$$

を受けて，図4のように次の3通りの経路C_1~C_3に沿って，始点(0, 0, 0)から終点(1, 1, 1)まで移動した。それぞれの経路に沿って移動する間にこの力$\boldsymbol{F}$の行なった仕事量Wを求めなさい。

(1)　経路C_1が時刻tを用いて次式で表される場合：

$$x = t,\quad y = t^2,\quad z = t^3 \qquad (0 \leq t \leq 1)$$

(2) 始点(0, 0, 0)からx軸に沿って点(1, 0, 0)へ行き，次にxy平面内をy軸に平行に点(1, 0, 0)から点(1, 1, 0) へ行き，最後にz軸に平行に点(1, 1, 0)から終点(1, 1, 1)に行く経路C_2

(3) 始点(0, 0, 0)から終点(1, 1, 1)まで直線で行く経路C_3

6. 例題12-3では第1宇宙速度を求めた。ここでは第2，第3宇宙速度を考える。万有引力定数を$G = 6.67 \times 10^{-11}$ Nm^2/kg^2，重力加速度を$g = 9.80$ m/s^{2}とする。地球の半径を6400 km，太陽の質量を1.99×10^{30} kg，地球と太陽の間の距離を1.5×10^8 kmとする。

(1) 図5(a)のように，ロケットが地上から発射された後，地球の引力に引きもどされることなく宇宙の彼方に飛び去るために必要な最小の速度の大きさを第2宇宙速度という（地球からの脱出速度ともいう）。第2宇宙速度を求めよ。

(2) 図5(b)のように，ロケットが地上から発射された後，太陽の引力に引きもどされることなく太陽系を飛び出して宇宙の彼方に飛び去るために必要な最小の速度の大きさを第3宇宙速度という。第3宇宙速度を求めよ。

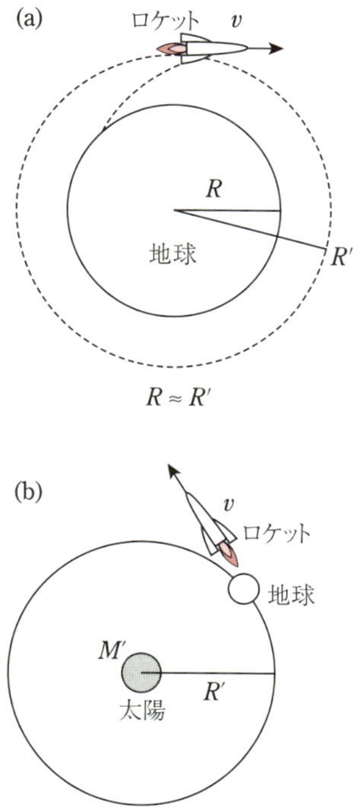

図5 問題6

7. 図6のように，2つのおもりが定滑車を通した伸び縮みしないひもによりつり下げられている。2つのおもりの質量をm_1，m_2 ($m_1 > m_2$) とする。手を放しておもりを落下させ，そのときのおもりの加速度を求めたい。

(1) 2つのおもりに対して別々にニュートンの運動方程式を作ることにより，加速度を求めなさい。

(2) ある瞬間，2つのおもりの速度がvであったとすると，運動エネルギーの和はいくらか。

(3) 微小時間dtだけ経過し，2つのおもりは微小距離$dx > 0$だけ移動したとする。dt間における位置エネルギーの減少量はいくらか。

(4) dt間における2つのおもりの運動エネルギーの増加量はいくらか。

(5) 力学的エネルギー保存の法則より，dt間における位置エネルギーの減少量とdt間における運動エネルギーの増加量は等しいはずである。その関係から加速度を導きなさい。(1)の結果と一致しているか。

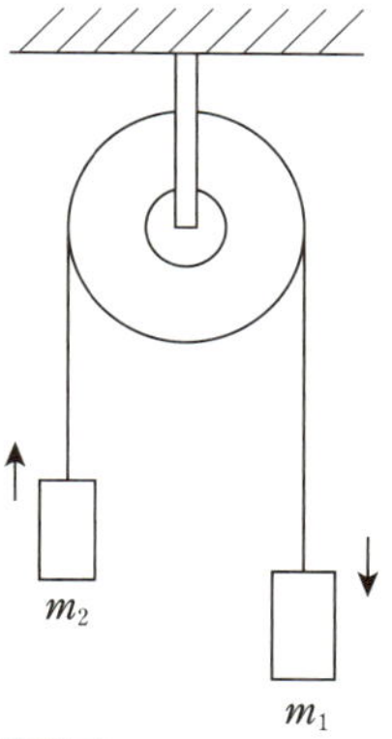

図6 問題7

8. 図7のように，質量mのおもりを長さLの糸の一端に結び，糸の他端を天井に固定する。鉛直方向とθの角度から静かに手を放して振らせた。糸の固定点から下方L_0のところにくぎがあり，糸がここで引っかかるとする。引っかかった後に，おもりがくぎに巻きついて円運動を行うためには，始めの角度θはいくら以上でなければならな

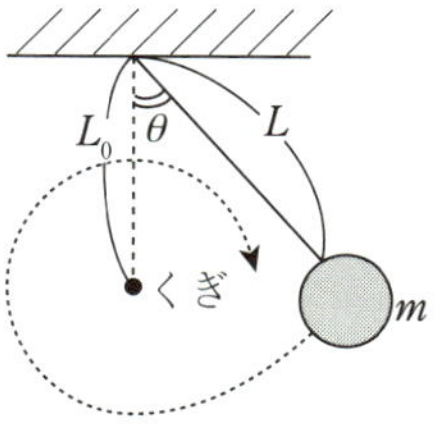

図7 問題8

いか。くぎの太さは無視してよい。$0<\theta<90^\circ$ の範囲でおもりに円運動を行わせるのに十分な角度θはいつでも存在するのだろうか。

9. 図8のように，速さ60 km/hで走っている車が，ブレーキをかけてから20 m滑った後に停止した。もし，この車の速さが120 km/hであったとしたら，何m滑った後に停止するか。

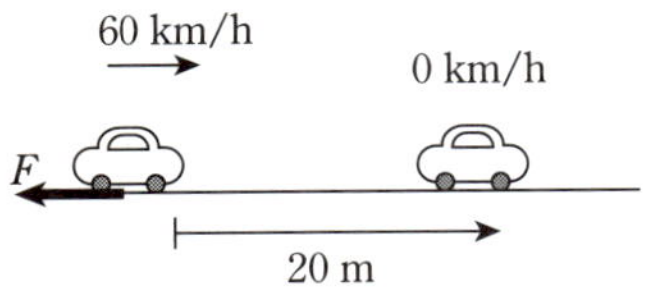

図8 問題9

10. 単振動をするばねの弾性力によるポテンシャル・エネルギーは $U=\frac{1}{2}kx^2$ である((11.12)式を参照)。ここでkはばね定数，xはばねに付けられた質量mのおもりの位置。これをグラフにすると図9(b)のようになる。これを，ばねに付けられたおもりがポテンシャルの井戸の中で，平衡位置($x=0$)のまわりで微小振動運動をしている，と表現する。図9(c)は，これを一般化して，一般的な形のポテンシャル・エネルギーを表したグラフである。極小の位置($x=x_0$)のまわりでテイラー展開すると，

$$U(x)=U(x_0)+(x-x_0)\left[\frac{\mathrm{d}U}{\mathrm{d}x}\right]_{x=x_0}+\frac{1}{2}(x-x_0)^2\left[\frac{\mathrm{d}^2U}{\mathrm{d}x^2}\right]_{x=x_0}$$

となる。導関数 $\frac{\mathrm{d}U}{\mathrm{d}x}$ は極値で0になる。つまり$x=x_0$で力 $F=-\frac{\mathrm{d}U}{\mathrm{d}x}=0$ となるので平衡位置を表している(ばねの単振動のときは$x_0=0$が平衡位置で，ここで復元力は0である)。2階導関数 $\left[\frac{\mathrm{d}^2U}{\mathrm{d}x^2}\right]_{x=x_0}$ は極小位置では正になるから，$x=x_0$は安定点を意味している(ばねの単振動のときは$x_0=0$が安定点で，$\left[\frac{\mathrm{d}^2U}{\mathrm{d}x^2}\right]_{x=x_0}=k$ となり，2階導関数がばね定数に対応している)。さて，

(1) ポテンシャルが，

$$U=\frac{2F_0}{a}\sinh^2\left(\frac{ax}{2}\right)\quad a>0,\ F_0>0 \text{ は定数}$$

で表されるとき，グラフの概形を描きなさい(第5章のp.39のグラフを参考にせよ。)

(2) (1)の導関数から平衡位置を求めなさい。

(3) 2階導関数からばね定数を求め，微小振動の角振動数ωを求めなさい。

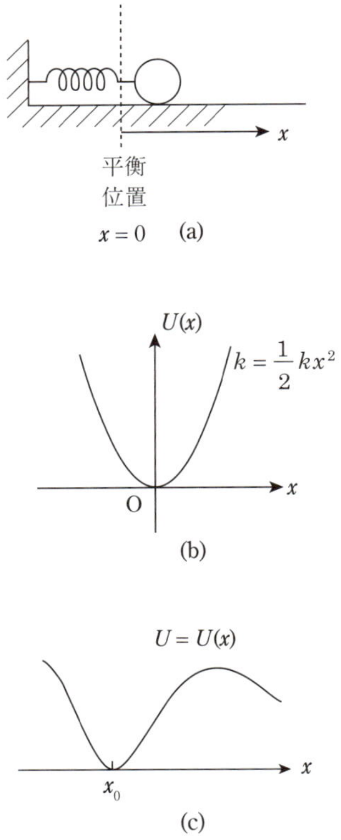

図9 問題10

第13章 質点系の運動

13.1 質点系の重心

13.1.1 重心のイメージ

大きさを持つ物体の重心(質量中心)を求める方法について考えよう。「重心(質量中心)」とは何だろうか。**重心**とは，そこに物体の全質量が集中しているとみなしてよい点のことである。これだけではわかりにくいから直感的なイメージを理解するために，クラスの試験の平均点を求める計算を考えてみる。学生数100名のクラスで物理学の試験を行い，点数の分布は次の通りだったとする。

点数(点)	40	50	60	70	80	90	100
人数(人)	8	12	16	23	17	14	10

平均点pを求めるには，次のような計算を行う：

$$p=\frac{1}{100}(40\times 8+50\times 12+60\times 16+70\times 23+80\times 17+90\times 14+100\times 10)$$

この計算は次のように解釈できる。40点という場所に8名という重みがあり，50点という場所に12名という重みがあり，60点という場所に16名という重みがあり，…，これらを全部足し合わせてクラス全体の人数で割る。質点系の重心とは平均点と同じである。x軸上に質量が分布しているとき，x_1という場所に質量m_1という重みがあり，x_2という場所に質量m_2という重みがあり，…，これらを全部足し合わせて全体の質量$M = m_1 + m_2 + \cdots + m_n$で割ることにより求められる。つまり，重心の座標$x_G$は，

$$\begin{aligned}x_G &= \frac{(x_1\times m_1)+(x_2\times m_2)+\cdots+(x_n\times m_n)}{M}\\ &= \frac{m_1x_1+m_2x_2+\cdots+m_nx_n}{M}=\frac{1}{M}\sum_{i=1}^{n}m_ix_i \qquad (13.1)\end{aligned}$$

同様に，y軸上，z軸上に質点が分布していれば，それぞれの軸上での重心y_G，z_Gは，

$$y_G=\frac{m_1y_1+m_2y_2+\cdots+m_ny_n}{M}=\frac{1}{M}\sum_{i=1}^{n}m_iy_i \qquad (13.2)$$

$$z_G = \frac{m_1 z_1 + m_2 z_2 + \cdots + m_n z_n}{M} = \frac{1}{M}\sum_{i=1}^{n} m_i z_i \tag{13.3}$$

となる。3次元xyz空間内に質量が分布している場合には，上式をベクトルで表現して，

$$\boldsymbol{r}_G = \frac{m_1 \boldsymbol{r}_1 + m_2 \boldsymbol{r}_2 + \cdots + m_n \boldsymbol{r}_n}{M} = \frac{1}{M}\sum_{i=1}^{n} m_i \boldsymbol{r}_i \tag{13.4}$$

と書くことができる。ただし，$\boldsymbol{r}_1 = (x_1, y_1, z_1)$，$\boldsymbol{r}_2 = (x_2, y_2, z_2)$，…，$\boldsymbol{r}_n = (x_n, y_n, z_n)$は質点の位置を表す位置ベクトルである。また，$\boldsymbol{r}_G = (x_G, y_G, z_G)$は重心の座標である。

簡単な図形であれば，わざわざ(13.4)式を用いなくても重心の位置はすぐわかる。たとえば，正方形の板の場合は，その重心は対角線の交点の位置である。図13.1にいくつかの例を示した。

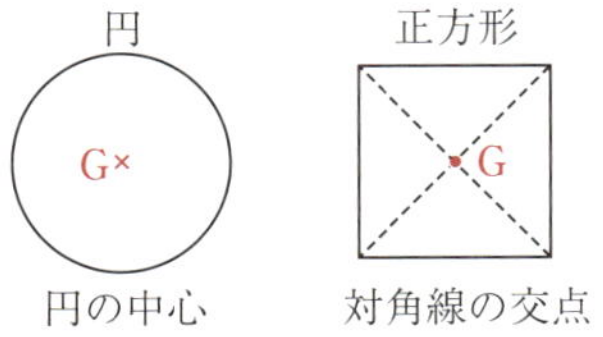

図 13.1

例題 13-1

1辺の長さがaの正方形の板から，1辺の長さが$\frac{a}{2}$の正方形の板を右上隅から切り取って図13.2のような図形を作った。この図形の板は，厚さ，密度とも一様であるとする。この板の重心の位置を求めよ。

解説&解答

図13.2のように座標をとる。切り取ったあとにできた図形は，3つの同等な正方形（1辺の長さ$\frac{a}{2}$）から構成されている。それぞれの正方形の重心の座標は，それぞれの正方形の対角線の交点になるので，$\mathrm{P}\left(\frac{a}{4}, \frac{a}{4}\right)$，$\mathrm{Q}\left(\frac{3a}{4}, \frac{a}{4}\right)$，$\mathrm{R}\left(\frac{a}{4}, \frac{3a}{4}\right)$である。P，Q，Rに質量$m$があると考えると，全体の重心$(x_G, y_G)$は，(13.1)，(13.2)式を用いて，

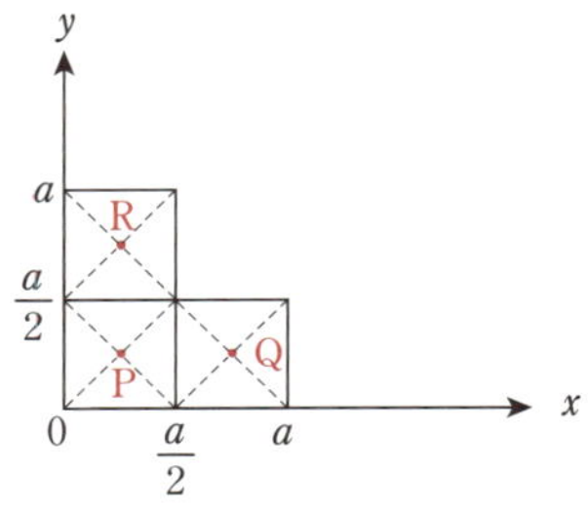

図 13.2

$$x_G = \frac{m\cdot\frac{a}{4} + m\cdot\frac{3a}{4} + m\cdot\frac{a}{4}}{3m} = \frac{5}{12}a$$

$$y_G = \frac{m\cdot\frac{a}{4} + m\cdot\frac{a}{4} + m\cdot\frac{3a}{4}}{3m} = \frac{5}{12}a$$

例題 13-2

地球－月系の重心はどこにあるか。地球の半径を6380 kmとして，地表（地球表面）から測ってどのくらいの位置にあるかを答えなさい。地球の質量を5.97×10^{24} kg，月の質量を7.35×10^{22} kg，地球と月との距離を3.83×10^{5} kmとする。地球，月とも球と考え，月は真円軌道を描くとしてよい。

解説&解答

地球と月を結ぶ直線上で，地表から測って深さ1720 kmの地下（地球中心から測ると4660 kmの位置）。
（参考：地球は太陽のまわりを楕円を描きながら公転しているが，この公転楕円軌道を描いているのは，この地球－月系の共通重心である。）

これまでは，質量が離散的に分布している場合の重心の求め方を考えた。もし，図13.3のように，x軸上に質量が連続的に分布している場合には，(13.1)式のかわりに，積分を使った次式を用いる。

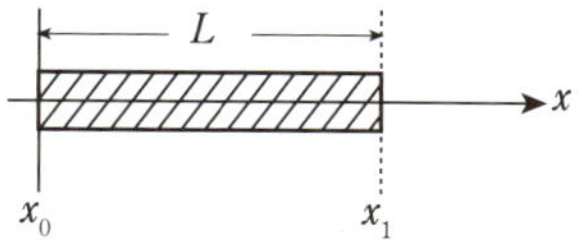

図 13.3

$$x_G = \frac{1}{M}\int_{x_0}^{x_1} x\rho \mathrm{d}x \qquad (13.1)'$$

ここで，ρとは線密度（単位長さあたりの質量）である。3次元的に質量が分布している場合には，(13.4)式に対応する式として，

$$\boldsymbol{r}_G = \frac{1}{M}\int_V \boldsymbol{r}\rho \mathrm{d}V \qquad (13.4)'$$

が得られる。この式でのρは密度（単位体積あたりの質量）である。

例題 13-3
長さL，質量Mの一様な固い棒がある。この棒の重心の位置は，棒の形状の中心に一致することを示せ。

解説&解答
図13.3のように棒の長さ方向に沿ってx座標をとる（この図で，$x_0 = 0$，$x_1 = L$とする）。棒の線密度をρとする。棒の重心は(13.1)′式を用いて，

$$x_G = \frac{1}{M}\int_0^L x\rho \mathrm{d}x = \frac{\rho L^2}{2M}$$

となる。一方，棒の線密度は$\rho = \frac{M}{L}$なので，上式よりρを消去して，

$$x_G = \frac{L}{2}$$

となって，確かに棒の形状の中心に一致する。

13.1.2 質点系の重心

次に質点系に力が作用するとき，その質点系の運動はどのようになるかを考える。全部でn個の質点からなる系を考えよう。図13.4に示すように，質点1，2，…，nの質量をそれぞれ$m_1, m_2, \cdots, m_n$，位置を表す位置ベクトルをそれぞれ$\boldsymbol{r}_1, \boldsymbol{r}_2, \cdots, \boldsymbol{r}_n$とする。この質点系の外からそれぞれの質点に作用する力を$\boldsymbol{F}_1, \boldsymbol{F}_2, \cdots, \boldsymbol{F}_n$とする。このように，着目している質点系の外から加わる力のことを**外力**という。また，質点jが質点iに及ぼす力を$\boldsymbol{F}_{j\to i}$とする。たとえば，質点2が質点1に及ぼす力，質点3が質点1に及ぼす力，…，質点nが質点1に及ぼす力をそれぞれ$\boldsymbol{F}_{2\to 1}$，$\boldsymbol{F}_{3\to 1}$，…，$\boldsymbol{F}_{n\to 1}$のように定義する。このように，質点同士の間に

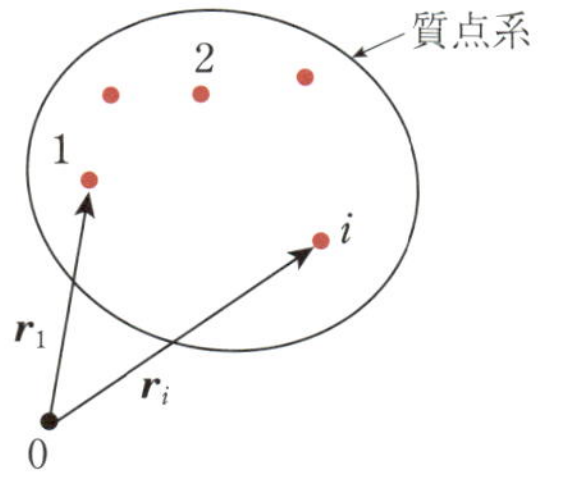

図 13.4

作用する力のことを内力という。

ここで，n個の質点のそれぞれに対して，ニュートンの運動方程式を適用してみよう。

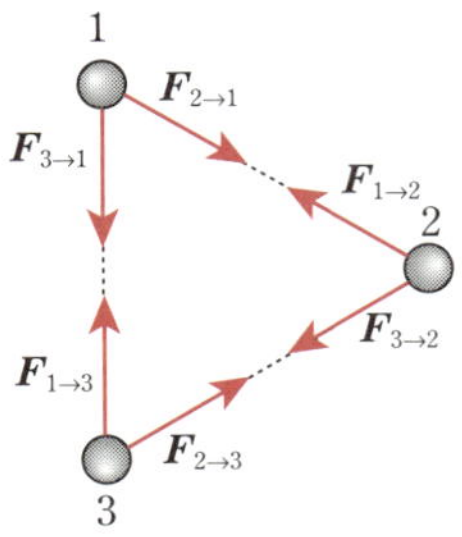

図 13.5

$$
\begin{aligned}
m_1\frac{\mathrm{d}^2\boldsymbol{r}_1}{\mathrm{d}t^2} &= \boldsymbol{F}_1+\boldsymbol{F}_{2\to1}+\boldsymbol{F}_{3\to1}+\cdots+\boldsymbol{F}_{n\to1}\\
m_2\frac{\mathrm{d}^2\boldsymbol{r}_2}{\mathrm{d}t^2} &= \boldsymbol{F}_2+\boldsymbol{F}_{1\to2}+\boldsymbol{F}_{3\to2}+\cdots+\boldsymbol{F}_{n\to2}\\
&\cdots\\
m_n\frac{\mathrm{d}^2\boldsymbol{r}_n}{\mathrm{d}t^2} &= \boldsymbol{F}_n+\boldsymbol{F}_{1\to n}+\boldsymbol{F}_{2\to n}+\cdots+\boldsymbol{F}_{n-1\to n}
\end{aligned}
\tag{13.5}
$$

上式で，左辺，右辺をそれぞれ全部足し合わせる。すると足し合わせた式の右辺では，内力に関して，$\boldsymbol{F}_{2\to1}$ と $\boldsymbol{F}_{1\to2}$，$\boldsymbol{F}_{3\to1}$ と $\boldsymbol{F}_{3\to1}$，…，のように，添字を入れ換えた $\boldsymbol{F}_{j\to i}$ と $\boldsymbol{F}_{i\to j}$ が同数現れる。作用・反作用の法則により，$\boldsymbol{F}_{j\to i}+\boldsymbol{F}_{i\to j}=0$ であるから，足し合わせた式の右辺では，内力はすべて打ち消されて0になってしまう。外力だけが生き残り，

$$
m_1\frac{\mathrm{d}^2\boldsymbol{r}_1}{\mathrm{d}t^2}+m_2\frac{\mathrm{d}^2\boldsymbol{r}_2}{\mathrm{d}t^2}+\cdots+m_n\frac{\mathrm{d}^2\boldsymbol{r}_n}{\mathrm{d}t^2}=\boldsymbol{F}_1+\boldsymbol{F}_2+\cdots+\boldsymbol{F}_n \tag{13.6}
$$

となる。一方，重心の位置を表す(13.4)式の両辺を時間tについて2階微分すると，

$$
M\frac{\mathrm{d}^2\boldsymbol{r}_\mathrm{G}}{\mathrm{d}t^2}=m_1\frac{\mathrm{d}^2\boldsymbol{r}_1}{\mathrm{d}t^2}+m_2\frac{\mathrm{d}^2\boldsymbol{r}_2}{\mathrm{d}t^2}+\cdots+m_n\frac{\mathrm{d}^2\boldsymbol{r}_n}{\mathrm{d}t^2}
$$

となるので，(13.6) 式は，

$$
M\frac{\mathrm{d}^2\boldsymbol{r}_\mathrm{G}}{\mathrm{d}t^2}=\boldsymbol{F}_1+\boldsymbol{F}_2+\cdots+\boldsymbol{F}_n=\sum_{i=1}^{n}\boldsymbol{F}_i
$$

すなわち，

$$
M\frac{\mathrm{d}^2\boldsymbol{r}_\mathrm{G}}{\mathrm{d}t^2}=\sum_{i=1}^{n}\boldsymbol{F}_i \tag{13.7}
$$

と書き直せる。これは，質量Mを持ち，位置ベクトル$\boldsymbol{r}_\mathrm{G}$で表される1つの物体に，外力 $\sum_{i=1}^{n}\boldsymbol{F}_i$ が作用しているときのニュートンの運動方程式と同じである。したがって，n個ある質点系全体の運動は，重心に全質量Mが集まり，すべての外力が重心に作用しているのと同じ運動を行うことがわかる。本節の冒頭で，「重心とはそこに物体の全質量が集中しているとみなしてよい点のことである」と述べたが，このことが示された。

大きさを持った物体のどこかに力が作用したような場合でも，その物体の回転運動を考えない限りは，重心をその物体の代表点とみなして，ニュートンの運動方程式を適用してよい。とくに，外力の総和が0であれば，重心は静止しているか，等速直線運動をしているかのいずれかである（運動

の第1法則，3.1節参照)。大きさを持った物体の運動では，内力を考えなくてもよいことに注意しよう。

13.2　2つの質点から構成される系の運動

2つの質点だけから成り立っている孤立した系を考えよう。この質点系には内力だけが作用していて，外力は働いていないものとする。2質点の運動方程式は，(13.5)式より，それぞれ

$$m_1 \frac{\mathrm{d}^2 \boldsymbol{r}_1}{\mathrm{d}t^2} = \boldsymbol{F}_{2\to1} \tag{13.8}$$

$$m_2 \frac{d^2 \boldsymbol{r}_2}{dt^2} = \boldsymbol{F}_{1\to2} \tag{13.9}$$

と表される。外力が作用していなければ，2質点の重心は静止または等速直線運動を続ける(運動の第1法則，3.1節参照)。ところで，この2質点の相対的な運動はどのようになるのだろうか。ここで，質点1からみた質点2の位置ベクトルを$\boldsymbol{r}$とすると，

$$\boldsymbol{r} = \boldsymbol{r}_2 - \boldsymbol{r}_1$$

である。(13.9)式から$\boldsymbol{r}_2$を消去すると，

$$m_2 \frac{\mathrm{d}^2 \boldsymbol{r}}{\mathrm{d}t^2} + m_2 \frac{\mathrm{d}^2 \boldsymbol{r}_1}{\mathrm{d}t^2} = \boldsymbol{F}_{1\to2}$$

(13.8)式を用いれば，

$$m_2 \frac{\mathrm{d}^2 \boldsymbol{r}}{\mathrm{d}t^2} + m_2 \left(\frac{\boldsymbol{F}_{2\to1}}{m_1} \right) = \boldsymbol{F}_{1\to2}$$

となる。作用・反作用の法則より$\boldsymbol{F}_{2\to1} = -\boldsymbol{F}_{1\to2}$を考慮すると，

$$m_1 m_2 \frac{\mathrm{d}^2 \boldsymbol{r}}{\mathrm{d}t^2} - m_2 \boldsymbol{F}_{1\to2} = m_1 \boldsymbol{F}_{1\to2}$$

$$\therefore \quad m_1 m_2 \frac{\mathrm{d}^2 \boldsymbol{r}}{\mathrm{d}t^2} = (m_1 + m_2) \boldsymbol{F}_{1\to2}$$

ここで，

$$m^* = \frac{m_1 m_2}{m_1 + m_2} \tag{13.10}$$

とおくと

$$m^* \frac{\mathrm{d}^2 \boldsymbol{r}}{\mathrm{d}t^2} = \boldsymbol{F}_{1\to2} \tag{13.11}$$

となる。m^*は**換算質量**と呼ばれる。(13.11)式は，2個の質点からなる系でも，質点1に対する質点2の運動をあたかも1個の運動方程式として取り扱ってよいことを示している(2体問題)。質点が3個以上ある(多体問題)と，このようにはいかないことが知られている。

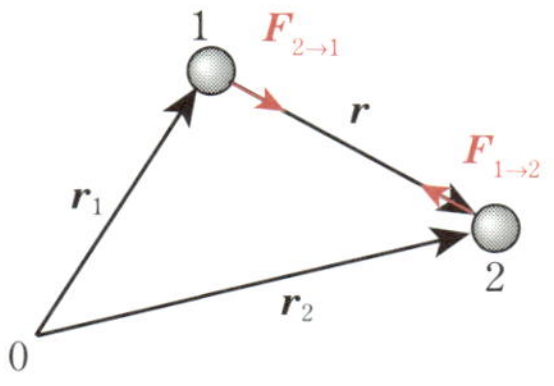

図 13.6

例題 13-4

質量mの人工衛星が質量Mの地球のまわりを運動している。この人工衛星の地球に対する相対的な運動方程式を書きなさい。また，普通はmはMに比較すると著しく小さい。すると，得られた方程式はどのように書き直せて，どのように解釈できるか。

解説&解答

地球の中心から人工衛星までの相対的な位置ベクトルを$\boldsymbol{r}$，地球が人工衛星に及ぼす力を$\boldsymbol{F}$とすると，人工衛星の運動方程式は，(13.11)式より，

$$\left(\frac{mM}{m+M}\right)\frac{\mathrm{d}^2\boldsymbol{r}}{\mathrm{d}t^2}=\boldsymbol{F}$$

また，現実的には$m \ll M$であるから，換算質量は，

$$\frac{mM}{m+M}=\frac{m}{1+\left(\dfrac{m}{M}\right)}\to m$$

となる。したがって運動方程式は，

$$m\frac{\mathrm{d}^2\boldsymbol{r}}{\mathrm{d}t^2}=\boldsymbol{F}$$

となる。この式は，地球が静止しているとみなしてたてた人工衛星に対する運動方程式と同等である。地球の質量に比べて人工衛星の質量ははるかに小さいので，地球は動かず，人工衛星だけが地球のまわりを回っているとみなしてよいから，これは当然の結果である。

例題 13-5

地球－月系における換算質量はいくらか。地球，月の質量をそれぞれ5.97×10^{24} kg，7.35×10^{22} kg とする。

解答

7.26×10^{22} kg　（換算質量は必ず小さくなることに注意しよう）

第14章 運動量保存の法則

本章では，物体の持つ運動量に関する法則について，ニュートンの運動の第2法則と第3法則から導出していく。複数の物体が互いに衝突するような現象を考える。このときの力は互いに作用・反作用の関係にあるが，力学的エネルギーの総和は減少するような衝突が一般的である。したがって，仕事や力学的エネルギーの概念だけを用いても，衝突などの力学的現象の解析は難しい。

そこで，力積や運動量という物理量を導入する。作用・反作用の関係にある力に，保存力などの条件を付加することなく，運動量保存の法則という力学法則を導くことができる。この法則は，力学的エネルギーが減少する場合にも適用できる。このように力積や運動量は，衝突などの現象を解析し理解するのに有効な概念である。

14.1 運動量と力積

14.1.1 運動量と力積の導出（1次元の場合）

図14.1に示すように，時刻t_{A}で位置x_{A}にあり速度v_{A}を持つ質量mの物体が外力F_xを受けて加速され，時刻t_{B}で位置x_{B}に移り速度v_{B}になったとする。外力を受けている間はニュートンの運動方程式

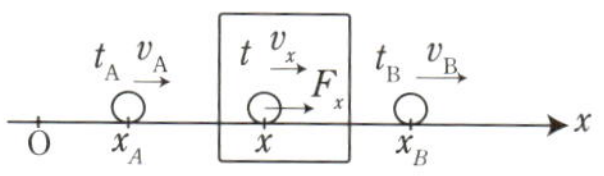

図 14.1

$$m\frac{\mathrm{d}v_x}{\mathrm{d}t} = F_x \tag{14.1}$$

が成り立つからこれを積分する。つまり，時間$t_{\mathrm{A}} \leq t \leq t_{\mathrm{B}}$で定積分すると，

$$\int_{t_{\mathrm{A}}}^{t_{\mathrm{B}}} m\frac{\mathrm{d}v_x}{\mathrm{d}t}\mathrm{d}t = \int_{t_{\mathrm{A}}}^{t_{\mathrm{B}}} F_x \mathrm{d}t \tag{14.2}$$

となる。計算を進めていくと，

$$\int_{v_{\mathrm{A}}}^{v_{\mathrm{B}}} m\mathrm{d}v_x = \int_{t_{\mathrm{A}}}^{t_{\mathrm{B}}} F_x \mathrm{d}t \tag{14.3}$$

$$\therefore mv_{\mathrm{B}} - mv_{\mathrm{A}} = \int_{t_{\mathrm{A}}}^{t_{\mathrm{B}}} F_x \mathrm{d}t \tag{14.4}$$

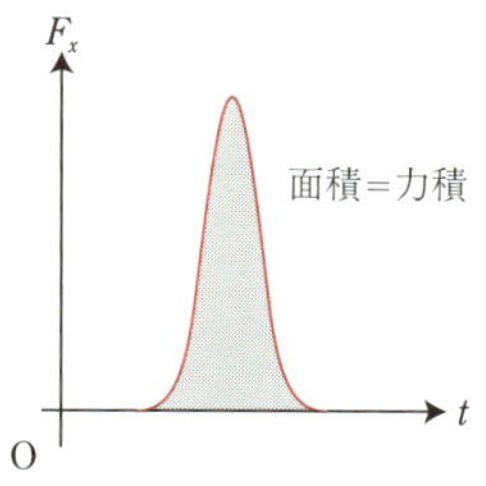

図 14.2

が得られる。(14.4)式の右辺を**力積**という。力積の概念を図14.2に示す。物体の持つ質量と速度の積を**運動量**と定義する。すると，時刻tにおける運動量は$p_x = mv_x$となるから，(14.4)式は，力積は運動量の変化に等しいことを示している。

14.1.2 運動量と力積の導出（3次元の場合）

図14.3に示すように，時刻t_{A}で位置$\boldsymbol{r}_{\mathrm{A}}$にあり速度$\boldsymbol{v}_{\mathrm{A}}$を持つ質量$m$の物

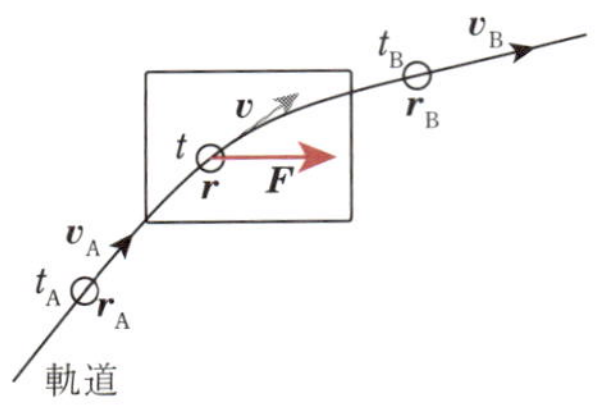

図 14.3

体が外力$\boldsymbol{F}$を受けて加速され，時刻t_Bで位置$\boldsymbol{r}_B$に移り速度$\boldsymbol{v}_B$になったとする。外力を受けている間はニュートンの運動方程式

$$m\frac{\mathrm{d}\boldsymbol{v}}{\mathrm{d}t}=\boldsymbol{F} \tag{14.5}$$

が成り立つから，(14.5)式の両辺を時間$t_A \le t \le t_B$で定積分する。

$$\int_{t_A}^{t_B} m\frac{\mathrm{d}\boldsymbol{v}}{\mathrm{d}t}\mathrm{d}t=\int_{t_A}^{t_B}\boldsymbol{F}\mathrm{d}t \tag{14.6}$$

さらに変形してゆくと，

$$\int_{t_A}^{t_B} m\mathrm{d}\boldsymbol{v}=\int_{t_A}^{t_B}\boldsymbol{F}\mathrm{d}t$$

$$m\boldsymbol{v}_B-m\boldsymbol{v}_A=\int_{t_A}^{t_B}\boldsymbol{F}\mathrm{d}t \tag{14.7}$$

となる。(14.4)式と同様に右辺は力積である。また，左辺は運動量の変化を表しているので，力積は運動量の変化に等しいことを示している。運動量も力積もベクトルであることに注意しよう。

例題 14-1

質量Mの自動車が市街地を走行している。東向きに速さVで走行していたが，交差点で減速し，左折して加速し，北向きに速さVで走行した。この間に自動車に働いた力の合力の力積を求めよ。

解説&解答

東向きにx軸，北向きにy軸をとると，自動車の運動量は$\boldsymbol{p}_A=(MV,\ 0)$から$\boldsymbol{p}_B=(0,\ MV)$に変化したことになる。力積は運動量変化に等しいから$\boldsymbol{p}_B-\boldsymbol{p}_A=(-MV,\ MV)$となる。よって，力積の大きさは$\sqrt{(-MV)^2+(MV)^2}=\sqrt{2}MV$となり，力積の向きは北西向きである。

14.2 質点系の運動量保存の法則

14.2.1 運動量保存の法則（2 物体の場合）

図14.4に示すように，質量m，Mの2つの物体があり，2物体間に力が作用している場合を考える。質量Mの物体から質量mの物体に及ぼす力を$\boldsymbol{F}$とすると，作用・反作用の法則より，質量mの物体が質量Mの物体に及ぼす力は$-\boldsymbol{F}$である。質量mの物体について，時刻t_Aでの速度を$\boldsymbol{v}_A$，時刻t_Bでの速度を$\boldsymbol{v}_B$とし，質量Mの物体について，時刻t_Aでの速度を$\boldsymbol{V}_A$，時刻t_Bでの速度を$\boldsymbol{V}_B$とする。

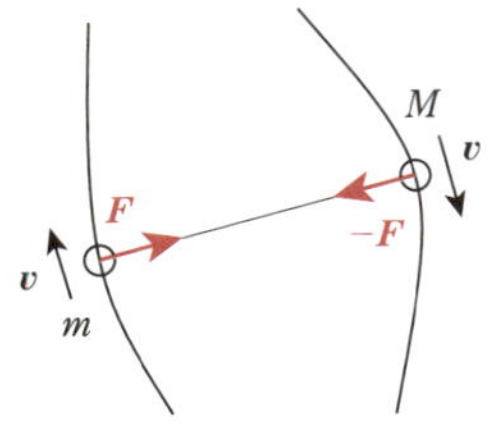

図 14.4

時間$t_A \le t \le t_B$で，(14.7)式，つまり運動量と力積の関係式をそれぞれの物体に適用すると，

$$m\boldsymbol{v}_B-m\boldsymbol{v}_A=\int_{t_A}^{t_B}\boldsymbol{F}dt \tag{14.8}$$

$$MV_B - MV_A = \int_{t_A}^{t_B} (-F) dt \tag{14.9}$$

となる。両式の辺々を加えると，次式が得られる。

$$mv_B + MV_B = mv_A + MV_A \tag{14.10}$$

ここで，左辺は時刻t_Bでの運動量の和，右辺は時刻t_Aでの運動量の和である。運動量の和は，物体間の力（つまり内力）$\boldsymbol{F}$の作用を受けても一定であり，時間的に変化しないことを意味している。これを運動量保存の法則という。

14.2.2 運動量保存の法則（多物体の場合）

質量$m_i (i = 1, 2, \cdots, N)$の物体があり，互いに力を及ぼし合う場合について運動量と力積の関係式を適用することを考えよう。物体iが物体jに及ぼす力を$\boldsymbol{F}_{i \to j}$とし，物体iの時刻t_Aでの速度を$\boldsymbol{v}_{iA}$，時刻t_Bでの速度を$\boldsymbol{v}_{iB}$とする。時間$t_A \le t \le t_B$で，運動量と力積の関係式を適用すると，

$$\begin{aligned}
m_1 \boldsymbol{v}_{1B} - m_1 \boldsymbol{v}_{1A} &= \int_{t_A}^{t_B} \left(\boldsymbol{0} + \boldsymbol{F}_{2\to1} + \boldsymbol{F}_{3\to1} + \cdots + \boldsymbol{F}_{i\to1} + \cdots + \boldsymbol{F}_{N\to1} \right) dt \\
m_2 \boldsymbol{v}_{2B} - m_2 \boldsymbol{v}_{2A} &= \int_{t_A}^{t_B} \left(\boldsymbol{F}_{1\to2} + \boldsymbol{0} + \boldsymbol{F}_{3\to2} + \cdots + \boldsymbol{F}_{i\to2} + \cdots + \boldsymbol{F}_{N\to2} \right) dt \\
&\vdots \\
m_i \boldsymbol{v}_{iB} - m_i \boldsymbol{v}_{iA} &= \int_{t_A}^{t_B} \left(\boldsymbol{F}_{1\to i} + \boldsymbol{F}_{2\to i} + \cdots + \boldsymbol{F}_{i-1\to i} + \boldsymbol{0} + \boldsymbol{F}_{i+1\to i} + \cdots + \boldsymbol{F}_{N\to i} \right) dt \\
&\vdots \\
m_N \boldsymbol{v}_{NB} - m_N \boldsymbol{v}_{NA} &= \int_{t_A}^{t_B} \left(\boldsymbol{F}_{1\to N} + \boldsymbol{F}_{2\to N} + \cdots + \boldsymbol{F}_{N-1\to N} + \boldsymbol{0} \right) dt
\end{aligned} \tag{14.11}$$

となる。ここで，作用・反作用の法則を適用すると，$\boldsymbol{F}_{j\to i} = -\boldsymbol{F}_{i\to j}$となることに注意する。(14.11)式の両辺の総和をとると，右辺が相殺されて$\boldsymbol{0}$となる。

$$\sum_{i=1}^{N} \left(m_i \boldsymbol{v}_{iB} - m_i \boldsymbol{v}_{iA} \right) = \boldsymbol{0} \tag{14.12}$$

整理すると，

$$\sum_{i=1}^{n} (m_i \boldsymbol{v}_{iB}) = \sum_{i=1}^{n} (m_i \boldsymbol{v}_{iA}) \tag{14.13}$$

となる。左辺は時刻t_Bでの運動量の総和，右辺は時刻t_Aでの運動量の総和であり，運動量保存の法則が成り立っている。このように，質点系を構成する物体間で互いに力を及ぼし合う場合でも運動量は保存される。

14.2.3 重心の位置と速度

図14.5に示すように，位置$\boldsymbol{r}_i$にある質量m_iの物体と位置$\boldsymbol{r}_j$にある質量m_jの物体の重心Gの位置ベクトル$\boldsymbol{R}_G$は，第13章(13.4)式より，

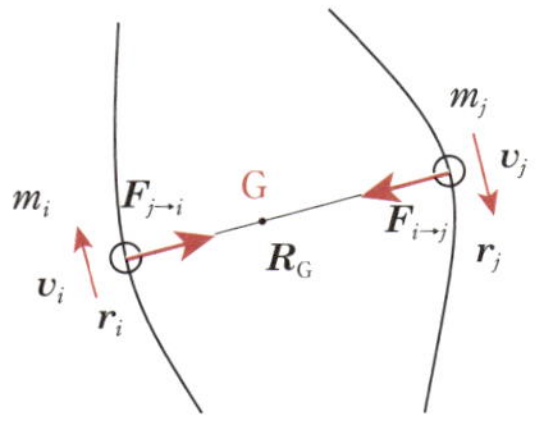

図 14.5

$$\boldsymbol{R}_G = \frac{m_i \boldsymbol{r}_i + m_j \boldsymbol{r}_j}{m_i + m_j} \tag{14.14}$$

となる。重心の速度$\boldsymbol{V}_G$は，それぞれの物体の速度を用いて次式で表される。

$$\boldsymbol{V}_G \equiv \frac{d}{dt}\boldsymbol{R}_G = \frac{m_i \dfrac{d}{dt}\boldsymbol{r}_i + m_j \dfrac{d}{dt}\boldsymbol{r}_j}{m_i + m_j} = \frac{m_i \boldsymbol{v}_i + m_j \boldsymbol{v}_j}{m_i + m_j} \tag{14.15}$$

同様に，質量$m_i(i = 1, 2, \cdots, N)$の物体からなる質点系の重心は，

$$\boldsymbol{R}_G = \frac{m_1 \boldsymbol{r}_1 + m_2 \boldsymbol{r}_2 + \cdots + m_N \boldsymbol{r}_N}{m_1 + m_2 + \cdots + m_N} = \frac{\sum_{i=1}^{N} m_i \boldsymbol{r}_i}{\sum_{i=1}^{N} m_i} \tag{14.16}$$

で表されるから，質点系の重心の速度$\boldsymbol{V}_G$は，それぞれの物体の速度を用いて，次式で表される。

$$\boldsymbol{V}_G \equiv \frac{d\boldsymbol{R}_G}{dt} = \frac{m_1 \boldsymbol{v}_1 + m_2 \boldsymbol{v}_2 + \cdots + m_N \boldsymbol{v}_N}{m_1 + m_2 + \cdots + m_N} = \frac{\sum_{i=1}^{N} m_i \boldsymbol{v}_i}{\sum_{i=1}^{N} m_i} \tag{14.17}$$

ここで，運動量保存の法則を適用すると，質点系の運動量の総和：$\sum_{i=1}^{n} m_i \boldsymbol{v}_i$は時間的に変化しない定ベクトルである。したがって，重心速度$\boldsymbol{V}_G$は一定であることがわかる。このことから，運動量保存の法則は，重心速度一定という意味を持っていることがわかる。

14.2.4　重心の運動方程式

質点系を構成する質点間に働く力，つまり内力の場合には，14.2.2で述べたように，作用・反作用の法則により力積が相殺され，運動量が保存される。今度は，質量m_i $(i = 1, 2, \cdots, N)$ の物体に，内力$\boldsymbol{F}_{j\to i}$に加え外力$\boldsymbol{F}_i$が働く場合について考える。各物体の運動方程式は，次式で表される。

$$m_i \frac{d}{dt}\boldsymbol{v}_i = \boldsymbol{F}_i + \sum_{j \neq i} \boldsymbol{F}_{j\to i} \tag{14.18}$$

質点系を構成する物体の運動方程式の総和をとると，内力は相殺されて外力だけが残るので，次のようになる。

$$\sum_{i=1}^{n} m_i \frac{d}{dt}\boldsymbol{v}_i = \sum_{i=1}^{n}\left(\boldsymbol{F}_i + \sum_{j \neq i} \boldsymbol{F}_{j\to i}\right) = \sum_{i=1}^{n} \boldsymbol{F}_i \tag{14.19}$$

質量の総和と重心の速度$\boldsymbol{V}_G$を用いて整理すると，次式が得られる。

$$\left(\sum_{i=1}^{n} m_i\right) \frac{d}{dt}\left(\frac{\sum_{i=1}^{n} m_i \boldsymbol{v}_i}{\sum_{i=1}^{n} m_i}\right) = \sum_{i=1}^{n} \boldsymbol{F}_i$$

$$\therefore M\frac{\mathrm{d}}{\mathrm{d}t}\boldsymbol{V}_{\mathrm{G}}=\sum_{i=1}^{n}\boldsymbol{F}_i \tag{14.20}$$

この式は，質点系を1つの物体とみなしてたてられた運動方程式と等価である。そして，「外力が作用しない場合，質点系の重心は静止し続けるか，あるいは等速直線運動を続ける」という，ニュートンの運動の第1法則と同じ結論が導かれる。

また，各質点の運動量を$\boldsymbol{p}_i \equiv \boldsymbol{m}_i\boldsymbol{v}_i$とすると，(14.19)式は

$$\sum_{i=1}^{n}\frac{\mathrm{d}\boldsymbol{p}_i}{\mathrm{d}t}=\sum_{i=1}^{n}\boldsymbol{F}_i$$

となる。これは，質点系の運動量の時間変化率は，質点系に作用する外力に等しいことを表している。もし外力がまったく作用しなければ，上式の右辺は$\mathbf{0}$となり，運動量は時間変化しないことがわかる。

例題 14-2

質量mの物体と質量Mの物体を軽いばねでつないで運動させた。次の現象を簡潔に説明せよ。

(1)滑らかな水平な台に載せて，ばねが伸びた状態で静かに放したところ，系の重心は静止し続けた。

(2)自由落下させたところ，系の重心は鉛直下向きの大きさgの加速度で落下した。

解説&解答

(1)重力と垂直抗力が外力として働くが，それらはつりあっているので相殺され，外力の合力はゼロとなる。物体を静かに放したので，系の重心の初期条件は初速度ゼロである。よって，静止している重心は静止し続ける。

(2)重力が外力として働く。系の質量の総和は$(m+M)$であり，系に働く外力の総和は$(m+M)g$である。系の運動方程式：$(m+M)a = (m+M)g$より，系の重心は加速度$a = g$で落下する。

14.3　2つの物体の衝突

14.3.1　撃力

野球でバットでボールを打つ瞬間のように，2つの物体が衝突する瞬間には大きな力が働く。このような力を**撃力**という。図14.2に示したように，撃力の作用する時間は短時間であるが，その大きさは時間変化し，その時間変化の仕方は大変複雑であり，詳しくはわからないことが多い。そうすると，ニュートンの運動方程式をたててそれを直接解くことが困難になる。そこで別の手法を用いるわけだが，運動量と力積の関係式やエネルギーの関係式を適用することで，運動量変化や運動エネルギーの変化から，撃力の積分値である力積や仕事を求めることができる。

運動量と力積の関係式：$m\boldsymbol{v}_B - m\boldsymbol{v}_A = \int_{t_A}^{t_B} \boldsymbol{F}\mathrm{d}t$

エネルギーの関係式：$\frac{1}{2}m{\boldsymbol{v}_B}^2 - \frac{1}{2}m{\boldsymbol{v}_A}^2 = \int_{r_A}^{r_B} \boldsymbol{F}\cdot \mathrm{d}\boldsymbol{r}$

14.3.2 反発係数

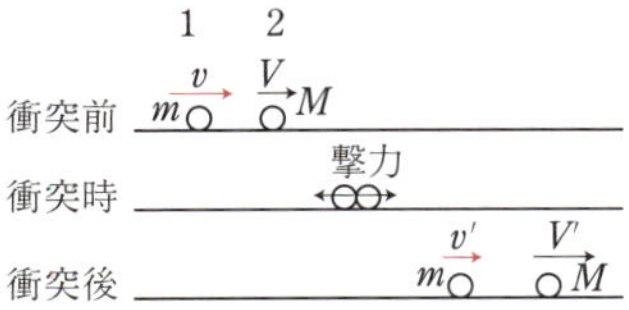

図 14.6

図14.6に示すように，質量m，速度vの物体1，質量M，速度Vの物体2が同一方向に向かって直線上を運動していて，後方の物体1が前方の物体2に追いついて追突するような場合を考える（追いつくから$v > V$）。追突後，物体1，物体2の速度はそれぞれv'，V'になったとする。一般的には，衝突後の遠ざかる相対速度（離反速度）の大きさ$v_B = |V' - v'|$は，衝突前の近づいてくる相対速度（接近速度）の大きさ$v_A = |V - v|$に比べて小さい。そこで，この速さの比を**反発係数**といい，次式で定義する。

$$e = \frac{v_B}{v_A} = \frac{|V' - v'|}{|V - v|} \tag{14.21}$$

反発係数が$e = 1$の場合は，**弾性衝突**といい，力学的エネルギーが保存される。$0 < e < 1$の場合は，**非弾性衝突**といい，一般的に起こる衝突である。$e = 0$の場合は，**完全非弾性衝突**といい，（離反速度が0となるから）2つの物体は衝突後に合体して一体となって運動する。

図14.6に示すような状況において，衝突後の速度を求めよう。まず，運動量保存の法則より，

$$mv' + MV' = mv + MV$$
$$\therefore \quad m(v' - v) = -M(V' - V) \tag{14.22}$$

次に，力学的エネルギー保存の法則が成り立つと仮定すれば，

$$\frac{1}{2}mv'^2 + \frac{1}{2}MV'^2 = \frac{1}{2}mv^2 + \frac{1}{2}MV^2$$
$$\therefore \quad \frac{1}{2}m(v' - v)(v' + v) = -\frac{1}{2}M(V' - V)(V' + V) \tag{14.23}$$

となる。(14.22)，(14.23)の両式を比較すると，$v' + v = V' + V$が得られ，衝突前を左辺に，衝突後を右辺にまとめると，$v - V = V' - v'$となる。ここで，左辺は2つの物体の接近速度であり，右辺は離反速度である。両者の比をとると1になっているので，前述したように，確かに力学的エネルギー保存の法則が成り立つなら，その衝突は弾性衝突になる。

14.3.3 2物体の衝突（1次元の例）

図14.6に表された衝突を，一般的な衝突である非弾性衝突として扱ってみよう。反発係数$e(\neq 1)$を用い，運動量保存の法則を適用して，衝突後の2物体の速度をそれぞれ求めてみる。運動量保存の法則より(14.22)式と同様に

$$mv' + MV' = mv + MV \tag{14.24}$$

反発係数eは，衝突前は後方の物体1の速さが大きく，衝突後は前方の物体2の速さが大きいことを考慮すると，(14.21)式より，

$$e = \frac{v_B}{v_A} = \frac{|V' - v'|}{|V - v|} = \frac{V' - v'}{v - V} \tag{14.25}$$

(14.24)，(14.25)の両式を連立させて解くと，衝突後の速度が得られ，さらに右辺の第1項が系の重心の速度V_Gであることに着目すると，次式のようにまとめることができる。

$$\begin{aligned} v' &= \frac{mv + MV}{m + M} - \frac{M}{m + M}e(v - V) \\ &= V_G - \frac{M}{m + M}e(v - V) \end{aligned} \tag{14.26}$$

$$\begin{aligned} V' &= \frac{mv + MV}{m + M} + \frac{m}{m + M}e(v - V) \\ &= V_G + \frac{m}{m + M}e(v - V) \end{aligned} \tag{14.27}$$

$v' < V_G$，$V' > V_G$，$V' > v'$であることに注意しよう。衝突前後の質点系の力学的エネルギーの変化量ΔEを求めてみると，

$$\begin{aligned} \Delta E &= \left(\frac{1}{2}mv'^2 + \frac{1}{2}MV'^2\right) - \left(\frac{1}{2}mv^2 + \frac{1}{2}MV^2\right) \\ &= \left\{\frac{1}{2}m\left(V_G - \frac{M}{m + M}e(v - V)\right)^2 + \frac{1}{2}M\left(V_G + \frac{m}{m + M}e(v - V)\right)^2\right\} - \left(\frac{1}{2}mv^2 + \frac{1}{2}MV^2\right) \\ &= \frac{1}{2}(m + M)V_G{}^2 + \frac{1}{2}\frac{mM}{m + M}\left\{e(v - V)\right\}^2 - \left(\frac{1}{2}mv^2 + \frac{1}{2}MV^2\right) \\ &= \frac{1}{2}\frac{mM}{m + M}(e^2 - 1)(v - V)^2 \end{aligned} \tag{14.28}$$

ここで，反発係数は$0 \leq e \leq 1$なので，$\Delta E \leq 0$であることに注意しよう。すなわち，力学的エネルギーは減少することが一般的である。弾性衝突$e = 1$の場合は$\Delta E = 0$となり力学的エネルギー保存の法則が成り立つ。また，完全非弾性衝突$e = 0$の場合は，

$$\Delta E = -\frac{1}{2}\frac{mM}{m + M}(v - V)^2$$

となり，力学的エネルギーの損失は最大となる。損失したエネルギーは通常，熱に変わる。

(14.26)，(14.27)式を用いて，物体1，物体2の衝突前後の運動量変化を求めると，

$$\begin{aligned} mv' - mv &= m\left\{\frac{mv + MV}{m + M} - \frac{M}{m + M}e(v - V)\right\} - mv \\ &= -\frac{mM}{m + M}(1 + e)(v - V) < 0 \\ MV' - MV &= M\left\{\frac{mv + MV}{m + M} + \frac{m}{m + M}e(v - V)\right\} - MV \\ &= \frac{mM}{m + M}(1 + e)(v - V) > 0 \end{aligned} \tag{14.29}$$

が得られる。運動量の変化（それぞれの式の左辺）は力積（それぞれの式の右辺）に等しいから，2つの物体で力積（ベクトルであることに注意）の向きは互いに逆向きであることが確認できた。

物体1，物体2に作用する撃力のする仕事は，衝突前後の運動エネルギーの差から求められる。(14.26)，(14.27)式を用いて，

$$W_1 = \frac{1}{2}mv'^2 - \frac{1}{2}mv^2 = \frac{1}{2}m\left\{V_G - \frac{M}{m+M}e\left(v-V\right)\right\} - \frac{1}{2}mv^2$$

$$= \frac{1}{2}mV_G{}^2 - \frac{mM}{m+M}e\left(v-V\right)V_G + \frac{1}{2}m\left\{\frac{M}{m+M}e\left(v-V\right)\right\}^2 - \frac{1}{2}mv^2$$

$$W_2 = \frac{1}{2}MV' - \frac{1}{2}MV^2 = \frac{1}{2}M\left\{V_G + \frac{m}{m+M}e\left(v-V\right)\right\}^2 - \frac{1}{2}MV^2 \qquad (14.30)$$

$$= \frac{1}{2}MV_G{}^2 + \frac{mM}{m+M}e\left(v-V\right)V_G + \frac{1}{2}M\left\{\frac{m}{m+M}e\left(v-V\right)\right\}^2 - \frac{1}{2}MV^2$$

となる。(14.28)式と比べると，$W_1 + W_2 = \Delta E$であることがわかる。

例題 14-3

水平面上で静止している質量$\boldsymbol{M}$のボートに，質量$\boldsymbol{m}$の人が水平向きの速さ$\boldsymbol{v}$で飛び乗った。次の問いに答えよ。

(1)飛び乗った後のボートの速さ$\boldsymbol{V}$を求めよ。

(2)人がボートの上に着地したとき，人がボートに及ぼした撃力がボートにした仕事$\boldsymbol{W}$，およびその反作用の力が人にした仕事$\boldsymbol{w}$を求めよ。

解説&解答

(1)運動量保存の法則より$mv + M \times 0 = mV + MV$である。よって，

$$V = \frac{m}{m+M}v$$

(2)
$$W = \frac{1}{2}MV^2 - 0 = \frac{1}{2}\frac{Mm^2}{(m+M)^2}v^2,$$

$$w = \frac{1}{2}mV^2 - \frac{1}{2}mv^2 = \frac{1}{2}m\left(\frac{m}{m+M}v\right)^2 - \frac{1}{2}mv^2$$

$$= -\frac{1}{2}\frac{mM(2m+M)}{(m+M)^2}v^2$$

14.3.4　2物体の衝突（2次元の例）

図14.7に示すように，質量mの物体1が速度$\boldsymbol{v}_0$で，静止している質量Mの物体2に弾性衝突した場合について考えよう。衝突後，物体1，物体2はそれぞれ速度$\boldsymbol{v}$，$\boldsymbol{V}$となり，角度θ，ϕの方向に散乱したとする。

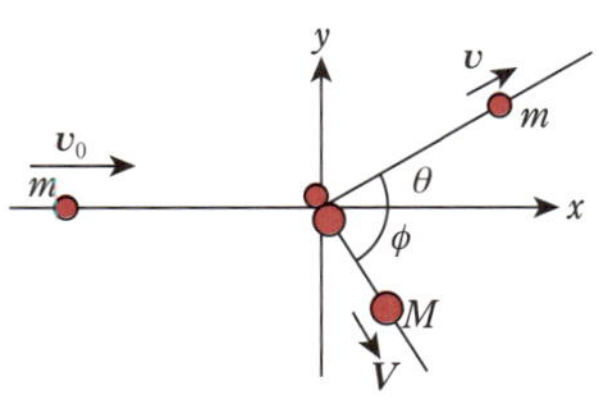

図 14.7

運動量保存の法則より，

$$m\boldsymbol{v}_0 = m\boldsymbol{v} + M\boldsymbol{V} \qquad (14.31)$$

$$x\text{成分：} mv_0 = mv\cos\theta + MV\cos\phi \qquad (14.32)$$

$$y\text{成分：} mv\sin\theta = MV\sin\phi \qquad (14.33)$$

となる。弾性衝突であるから，力学的エネルギー保存の法則が成り立つので，

$$\frac{1}{2}m{v_0}^2 = \frac{1}{2}mv^2 + \frac{1}{2}MV^2 \tag{14.34}$$

である。ここで，(14.32)，(14.33)式を2乗して辺々加えると，

$$M^2V^2(\sin^2\phi + \cos^2\phi) = m^2\left\{v^2\sin^2\theta + \left(v_0 - v\cos\theta\right)^2\right\}$$

$$V^2 = \frac{m^2}{M^2}\left\{v^2\sin^2\theta + \left(v_0 - v\cos\theta\right)^2\right\} \tag{14.35}$$

(14.35)式を(14.34)式に代入すると，

$$\frac{1}{2}m{v_0}^2 = \frac{1}{2}mv^2 + \frac{1}{2}M\frac{m^2}{M^2}\left\{v^2\sin^2\theta + \left(v_0 - v\cos\theta\right)^2\right\}$$

$$\left(1 + \frac{m}{M}\right)v^2 - 2\left(\frac{m}{M}v_0\cos\theta\right)v + \left(\frac{m}{M} - 1\right){v_0}^2 = 0$$

$$v^2 - 2\left(\frac{mv_0\cos\theta}{m+M}\right)v + \left(\frac{m-M}{m+M}\right){v_0}^2 = 0 \tag{14.36}$$

この2次方程式を解くと，

$$\begin{aligned} v &= \frac{mv_0\cos\theta}{m+M} \pm \sqrt{\left(\frac{mv_0\cos\theta}{m+M}\right)^2 - \left(\frac{m-M}{m+M}\right){v_0}^2} \\ &= \frac{mv_0}{m+M}\cos\theta \pm \sqrt{\left(\frac{mv_0}{m+M}\right)^2(\cos^2\theta - 1) + \left(\frac{Mv_0}{m+M}\right)^2} \\ &= \frac{mv_0}{m+M}\cos\theta \pm \sqrt{\left(\frac{Mv_0}{m+M}\right)^2 - \left(\frac{mv_0}{m+M}\sin\theta\right)^2} \end{aligned} \tag{14.37}$$

ここで，角度$\theta = 0$としてみると，次のような2つの解が得られる。

$$v = \frac{mv_0}{m+M} \pm \frac{Mv_0}{m+M} = v_0,\quad \frac{(m-M)}{m+M}v_0 \tag{14.38}$$

一方は衝突せずに素通りする解$v = v_0$である。他方は先に行った1次元の計算（図14.6の状況）の結果(14.26)式で$v = v_0$, $V = 0$, $e = 1$を代入した値：

$v' = \dfrac{mv + MV}{m+M} - \dfrac{M}{m+M}e(v - V) = \dfrac{(m-M)}{m+M}v_0$ と一致している。

14.3.5 実験室系と重心系

ニュートンの運動方程式から導かれる運動量保存の法則や力学的エネルギー保存の法則を適用するためには，慣性系を定義する必要がある。慣性系の中でも，運動を観測するために実験室内に設定した座標系は，**実験室系**といわれている。図14.6や図14.7で設定し，前節の計算に用いた座標系が実験室系である。

一方，質点系の重心と共に移動する座標系を**重心系**という。実験室内で

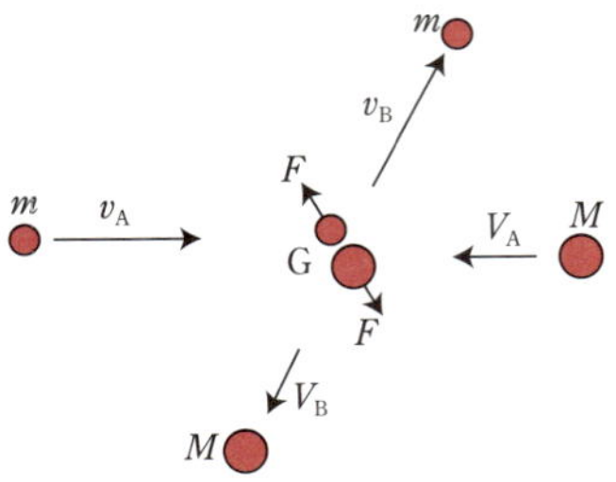

図 14.8

の衝突実験など，内力だけが働く状況では，質点系の重心は静止し続けるか，あるいは等速直線運動を続けるので，重心系は慣性系の1つである。

この重心系で，前節の計算を考えてみる。図14.8に示すように，質量mと質量Mの物体1，2が，重心Gにおいて，それぞれ重心系からみた速さv_A，V_Aで正面衝突し，それぞれ速さv_B，V_Bで遠ざかっていったとする。

重心Gからの各物体までの距離は，質量に反比例するので，比率が一定である。距離を時間微分したものが速さなので，速さの比率は次式のように表される。

$$\frac{v_A}{V_A}=\frac{v_B}{V_B}=\frac{M}{m} \tag{14.39}$$

弾性衝突の場合には，力学的エネルギーが保存されるので，衝突前と衝突後のそれぞれの物体の速さが等しいことがわかる。さらに，完全非弾性衝突の場合には一体になるので，衝突後の物体の速さは0になる。したがって，反発係数eは，次式で定義できる。

$$e=\frac{v_B}{v_A}=\frac{V_B}{V_A} \tag{14.40}$$

14.3.4で扱った計算を重心系で行うと，次のようになる。

重心の速度は，$\boldsymbol{V}_G=\left(\dfrac{mv_0}{m+M},\ 0\right)$であるので，重心Gに対する相対速度は，衝突前では，

$$\boldsymbol{v}_A=\left(v_0-\frac{mv_0}{m+M},\ 0\right)=\left(\frac{Mv_0}{m+M},\ 0\right)$$

$$\boldsymbol{V}_A=\left(-\frac{mv_0}{m+M},\ 0\right)$$

衝突後では，

$$\boldsymbol{v}_B=\left(v\cos\theta-\frac{mv_0}{m+M},\ v\sin\theta\right)$$

$$\boldsymbol{V}_B=\left(V\cos\phi-\frac{mv_0}{m+M},\ -V\cos\phi\right)$$

となる。

もし弾性衝突であるなら，衝突前後で速さが変化しない（$|\boldsymbol{v}_A|^2=|\boldsymbol{v}_B|^2$）ので，

$$\left(\frac{Mv_0}{m+M}\right)^2=\left(v\cos\theta-\frac{mv_0}{m+M}\right)^2+\left(v\sin\theta\right)^2$$

両辺を2乗して整理すると，図14.7の実験室系で得られた(14.36)式と全く同じ式が得られる。

$$v^2-2\left(\frac{mv_0\cos\theta}{m+M}\right)v+\left(\frac{m-M}{m+M}\right)v_0{}^2=0$$

例題 14-4

図14.6の状況を，重心系で計算した場合，反発係数eが，$e = \dfrac{v_{\mathrm{B}}}{v_{\mathrm{A}}} = \dfrac{V_{\mathrm{B}}}{V_{\mathrm{A}}}$ であることを確認せよ。

解説&解答

14.3.3の計算結果(14.26)，(14.27)式を利用すると，
質量mの物体では，

$$\frac{v_{\mathrm{B}}}{v_{\mathrm{A}}} = \frac{-(v' - V_{\mathrm{G}})}{v - V_{\mathrm{G}}} = \frac{\dfrac{M}{m+M}e(v-V)}{v - \dfrac{mv+MV}{m+M}} = \frac{\dfrac{M}{m+M}e(v-V)}{\dfrac{M}{m+M}(v-V)} = e$$

質量Mの物体では，

$$\frac{V_{\mathrm{B}}}{V_{\mathrm{A}}} = \frac{V' - V_{\mathrm{G}}}{-(V - V_{\mathrm{G}})} = \frac{\dfrac{m}{m+M}e(v-V)}{-V + \dfrac{mv+MV}{m+M}} = \frac{\dfrac{m}{m+M}e(v-V)}{\dfrac{m}{m+M}(v-V)} = e$$

第15章 剛体のつりあい

物体は，力を加えたときに変形する弾性体と，力を加えても変形しない剛体の2種類にわけられる。しかし現実には，まったく変形しない物体は存在せず，剛体とはまったく理想的なものである。ゴルフのクラブやテニスのラケットなども剛性の高いものが求められるが，ショットを打つ瞬間にはしなっている。自動車でも剛性率は問題となる。カーブするときに，ボディーの剛性によって運転がしやすかったりしにくかったりしてしまう。ここでは，100％変形しない剛体について考察していこう。

15.1 力のモーメント

みなさんも，自動車のタイヤ交換や自転車の部品が緩んだりしたときに，レンチを使ってナットを締めたりしたことがあるだろう。このとき，レンチを長めに持つとナットが締めやすかったり，短めに持ったレンチではやりにくかったという経験はないだろうか。また，はさみで紙を切る場合，刃先で切るのと，根本で切るのとでは，どちらが切りやすいだろうか。取っ手の部分に加える力は同じでも，はさみの会合点，つまり支点から，作用点までの距離で紙を切るという効果が異なるわけである。まさにこのことは，シーソー遊びやてこで重いものを持ち上げるのと，同じ原理なのである。シーソー遊びでは，体重の重いAさんを，体重の軽いBさんでも持ち上げることができることを私たちは経験的に知っている。それは，支点からAさんまで距離を短くし，支点からBさんまでの距離を長くとった場合である。てこの棒を長く持つと，重いものを動かしやすいが，短く持つと動かしにくい。これを，てんびんの棒の長さで可視化してみよう。

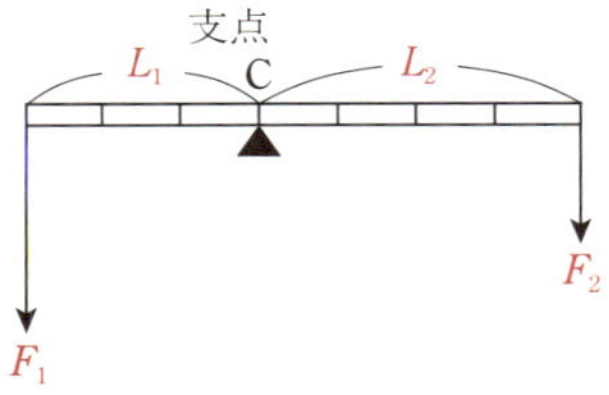

図 15.1

図15.1のように，つりあって静止しているてんびんがある。この図より，$L_1F_1 = L_2F_2$が成立していることがわかるが，次のように式変形してみる。

$$L_1F_1 - L_2F_2 = 0 \qquad \therefore \quad L_1F_1 + (-L_2F_2) = 0 \tag{15.1}$$

15.1式において，L_iF_iが持つ意味を考えてみよう。

図15.1で，力F_2をとり除くとてんびんは回転してしまう。ここでF_1を大きくするかL_1を大きくするかすると，てんびんを回転させる作用が大きくなるので手で支えるには，より頑張らなくてはならない。

［補足］
一般には，左回り（反時計回り）を正とし，右回り（時計回り）を負とする。

一般に，（力）×（垂線の長さ）を**力のモーメント（トルク）**（単位：N·m）という。垂線の長さを**モーメントの腕**という。

以上を踏まえて，力のモーメントを一般に記述してみよう。

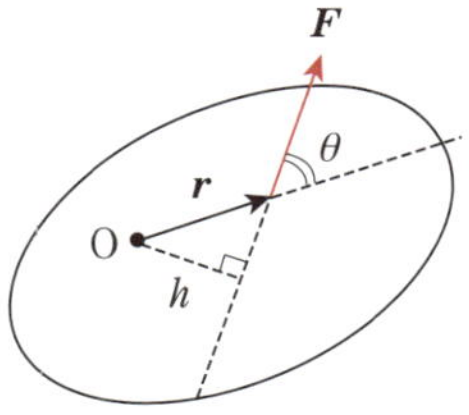

図 15.2

図15.2のように，支点（原点O）から作用点を結ぶベクトルを$\boldsymbol{r}$，力を表すベクトルを$\boldsymbol{F}$とすれば，力のモーメント$\boldsymbol{N}$は，

$$\boldsymbol{N} = \boldsymbol{r} \times \boldsymbol{F} \tag{15.2}$$

で定義され，これによって回転の能率を記述できる。$\boldsymbol{N}$の向きは，$\boldsymbol{r}$と$\boldsymbol{F}$を含む平面に対して垂直で，$\boldsymbol{r}$から$\boldsymbol{F}$へ向かって右ねじを回したときに右

ねじが進む向きである。$\boldsymbol{N}$の方向は回転軸を表している。力のモーメントの大きさは，(15.2)式より

$$N = rF\sin\theta = hF \tag{15.3}$$

となる。$\boldsymbol{N}$の大きさNは，N=$rF\sin\theta$で計算される面積である。

このことをまず，2次元で考えてみよう。図15.3のように，xy平面上で，力$\boldsymbol{F}$が，平面上の点P（x，y）に作用している場合，原点Oのまわりの力$\boldsymbol{F}$のモーメント$\boldsymbol{N}$は，どのように書くことができるだろうか。力$\boldsymbol{F}$の分力は，F_xとF_yであるので，それぞれの分力によるモーメントを考え，それを合算するとよい。図15.3より，正の向きの回転はxF_y，負の向きの回転はyF_xなので，求めるモーメントの大きさNは，

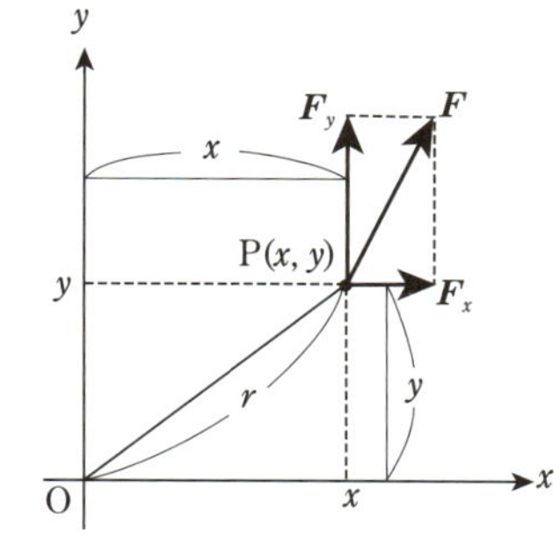

図 15.3

$$N = xF_y - yF_x \tag{15.4}$$

さて，このことを3次元に拡張して考えてみよう。右手系での単位ベクトルを$\boldsymbol{i}$，$\boldsymbol{j}$，$\boldsymbol{k}$とすると，

$$\boldsymbol{i}\times\boldsymbol{j}=\boldsymbol{k},\quad \boldsymbol{j}\times\boldsymbol{k}=\boldsymbol{i},\quad \boldsymbol{k}\times\boldsymbol{i}=\boldsymbol{j} \tag{15.5}$$

なので，$\boldsymbol{r}$の成分を$\boldsymbol{r}(x, y, z)$とし，力$\boldsymbol{F}$の成分を$\boldsymbol{F}(F_x, F_y, F_z)$とすると次式のようになる。

$$\boldsymbol{N}=\boldsymbol{r}\times\boldsymbol{F}=(yF_z - zF_y)\boldsymbol{i}+(zF_x - xF_z)\boldsymbol{j}+(xF_y - yF_x)\boldsymbol{k} \tag{15.6}$$

これを行列式で表すと，

$$\boldsymbol{N}=\boldsymbol{r}\times\boldsymbol{F}=\boldsymbol{i}\begin{vmatrix} y & z \\ F_y & F_z \end{vmatrix}+\boldsymbol{j}\begin{vmatrix} z & x \\ F_z & F_x \end{vmatrix}+\boldsymbol{k}\begin{vmatrix} x & y \\ F_x & F_y \end{vmatrix} \tag{15.7}$$

となる。また，これを3行3列の行列式で表すと，

$$\boldsymbol{N}=\boldsymbol{r}\times\boldsymbol{F}=\begin{vmatrix} \boldsymbol{i} & \boldsymbol{j} & \boldsymbol{k} \\ x & y & z \\ F_x & F_y & F_z \end{vmatrix} \tag{15.8}$$

とも書ける。このようなことから，$\boldsymbol{N}$の成分は，

$$N_x = yF_z - zF_y,\quad N_y = zF_x - xF_z,\quad N_z = xF_y - yF_x \tag{15.9}$$

となる。

［補足］

3次の行列式の展開

$$\begin{vmatrix} a_1 & b_1 & c_1 \\ a_2 & b_2 & c_2 \\ a_3 & b_3 & c_3 \end{vmatrix}$$

$$= a_1\begin{vmatrix} b_2 & c_2 \\ b_3 & c_3 \end{vmatrix} + b_1\begin{vmatrix} c_2 & a_2 \\ c_3 & a_3 \end{vmatrix} + c_1\begin{vmatrix} a_2 & b_2 \\ a_3 & b_3 \end{vmatrix}$$

$$= a_1(b_2c_3 - c_2b_3) + b_1(c_2a_3 - a_2c_3) + c_1(a_2b_3 - b_2a_3)$$

$$= (a_1b_2c_3 - a_1b_3c_2) + (b_1c_2a_3 - b_1c_3a_2) + (c_1a_2b_3 - c_1a_3b_2)$$

例題 15-1

長さ2.5 mの一様な棒をなめらかな水平面上に置き，一端Aを支点として棒を自由に水平面内で回転できるようにした。水平な力$\boldsymbol{F}_1$と$\boldsymbol{F}_2$を，図15.4に示すように作用させると，棒は静止した。図は，真上からみたようすを表している。力$\boldsymbol{F}_1$の大きさを20 Nとする。

(1)A端のまわりの力$\boldsymbol{F}_1$のモーメント$\boldsymbol{N}_1$の大きさはいくらか。

(2)力$\boldsymbol{F}_2$は，棒に垂直な向きで，その作用点はA端から1.0 mの点とすれば，力$\boldsymbol{F}_2$の大きさはいくらか。

(3)棒が静止しているとき，A端に作用して支えている力を$\boldsymbol{R}$とする。力$\boldsymbol{R}$の大きさと向きを求めよ。

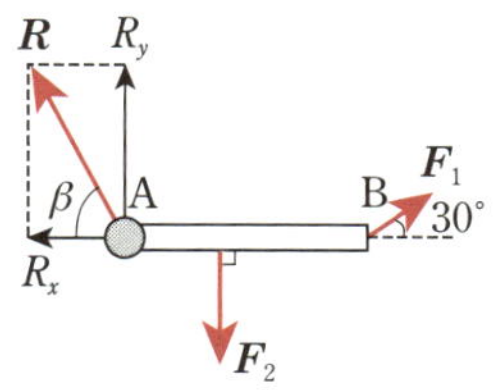

図 15.4

解説&解答

(1)反時計まわりを正として，$N_1 = F_1 \times \sin 30^\circ \times 2.5$=25 N·mとなる。

(2) $F_2 \times 1.0 = 25$ N·m ∴ $F_2 = 25$ N

(3) A端で棒に垂直な R の成分を R_y，棒と平行な成分を R_x とする。すると，

$$R_y + F_1 \times \sin 30° = F_2, \quad R_x = F_1 \times \cos 30°$$

∴ $R_x = -20 \times \cos 30° = -17.3$ N，$R_y = 25 - 20 \times \sin 30° = 15$ N

力 R の向きは，図のように角 β をとれば，

$$\frac{R_y}{R_x} = \tan\beta \quad ∴ \quad \beta = \tan^{-1}\frac{R_y}{R_x} = \tan^{-1}\frac{15}{17.3} ≒ 41°$$

力の R 大きさは，$\sqrt{R_x^2 + R_y^2} = \sqrt{17.3^2 + 15^2} ≒ 22.9$ N となる。

15.2 剛体に作用する力

15.2.1 剛体に作用する力の図示

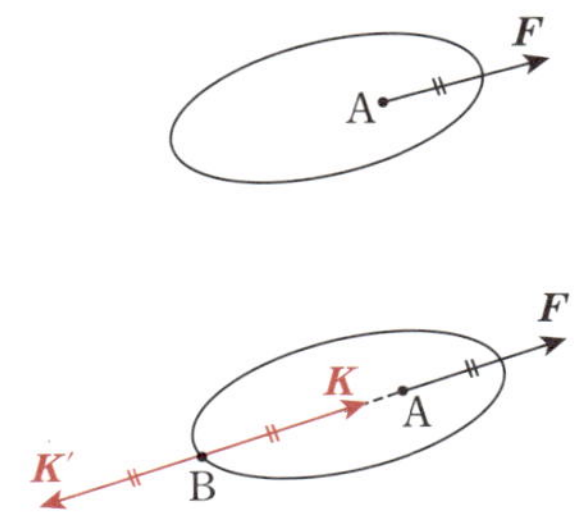

剛体は大きさを持つため，作用線や回転について考える必要がある。作用線は，力が作用する向きを表す線である。

ここで，剛体に作用する力の作用点は，剛体内で作用線上を移動させてもよいことを示そう。

点Aに力 F が作用している場合について考察してみる。力 F の作用線上の点Bに，F と同じ大きさで互いに向きが逆向きの2力 K，K' を同時に作用させる。この2力はつりあっているから，力 F だけが作用しているのと同じである。ところで，力 F と K' の間の関係に目を向けると，この2力はつりあっているから打ち消しあい，力 K だけが作用しているのと同じである。つまり，力 F を作用線上で移動させてもその効果は同じで，力 K のみが作用したと考えればよい。本書ではこれ以下，すべての力は同一平面上にあるとする。

図 15.5

15.2.2 剛体に作用する力の合成

F_1，F_2 の作用線の交点をPとし，F_1，F_2 を作用線上Pまで移動する

交点をPで，F_1 と F_2 の合力 F_0 を求める

合力 F_0 の作用点を点Pから内部の点Oに移動させる

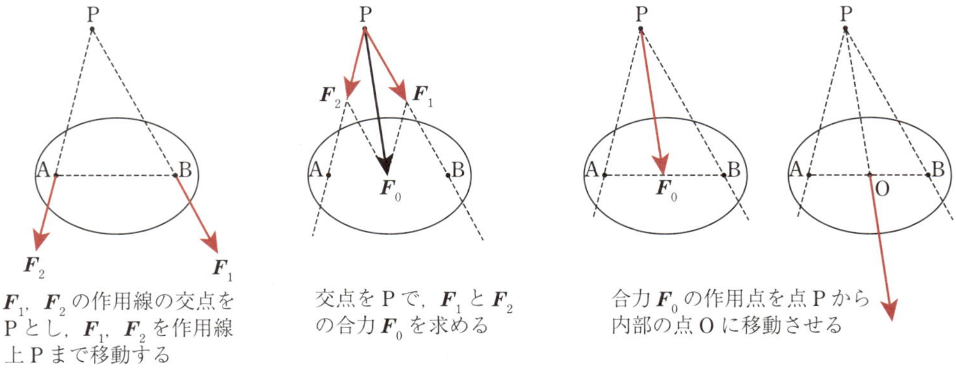

図 15.6

この考えを利用すると，向きが異なる2力を合成することができる（図15.6）。3力以上の場合は，2力の合力を求め，この合力と第3番目の力を

合成し，第4番目の力以降，同じ操作を繰り返せばよい。

15.2.3 剛体に作用する2力が平行な場合の合力

2力が平行な場合は，2力の作用線の交点を求めることができない。そこで活躍するのが，最初に示した「つりあう2力」を剛体に加えるという手法である。

まず，点A，Bに，図15.7のように同じ大きさで逆向きの2力$\boldsymbol{f}$を加える。その後，この力$\boldsymbol{f}$と，それぞれの力$\boldsymbol{F}_1$，$\boldsymbol{F}_2$の合力$\boldsymbol{F}'_1$，$\boldsymbol{F}'_2$を求め，この2力を作用線上で移動させ，交点Pで合力$\boldsymbol{F}_0$を求める。求めた$\boldsymbol{F}_0$を，作用線上で移動させ作用点を剛体内の点Oに移動させる。このとき，$\boldsymbol{F}_0$は$\boldsymbol{F}_1$，$\boldsymbol{F}_2$に平行である。

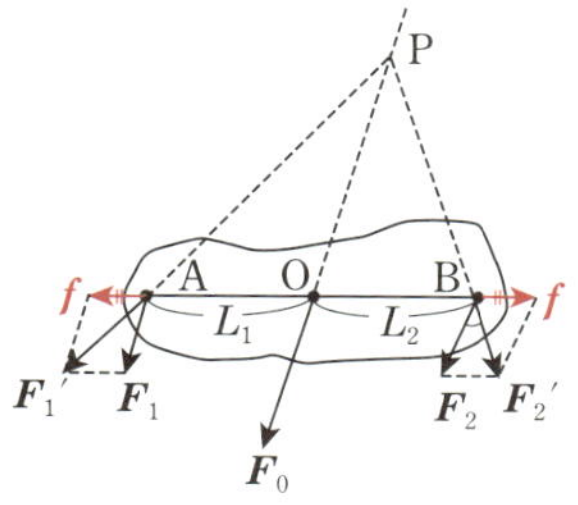

図 15.7

この剛体がつりあうための条件を求めてみよう。図15.7を参照して，

$\dfrac{F_1}{f}=\dfrac{\mathrm{OP}}{L_1}$ また $\dfrac{F_2}{f}=\dfrac{\mathrm{OP}}{L_2}$ なので，辺々を割ると，

$$\frac{F_1}{F_2}=\frac{L_2}{L_1} \qquad \therefore \quad L_1F_1=L_2F_2$$

つまり作用点Oに，F_0と等大逆向きの力$\boldsymbol{F}'_0(=-\boldsymbol{F}_0)$を加えればよい。ところで，$\boldsymbol{F}_0=\boldsymbol{F}_1+\boldsymbol{F}_2$なので，求める条件は，

$$L_1F_1=L_2F_2 \quad かつ\ \boldsymbol{F}'_0=\boldsymbol{F}_1+\boldsymbol{F}_2=\boldsymbol{0} \tag{15.10}$$

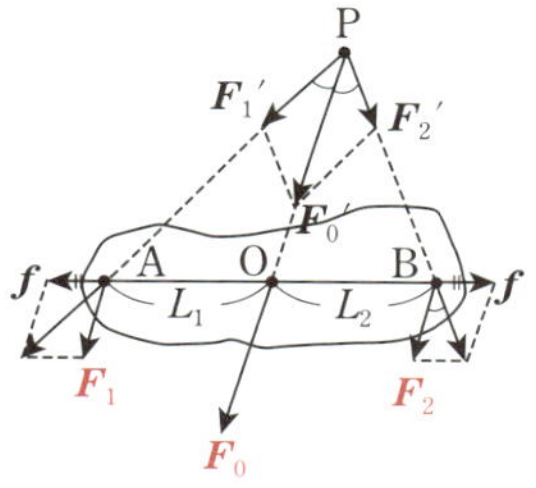

図 15.8

15.2.4 逆向き平行2力の合成；偶力

逆向き平行2力の合成は，次のように求めることができる。図15.8の$\boldsymbol{F}_1$と$-\boldsymbol{F}_0$とのペアを考えると，図15.8の$\boldsymbol{F}_2$が求める合力になっていることがわかる。これを一般化して考えてみよう。新たに，力の番号を，図15.9のように振り直し，$|F_1|<|F_2|$とする。

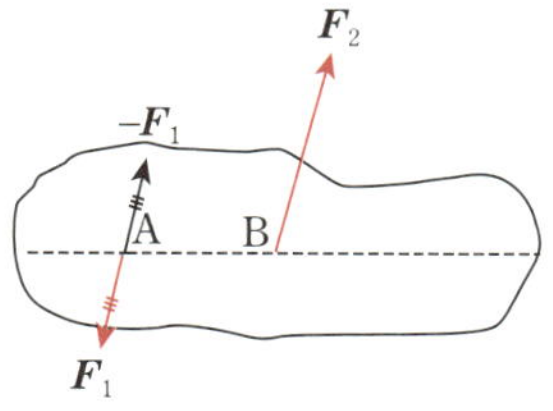

図 15.9

まず，$\boldsymbol{F}_2$と同じ向きの力で考えるために，点Aに力$-\boldsymbol{F}_1$をとる。次に，点A，点Oでつりあうように左右に力$\boldsymbol{f}$を加える。ただし，この時点では点Oの位置は決まっていない。点Aに加えた$\boldsymbol{f}$と$-\boldsymbol{F}_1$の合力$\boldsymbol{F}'_1$を求める。この合力を，作用線に沿って$\boldsymbol{F}_2$の作用線の延長上まで移動させる。

交点Pで，$\boldsymbol{F}_2$を，$\boldsymbol{F}'_1$がその分力となるように分解する。$\boldsymbol{F}'_1$でない方の分力を$\boldsymbol{F}'_0$とし，図15.10のように直線ABの延長線上にその作用点を移動し点Oとする。

移動後，$\boldsymbol{F}'_0$を$\boldsymbol{f}$と$\boldsymbol{F}_0$に分解する。この$\boldsymbol{F}_0$が，求める合力である。

また，このとき，点Oに関して，

$$L_1F_1=L_2F_2 \tag{15.11}$$

が成り立つ。

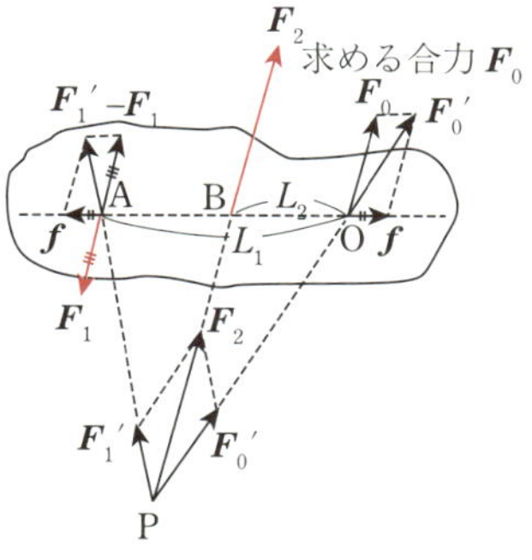

図 15.10

［証明］力$\boldsymbol{F}_1$に対して$-\boldsymbol{F}_1$を考える。またAB間の距離はL_1-L_2，BO間の距離はL_2なので，$(L_1-L_2)\times|-F_1|=L_2\times F_2$となる。ところで，$F_2=|-F_1|+F_0=F_1+F_0$より，$F_0=F_2-F_1$なので，

$$(L_1-L_2)\times F_1=L_2\times(F_2-F_1) \qquad \therefore \quad L_1F_1=L_2F_2$$

[注] $|F_1| = |F_2|$の場合，$\boldsymbol{F}_0 = 0$となるが，この場合，合力の大きさは0となり，その向きは定まらず，作用点も定まらないので，1力に合成できない。このような逆向き平行2力を**偶力**という。

15.3 剛体のつりあい

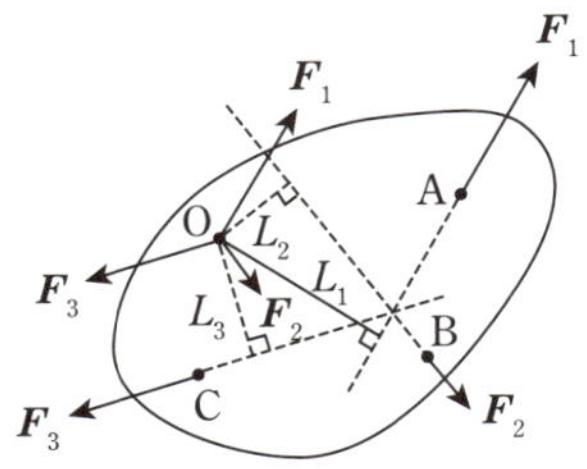

図 15.11

15.3.1 1点を固定された剛体のつりあい

1点を固定された剛体がつりあっている場合，モーメントの代数和は，(15.10)式より0である。図15.11では3点A，B，Cにかかったモーメントでつりあいが取れている。このように，多数のモーメントを考えなければならない場合は，固定点Oのまわりのモーメントの代数和をとって，

$$\sum L_i F_i = 0 \tag{15.12}$$

例題 15-2

図15.12のように，垂直な壁に質量10 kgのまっすぐな棒が水平な床から傾斜角60°で立てかけてある。壁はなめらかであるが，床と棒との間には摩擦力が作用するものとする。壁との接点である棒のA端と，床との接点であるB端に作用する力はどんなものがあり，それぞれいくらか。

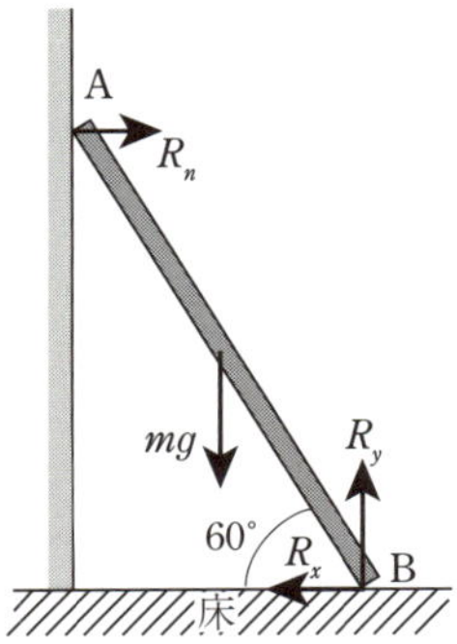

図 15.12

解説&解答

棒のA端に作用する壁からの垂直抗力をR_n，棒のB端に作用する床からの垂直抗力をR_y，また，床に平行な摩擦力をR_xとする。棒は一様なので，重力は棒の中央に作用する。

水平方向の力のつりあい：　$R_n = R_x$

鉛直方向の力のつりあい：　$mg = R_y$

また，B端まわりの力のモーメントのつりあいは，棒の長さをLとすると，

$$\left(\frac{1}{2}L\cos 60°\right)mg = \left(L\sin 60°\right)R_n$$

$$\therefore \quad R_n = 28.3\ \text{N}, \quad R_x = 28.3\ \text{N}, \quad R_y = 98\ \text{N}$$

床から受ける力Rの大きさと向きについては，以下のようになる。

$$R = \sqrt{R_x{}^2 + R_y{}^2} = \sqrt{28.3^2 + 98^2} = 102\ \text{N}$$

$$\alpha = \tan^{-1}\frac{R_y}{R_x} = \tan^{-1}\frac{98}{28.3} = 74°$$

床から棒に向かって74°となる。

第16章 角運動量保存の法則

16.1 角運動量

16.1.1 角運動量の定義

フィギュアスケートの選手の演技の1つにスピンと呼ばれる回転がある。自分自身の中心線を回転軸として，自身のまわりを高速の速さからゆっくりした速さまで，さまざまな回転速度で回転する演技である。回転の度合いを決める物理量にはどのようなものがあるだろうか。

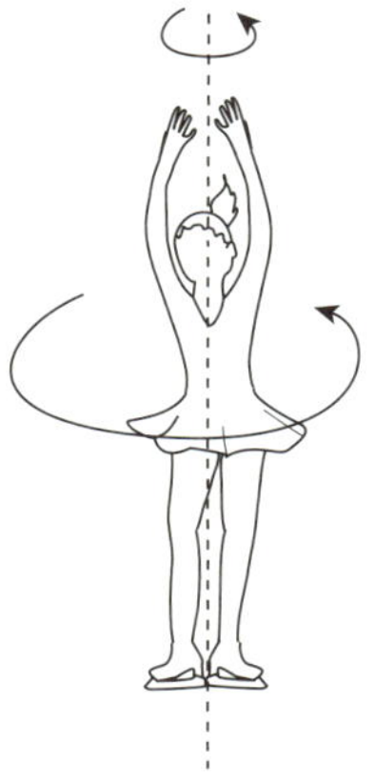

図16.1

図16.2に示すように，物体が点Oのまわりを回る運動しているとき（必ずしも等速円運動でなくてもよい），点Oに関するその物体の運動量のモーメントのことを**角運動量**と呼ぶ。すなわち，質量mの質点が速度$\boldsymbol{v}$（大きさv）で運動しているとき，その質点の運動量は$\boldsymbol{p} = m\boldsymbol{v}$であるので，角運動量$\boldsymbol{L}$の大きさ$L$は，

$$L = pd = mvd = rp\sin\theta \tag{16.1}$$

と表現できる。速度$\boldsymbol{v}$は軌道の接線方向を向いているので，dとは点Oからこの接線までの垂直距離である。また，$rp\sin\theta$とは2つのベクトルの外積$\boldsymbol{r} \times \boldsymbol{p}$の大きさに該当しているので，角運動量をベクトルとして次のように定義する。

$$\boldsymbol{L} \equiv \boldsymbol{r} \times \boldsymbol{p} = m\boldsymbol{r} \times \boldsymbol{v} \tag{16.2}$$

ベクトル$\boldsymbol{L}$の向きは，$\boldsymbol{r}$と$\boldsymbol{v}$とを含む平面に垂直で，$\boldsymbol{r}$から$\boldsymbol{v}$に向かって右ねじを回すときに右ねじが進む向きである。

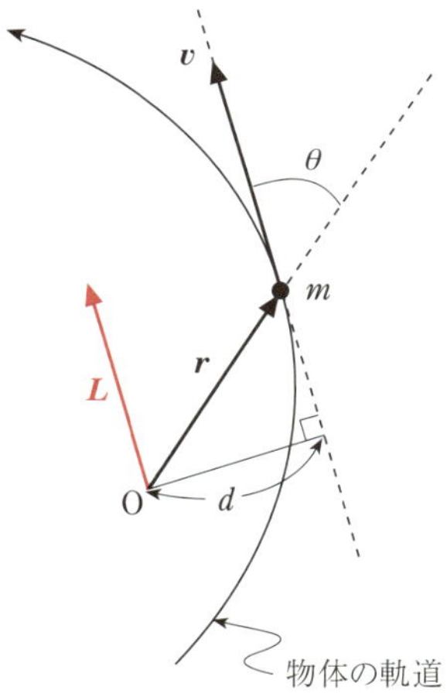

図16.2

図16.3のように，とくに等速円運動をしている質点の場合の角運動量について考える。$\boldsymbol{v}$はいつでも接線方向を向いていて$\boldsymbol{r}$と$\boldsymbol{v}$のなす角は常に垂直であるので，$\sin\theta = 1$となり，点Oに関する$\boldsymbol{L}$の大きさは，(16.1)式より，

$$L = rp = rmv = mr^2\omega \tag{16.3}$$

と書ける。ここで，ωは質点の角速度である。円運動をしている平面に対して垂直で，かつ$\boldsymbol{v}$と同じ方向に右ねじを回すときに右ねじが進む方向と一致する方向を持つ大きさωのベクトルを$\boldsymbol{\omega}$とすれば，質点の角運動量$\boldsymbol{L}$は，次のようにベクトルを用いて表現できる。

$$\boldsymbol{L} = mr^2\boldsymbol{\omega} \tag{16.4}$$

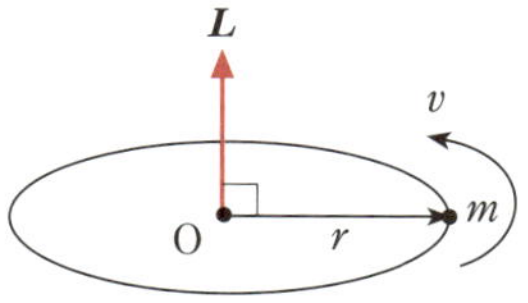

図16.3

16.1.2　角運動量の時間変化率

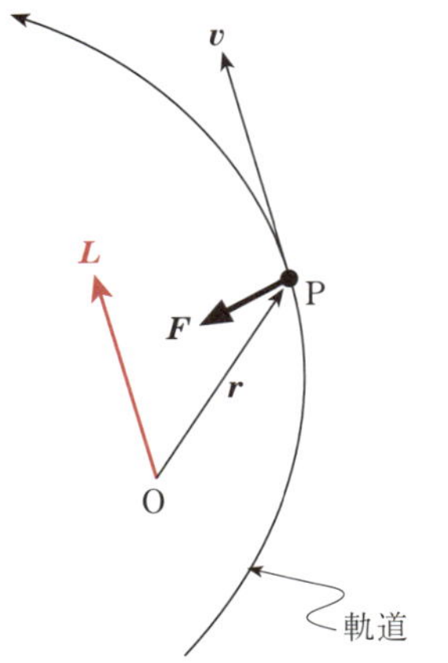

図 16.4

図16.4のように，原点Oのまわりを回っている質量mの質点Pに力$\boldsymbol{F}$が作用し，原点Oのまわりに関する力のモーメントが生じると，どのようになるかを考えよう。原点Oからの質点の位置を表す位置ベクトルを$\boldsymbol{r}$，質点の速度を$\boldsymbol{v}$とする。ここで，この質点の持っている角運動量$\boldsymbol{L} = m\boldsymbol{r} \times \boldsymbol{v}$を時間に関して微分すると，

$$\frac{\mathrm{d}\boldsymbol{L}}{\mathrm{d}t} = m\frac{\mathrm{d}(\boldsymbol{r}\times\boldsymbol{v})}{\mathrm{d}t} = m\frac{\mathrm{d}\boldsymbol{r}}{\mathrm{d}t}\times\boldsymbol{v} + m\boldsymbol{r}\times\frac{\mathrm{d}\boldsymbol{v}}{\mathrm{d}t} \tag{16.5}$$

となる。ここで，$\dfrac{\mathrm{d}\boldsymbol{r}}{\mathrm{d}t} \equiv \boldsymbol{v}$であるから，$m\dfrac{\mathrm{d}\boldsymbol{r}}{\mathrm{d}t}\times\boldsymbol{v} = m\boldsymbol{v}\times\boldsymbol{v} = 0$となるので，(16.5)式は次のように書き直される。

$$\frac{\mathrm{d}\boldsymbol{L}}{\mathrm{d}t} = m\boldsymbol{r}\times\frac{\mathrm{d}\boldsymbol{v}}{\mathrm{d}t} = \boldsymbol{r}\times m\frac{\mathrm{d}\boldsymbol{v}}{\mathrm{d}t} = \boldsymbol{r}\times\boldsymbol{F} \tag{16.6}$$

最後の式は，$\boldsymbol{F} = m\dfrac{\mathrm{d}\boldsymbol{v}}{\mathrm{d}t}$というニュートンの運動方程式を用いた。

したがって，点Oのまわりの質点の角運動量の時間変化率は，質点に作用する点Oに関する力のモーメント$\boldsymbol{N} \equiv \boldsymbol{r}\times\boldsymbol{F}$に等しいことがわかる。すなわち，

$$\frac{\mathrm{d}\boldsymbol{L}}{\mathrm{d}t} = \boldsymbol{N} \tag{16.7}$$

である。このことは，14.2.4の「質点の運動量の時間変化率は，質点に作用する外力に等しい」と対照的になっていることに注目しよう。(16.7)式は，質点に力のモーメントが作用しなければ（$\boldsymbol{N} = \boldsymbol{0}$）角運動量は一定である，と主張しているといってもよい。(16.7)式をベクトルの成分にわけて書くと，

$$\frac{\mathrm{d}L_x}{\mathrm{d}t} = N_x,\quad \frac{\mathrm{d}L_y}{\mathrm{d}t} = N_y,\quad \frac{\mathrm{d}L_z}{\mathrm{d}t} = N_z \tag{16.8}$$

例題 16-1

地球は太陽のまわりを等速円運動しているとし，太陽の中心Oに関する地球の角運動量の大きさを求めよ。ただし，地球の質量は$M = 6.0\times10^{24}$ kg，公転半径は$R = 1.5\times10^{8}$ kmである。

解説＆解答

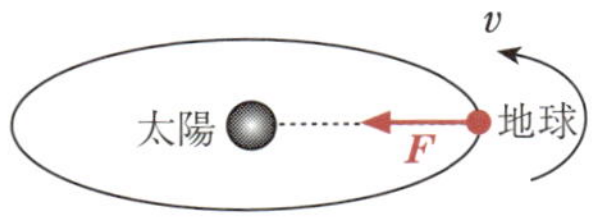

図 16.5

地球の公転周期をTとすると，地球の速度vは$v = 2\pi R/T$である。したがって，地球の運動量は，

$$Mv = \frac{2\pi RM}{T}$$

である。地球の速度vの方向は円軌道の接線方向になり，太陽の位置（円運動の原点）から地球に向かう方向といつも直交しているので，(16.3)式

を用いて，角運動量の大きさLは，

$$L = MvR = \frac{2\pi R^2 M}{T}$$
$$= \frac{2\pi\left(1.5\times10^{11}\right)^2\times6.0\times10^{24}}{365\times24\times60\times60} \approx 2.7\times10^{40}\quad \mathrm{kg\cdot m^2/s}$$

等速円運動の場合には，必ず中心に向かう向心力が存在している。図16.5に示すように，地球は太陽から万有引力$\boldsymbol{F}$を受けて等速円運動をしているが，この$\boldsymbol{F}$が太陽の方向に向かう向心力の役割を果たしている。このとき，力$\boldsymbol{F}$の点Oに関するモーメントは0であるので，角運動量$\boldsymbol{L}$の大きさと向きは一定に保たれる。

例題 16-2

図16.6のように，野球でピッチャーが投げた質量150 gのボールが水平方向に144 km/hの速さでバッターの手前50 cmのところを通過した。バッターの中心Oに関するボールの角運動量の大きさはいくらか。また，ボールはその後もずっと水平方向に等速直線運動を行なったとすると，その間の角運動量はどうなるか。

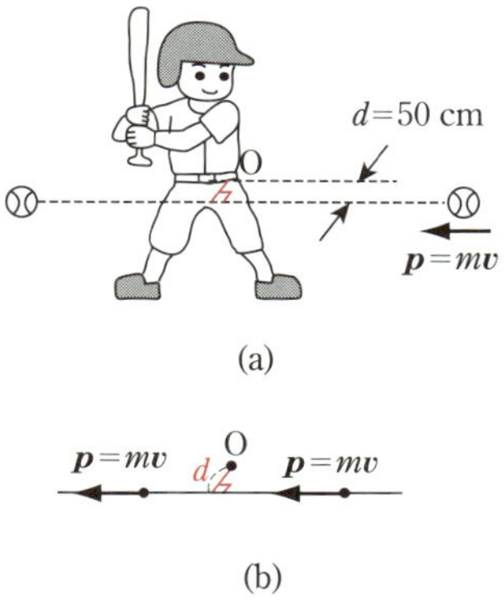

図 16.6

解説&解答

144 km/h = 40 m/sである。ボールの角運動量の大きさは，

$$L = (0.15\times40)\times0.5 = 3.0\quad \mathrm{kg\cdot m^2/s}$$

バッターの中心からボールの軌跡までの距離d = 0.5 mは，ボールが等速直線運動をしている限り一定である。また，ボールの運動量pもずっと不変であるから，両者の積pdも一定となり，$L = pd$はこの間一定となる。

16.2 角運動量保存の法則

複数の質点からなる質点系全体の角運動量を考える。この系を構成する各質点の角運動量を$\boldsymbol{L}_1$，$\boldsymbol{L}_2$，…，$\boldsymbol{L}_n$とすると，全角運動量$\boldsymbol{L}$は，

$$\boldsymbol{L} = \boldsymbol{L}_1 + \boldsymbol{L}_2 + \cdots + \boldsymbol{L}_n \tag{16.9}$$

である。これを時間tで微分すると，

$$\frac{\mathrm{d}\boldsymbol{L}}{\mathrm{d}t} = \frac{\mathrm{d}\boldsymbol{L}_1}{\mathrm{d}t} + \frac{\mathrm{d}\boldsymbol{L}_2}{\mathrm{d}t} + \cdots + \frac{\mathrm{d}\boldsymbol{L}_n}{\mathrm{d}t}$$

一方，各質点に作用する力のモーメントを$\boldsymbol{N}_1$，$\boldsymbol{N}_2$，…，$\boldsymbol{N}_n$とすれば，各質点に対して(16.7)式を適用して，

$$\frac{\mathrm{d}\boldsymbol{L}}{\mathrm{d}t} = \boldsymbol{N}_1 + \boldsymbol{N}_2 + \cdots + \boldsymbol{N}_n \tag{16.10}$$

が得られる。各質点に作用する力には，外力と内力とがある。内力については，i番目の質点とj番目の質点との間の2つの内力$\boldsymbol{F}_{i\to j}$と$\boldsymbol{F}_{j\to i}$が存在する。この2つの内力は作用・反作用の関係になっているから，その大きさは同じで向きは逆である。したがって，そのモーメントは，大きさ

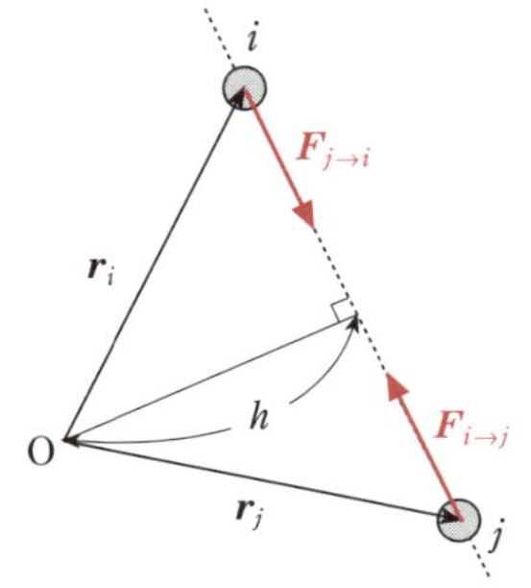

図 16.7

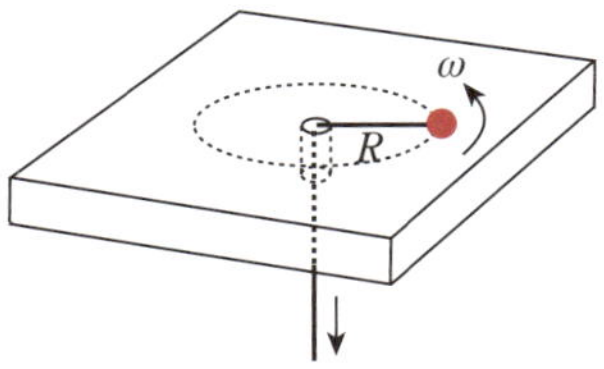

図 16.8

は $h\left|\boldsymbol{F}_{i\to j}\right| = h\left|\boldsymbol{F}_{j\to i}\right|$ で等しいが，向きは反対となるから打ち消しあう（図16.7）。よって，(16.10)式では，内力のモーメントは寄与せず，外力のモーメントだけが寄与することになる。つまり，外力のモーメントによってのみ，質点系の全角運動量は変化することになる。もし，質点系に作用する外力のモーメントが0であるなら，質点系の全角運動量Lは一定に保たれる。これを，**角運動量保存の法則**という。

例題 16-3

軽くて丈夫なひもをとり付けた小物体を，小さな穴を開けた水平ななめらかな台の上で，図16.8のように，その穴を中心に等速円運動をさせた。小物体が半径R，角速度ωで等速円運動しているとき，穴の下に出ているひもを引っ張って円運動の半径をR'に縮め（$R > R'$），この小物体に半径R'の等速円運動をさせるようにした。このときの小物体の速さv'，角速度ω'を求めよ。

解説&解答

この小物体の質量をmとする。小物体が半径R，角速度ωで等速円運動をしている時の角運動量は，(16.3)式より，$mR^2\omega$である。ひもの張力は穴を通して小物体に作用する中心力であり，この力のモーメントは0である。したがって，角運動量は保存されるので，

$$mR^2\omega = mR'^2\omega' \qquad \therefore \quad \omega' = \left(\frac{R}{R'}\right)^2 \omega > \omega$$

となる。また，小物体の速さは，$v' = R'\omega' = \left(\dfrac{R^2}{R'}\right)\omega$ である。また，半径Rで回転しているときの速さをvとすれば，$v = R\omega$である。$v' = \left(\dfrac{R}{R'}\right)v > v$となり，半径を縮めると物体の速さは増加することに注意しよう。

例題 16-4

半径R，質量Mの円板が一定の角速度ωで，その中心のまわりに回転している。この円板の半径$R/2$のところに，質量mの弓矢が円板に対して垂直に突き刺さった。このときの衝撃は無視できるとする。

(1)弓矢が刺さる前の回転円板の角運動量の大きさLを求めよ。また，角運動量の向きはどちら向きか。

(2)弓矢が刺さった後の円板の角速度ω'を求めよ。

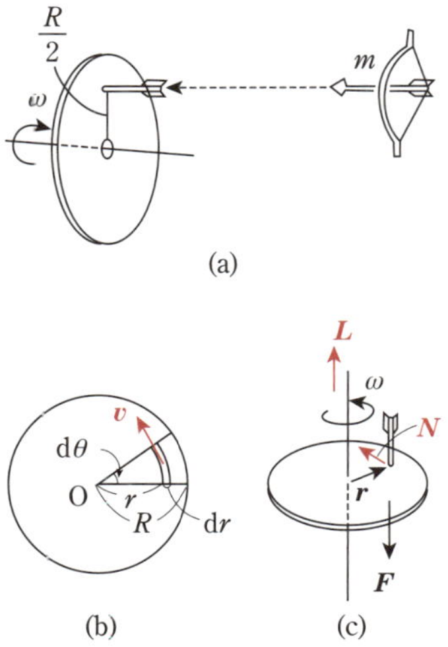

図 16.9

解説&解答

(1)この円板の面密度をρとする。図16.9(b)のように，円板上で，中心Oから距離rの位置にあり，中心角$\mathrm{d}\theta$をなす微小部分（面積$r\mathrm{d}r\mathrm{d}\theta$）を考える。この微小部分の質量は$\rho(r\mathrm{d}r\mathrm{d}\theta)$である。また，この微小部分は速さ$v = r\omega$で半径に対して垂直に，つまり接線方向に運動している。したがって，この微小部分の角運動量は，

$$dL = \rho(r\,dr\,d\theta)(r\omega)r = \rho\omega r^3 dr\,d\theta$$

これをrとθで積分すれば，円板全体の角運動量Lが求まる。すなわち，

$$L = \int_0^{2\pi}\int_0^{R} \rho\omega r^3 dr\,d\theta = 2\pi\rho\omega\cdot\frac{R^4}{4} = \frac{1}{2}\pi\rho\omega R^4$$

となる。ここで，円板の質量は，$M = \rho\cdot\pi R^2$で表されるから，

$$L = \frac{1}{2}M\omega R^2$$

と書き直せる。この円板の角運動量の向きは，円板面に対して垂直である（図16.9(c)の$\boldsymbol{L}$）。

(2)弓矢が突き刺さると，弓矢が円板に与える力$\boldsymbol{F}$の向きは円板面に対して垂直であるから，その力のモーメントの向きは円板面に対して平行となる（図16.9(c)の$\boldsymbol{N}$）。したがって，$\boldsymbol{L}\perp\boldsymbol{N}$である。弓矢が円板に与える力のモーメントは外力によるモーメントであって，これは0ではないから，一見，角運動量保存の法則が使えないように思える。しかし，$\boldsymbol{N}$の$\boldsymbol{L}$に平行な成分は0となるから，もとの円板の回転の角運動量は，弓矢が刺さってもほとんど影響を受けない（$\boldsymbol{L}$の向きをz軸とすれば(16.8)式で$\dfrac{dL_z}{dt} = 0$としてよい）。つまり，（z軸方向の）角運動量は保存される。弓矢が刺さった後は，全角運動量の大きさL'は，回転円板の角運動量と，円板と一緒に回転する弓矢の角運動量の和になるから，

$$L' = \frac{1}{2}M\omega' R^2 + m\left(\frac{R}{2}\omega'\right)\left(\frac{R}{2}\right) \tag{16.11}$$

$L = L'$より，

$$\omega' = \left(\frac{2M}{2M+m}\right)\omega$$

となる。$M \gg m$なら$\omega' \to \omega$と，自明な結果になっている。また，弓矢が刺さる位置が$R/2$ではなく円板の中心に近いほど（(16.11)式の第2項で$R/2 \to 0$），$\omega' \to \omega$となり，これも自明な結果である。

例題 16-5

本章の冒頭にあるように，フィギュアスケートの選手がスピンの演技を行なっている。高速回転をする際は両手を縮め，ゆっくりした回転をする際は両手を伸ばしている。外部から力のモーメントを加えるわけではないから角運動量は一定のはずである。回転の角速度はどのように変わるだろうか，定性的に論じなさい。

解答

確かに角運動量は一定である。両手を伸ばすことにより，慣性モーメントは大きくなる（17章を参照）。つまり，質量が回転の軸から離れて分布するようになるので，回転運動に対する抵抗は増加し，回転速度（角速度）は減少する。両手を縮めるとその逆のことが起こる。

第17章 剛体の回転運動

17.1 回転運動の運動方程式

剛体がある固定された回転軸（z軸とする）のまわりを回転運動する場合を考えよう。図17.1のように，剛体を多数の微小部分1, 2, …, nに分ける。それぞれの微小部分の質量，回転軸までの垂直距離をそれぞれm_1, m_2, …, m_n；r_1, r_2, …, r_nとする。剛体がz軸のまわりを一定の角速度$\boldsymbol{\omega}$で回転すると，どの微小部分もz軸のまわりを同じ角速度$\boldsymbol{\omega}$で等速円運動をすることになる（$\boldsymbol{\omega}$はベクトルであることに注意。その大きさはωで，その向きはz軸である）。それぞれの微小部分のz軸のまわりの角運動量ベクトルを$\boldsymbol{L}_1$, $\boldsymbol{L}_2$, …, $\boldsymbol{L}_n$とすると，この総和がこの剛体の全角運動量$\boldsymbol{L}$となるから，

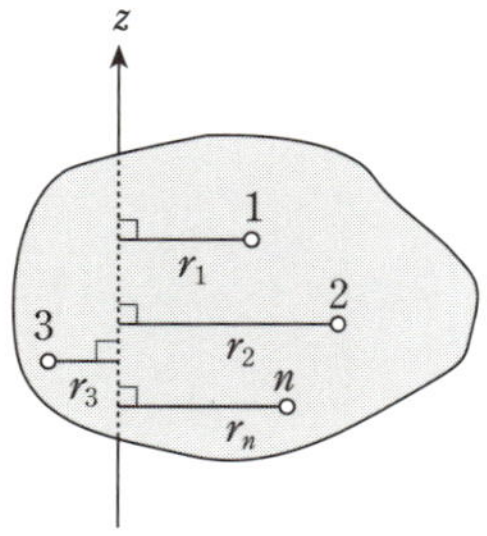

図 17.1

$$\boldsymbol{L} = \boldsymbol{L}_1 + \boldsymbol{L}_2 + \cdots + \boldsymbol{L}_n \tag{17.1}$$

である。(16.4)式より，すべての微小部分は同じ角速度で等速円運動を行なっているので，全角運動量は，

$$\begin{aligned} \boldsymbol{L} &= m_1 r_1^2 \boldsymbol{\omega} + m_2 r_2^2 \boldsymbol{\omega} + \cdots + m_n r_n^2 \boldsymbol{\omega} \\ &= \left(m_1 r_1^2 + m_2 r_2^2 + \cdots + m_n r_n^2\right) \boldsymbol{\omega} \\ &= \left(\sum_{i=1}^{n} m_i r_i^2\right) \boldsymbol{\omega} \equiv I \boldsymbol{\omega} \end{aligned} \tag{17.2}$$

で表すことができる。ここで，$I \equiv \left(\sum_{i=1}^{n} m_i r_i^2\right)$を**慣性モーメント**という。剛体の質量分布，回転軸の位置が決まればIは定数となる。同じ剛体であっても回転軸の位置が異なればIは異なる。角運動量を時間で微分したものは外力のモーメントに等しい（(16.7)式参照）から，(17.2)式をtで微分して，

$$\frac{\mathrm{d}\boldsymbol{L}}{\mathrm{d}t} = I \frac{\mathrm{d}\boldsymbol{\omega}}{\mathrm{d}t} = \sum_{i=1}^{n} \boldsymbol{N}_i \tag{17.3}$$

ここで，$\mathrm{d}\boldsymbol{\omega}/\mathrm{d}t \equiv \boldsymbol{\beta}$は角速度ベクトル$\boldsymbol{\omega}$の時間変化率であり**角加速度ベクトル**という。とくに$\boldsymbol{N} \equiv \sum_{i=1}^{n} \boldsymbol{N}_i$と表せば，(17.3)式は，

$$I\boldsymbol{\beta} = \boldsymbol{N} \tag{17.4}$$

と書ける。これを，剛体の**回転運動の運動方程式**という。(17.4) 式を，運動の第2法則，すなわち$\boldsymbol{F} = m\boldsymbol{a}$と比較してみよう。運動の第2法則は，質量$m$の物体に外力$\boldsymbol{F}$が作用すると，加速度$\boldsymbol{a}$が生じて速度変化が生じることを述べている。同様に(17.4)式は，慣性モーメントIの物体に外力のモー

メント$\boldsymbol{N}$が作用すると，角加速度$\boldsymbol{\beta}$が生じて回転速度が変化することを述べている。両式の形の類似性，対応関係に注意しよう。運動の第2法則は，質点の直線運動に対して適用されるが，回転運動の運動方程式は，剛体の回転運動に対して適用される。

例題 17-1

半径$R = 0.2$ m，質量$M = 5$ kgの円柱があり，図17.2のように，その中心軸のまわりに自由に回転できるようになっている。静止しているこの円柱に軽くて丈夫なひもを巻きつけて，ひもの一端を$F = 10$ Nの力で引っ張って円柱を回転させた。引っ張る方向は，円柱の接線方向とする。円柱の角加速度βはいくらか。また，ひもを引っ張り始めてから5秒後の円柱の瞬間的な回転数（1/s）はいくらか。この円柱の慣性モーメントは，$I = \frac{1}{2}MR^2$である（こうなる理由は18章を参照）。

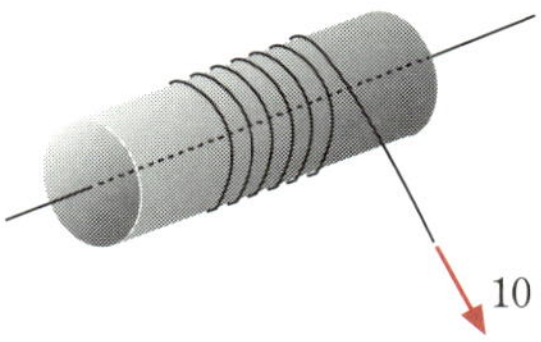

図 17.2

解説＆解答

円柱の回転運動の運動方程式は，(17.4)式より，

$$I\beta = N$$

ここで，Nは外力のモーメントであるが，接線方向に力Fを加えているから$N = FR$となる。よって，

$$I\beta = FR$$

慣性モーメントは$I = \frac{1}{2}MR^2$だから，

$$\frac{1}{2}MR^2\beta = FR$$

$$\therefore \quad \beta = \frac{2F}{MR} = \frac{2\times10}{5\times0.2} = 20 \quad \mathrm{rad/s^2}$$

$t = 5$ sたつと，角速度は，

$$\omega = \beta t = 20\times5 = 100 \quad \mathrm{rad/s}$$

したがって，回転数nは，

$$n = \frac{\omega}{2\pi} = \frac{100}{2\times\pi} \approx 15.9 \quad 1/\mathrm{s}$$

17.2 実体振り子

剛体を水平な固定軸のまわりに自由に回転できるようにし，重力の作用のもとで振り子運動させる。このような振り子のことを**実体振り子（物理振り子）**という。図17.3は，剛体の重心を含む鉛直面を表している。点Oを通り紙面に垂直な方向に水平な固定軸があるものとし，剛体がこの固定軸のまわりに紙面内で自由に振り子運動できるようになっているものとする。剛体の質量をMとする。この剛体に作用する外力は，重心Gに作用する重力Mgだけである。重力以外にも，固定軸に作用する抵抗力（摩擦力）が存在するが，これは回転運動には寄与しない。鉛直線を基準にとっ

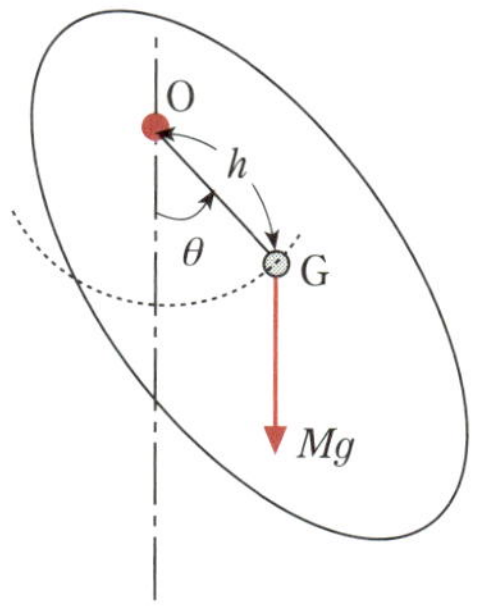

図 17.3

てOGまでの角度をθ(鉛直線からみて反時計まわりの回転を$+\theta$, 時計まわりの回転を$-\theta$とする)。固定軸から重心までの垂直距離OGをhとすれば, 重力による力のモーメントは$Mgh\ \sin\theta$である。この剛体の慣性モーメントをIとすれば, 回転運動の運動方程式は, (17.4)式より,

$$I\beta = -Mgh\sin\theta \tag{17.5}$$

上式で右辺に負号がつく理由は, 重力は時計まわりの回転を生じさせる力のモーメントだからである。角加速度βとは, $\beta = \dfrac{\mathrm{d}^2\theta}{\mathrm{d}t^2}$のことだから, (17.5)式を書き直して,

$$I\frac{\mathrm{d}^2\theta}{\mathrm{d}t^2} = -Mgh\sin\theta \tag{17.6}$$

ここで, $L \equiv \dfrac{I}{Mh}$とおくと,

$$\frac{\mathrm{d}^2\theta}{\mathrm{d}t^2} = -\frac{g}{L}\sin\theta \tag{17.7}$$

となる。これは, 単振り子の運動方程式と同じ形である。したがって, 実体振り子はひもの長さLが$\dfrac{I}{Mh}$に等しい単振り子と同等とみなすことができる。単振り子のときに得られた周期Tの式をそのまま用いれば, 実体振り子の周期Tは,

$$T = 2\pi\sqrt{\frac{L}{g}} = 2\pi\sqrt{\frac{I}{Mgh}} \tag{17.8}$$

と求まる。

単振り子は特殊な形状の実体振り子とみなすこともできる。図17.4は, 単振り子と実体振り子の対応を表したものである。ひもの長さL'の単振り子ではおもりにすべての質量Mが集中していると考えれば, 単振り子の慣性モーメントは,

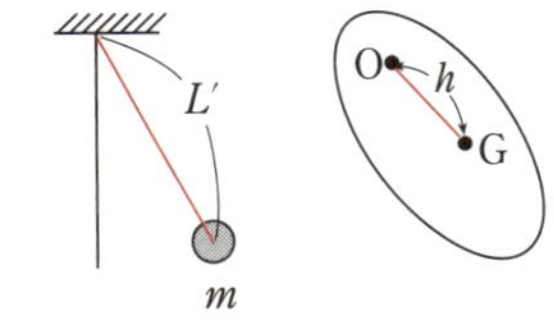

図 17.4

$$I \equiv \sum m_i r_i^2 = ML'^2$$

と表すことができる。単振り子では, 固定軸から重心Gまでの距離は$h = l'$となるので, その周期は,

$$T = 2\pi\sqrt{\frac{I}{Mgh}} = 2\pi\sqrt{\frac{ML'^2}{MgL'}} = 2\pi\sqrt{\frac{L'}{g}} \tag{17.9}$$

となる。これは, 確かに単振り子の周期と同じになっている。

例題 17-2

長さL, 質量Mの一様な棒の一端Aに水平な回転軸を取り付け, 棒全体が自由にA端を中心にして回転できるようにしてある。この棒を鉛直線のまわりで振り子運動をさせた。この振り子運動の周期Tを求めよ。この場合の慣性モーメントは$I = \dfrac{1}{3}ML^2$である(こうなる理由は18章を参照)。また, この棒状の振り子を単振り子とみなしてよい場合と比べて, 周期はどれだけ異なるか。

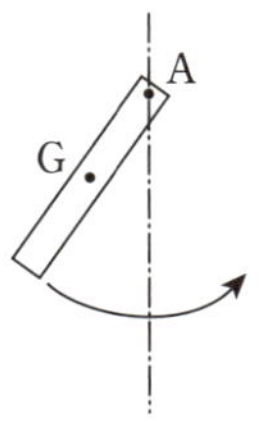

図 17.5

解説&解答

この棒の振り子振動は実体振り子とみなせるから，周期Tは，(17.8)式を用いて，

$$T = 2\pi\sqrt{\frac{I}{Mg\left(L/2\right)}} = 2\pi\sqrt{\frac{2ML^2}{3MgL}} = 2\pi\sqrt{\frac{2L}{3g}}$$

単純な単振り子の周期よりも$\sqrt{\frac{2}{3}} \approx 0.82$倍と短くなる。

単振り子ではおもりに全質量が集中していると考えていた。本問での棒状の振り子では全質量が重心Gに集中しているとみなしているので，単振り子とみなした場合の周期の式においてひもの有効長さを半分にすれば正しい答えが得られるような気がする。つまり，周期は$\sqrt{\frac{1}{2}} \approx 0.71$倍程度になりそうな気がする。近い値が得られるが，ピッタリではない。

17.3 回転の運動のエネルギー

剛体が固定軸のまわりに角速度ωで回転しているとき，この剛体の持つ運動エネルギーを考えてみよう。17.1節の冒頭で行なったのと同様に，この剛体を多数の微小部分1, 2, …, nに分割する（図17.6参照）。それぞれの微小部分の質量，回転軸までの垂直距離をそれぞれ$m_1, m_2, \cdots, m_n$；$r_1, r_2, \cdots, r_n$とする。すべての微小部分は共通の角速度ωで等速円運動を行なっている。i番目の微小部分の等速円運動の速さは$v_i = r_i\omega$であるから，この微小部分の運動エネルギーは，

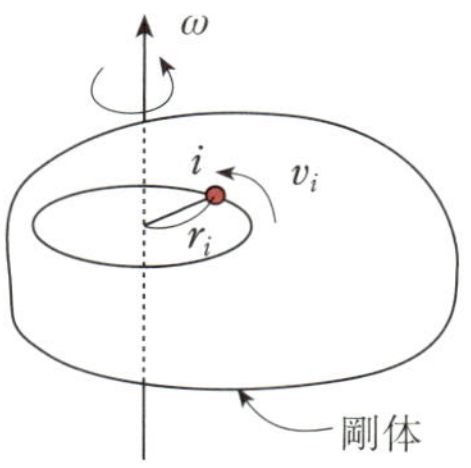

図 17.6

$$k_i = \frac{1}{2}m_i v_i^2 = \frac{1}{2}m_i r_i^2 \omega^2 \tag{17.10}$$

となる。剛体全体の運動エネルギーKは，総和をとればよいから，

$$K = \sum_{i=1}^{n} k_i = \frac{1}{2}\left(\sum_{i=1}^{n} m_i r_i^2\right)\omega^2 = \frac{1}{2}I\omega^2 \tag{17.11}$$

Iは慣性モーメントの定義であったことを思い起こそう。質量mの質点が速度vで直線運動している時の運動エネルギーは$\frac{1}{2}mv^2$であった。(17.11)式と比較すると，

$$m \Leftrightarrow I,\quad v \Leftrightarrow \omega$$

の対応関係があることがわかる。

17.4　剛体の回転運動と質点の直線運動との比較

質点の直線運動に対する運動方程式$\boldsymbol{F} = m\boldsymbol{a}$と剛体の回転運動に対する運動方程式$I\boldsymbol{\beta} = \boldsymbol{N}$には類似性がみられることをこれまでに何度か指摘してきた。ここではその対応関係をまとめてみる。

表 17.1

回転運動		直線運動	
回転角	θ	位置	x
慣性モーメント（スカラー量）	I	質量（スカラー量）	m
角速度	$\omega = \dfrac{\mathrm{d}\theta}{\mathrm{d}t}$	速度	$v = \dfrac{\mathrm{d}x}{\mathrm{d}t}$
角加速度	$\beta = \dfrac{\mathrm{d}\omega}{\mathrm{d}t}$	加速度	$a = \dfrac{\mathrm{d}v}{\mathrm{d}t}$
角運動量	$L = I\omega$	（線）運動量	$p = mv$
力のモーメント	N	力	F
運動エネルギー（スカラー量）	$\dfrac{1}{2}I\omega^2$	運動エネルギー（スカラー量）	$\dfrac{1}{2}mv^2$
運動方程式	$N = I\beta$	運動方程式	$F = ma$

注意 1：慣性モーメントと質量，運動エネルギーだけはスカラーであるが，それ以外の物理量はすべてベクトルである。直線運動については一次元的な運動であること，および回転運動については回転軸の向きは不変とみなせると考えて，すべてスカラー量であるかのように細字で書いてある。

注意 2：直線運動の運動量は，普通「運動量」というが，とくに角運動量との対比を強調するときには「線運動量」ということもある。

例題 17-3

地球を半径$R = 6.38 \times 10^6$ mの球体とみなすとき，地球の自転の運動エネルギーの大きさはいくらか。地球の質量は$M = 5.97 \times 10^{24}$ kgとする。慣性モーメントは$\dfrac{2}{5}MR^2$とせよ（こうなる理由は18章を参照）。

解答

2.6×10^{29} J

第18章 慣性モーメントの計算

18.1 簡単な形状の剛体の慣性モーメント

慣性モーメントは，質点の直線運動における質量に対応する量であり，剛体の回転運動を扱う場合の重要な量である。慣性モーメントは，剛体の質量分布だけではなく，回転軸のとり方にも依存する。同じ剛体であっても，回転軸のとり方が異なれば，異なる値を持つ。剛体の形が決まり，回転軸が決まれば，慣性モーメントIの値は決まる。Iの定義を再掲する（17.1節の(17.2)式を参照）。

$$I \equiv \sum_{i=1}^{n} m_i r_i^2 \tag{18.1}$$

ここで，r_iとは剛体を微小部分に分割したときのi番目の微小部分の回転軸までの垂直距離，m_iとはi番目の微小部分の質量である。本節では，簡単な形状の剛体の慣性モーメントを計算で求めることを試みる。

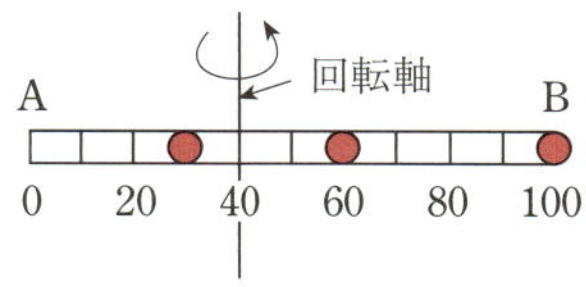

図 18.1

たとえば，図18.1のように，質量の無視できる長さ1 mの剛体棒に，一端Aから30 cm，60 cm，100 cmのところに，質量2 kgの質点がくくりつけられているとする。A端から40 cmのところに棒に垂直に回転軸をとるとすると，この回転軸に関するこの剛体の慣性モーメントは，次のように計算できる。

$$2 \times (0.1)^2 + 2 \times (0.2)^2 + 2 \times (0.6)^2 = 0.82 \text{ kg}\cdot\text{m}^2$$

また，同じ棒でも，回転軸がA端にあるとすると，同様の計算を行なって，慣性モーメントは$I = 2.9 \text{ kg}\cdot\text{m}^2$となる。

質量がこの例のようにとびとび（離散的）に分布している場合は，(18.1)式をそのまま適用すればよい。しかし，質量が連続的に分布している場合には，次の対応関係より積分を計算することになる。

$$I = \sum_{i=1}^{n} m_i r_i^2 \Leftrightarrow I = \int \mathrm{d}m \cdot r^2 \tag{18.2}$$

慣性モーメントは，原理的には(18.2)式を計算すれば求まるが，いつでも計算可能とは限らない。剛体の形状が比較的簡単な場合だけ，計算で求めることができる。以下，計算で求まる例をいくつか紹介する。

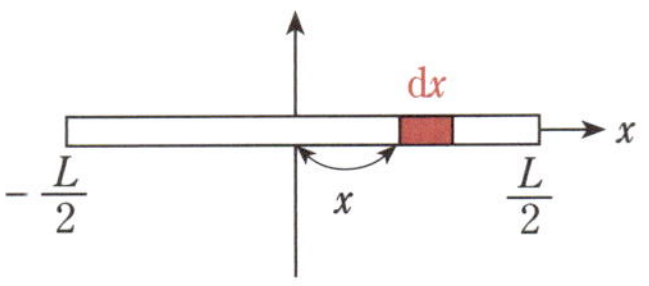

図 18.2

18.1.1　一様でまっすぐな棒の慣性モーメント

長さL，質量Mの一様な棒の，重心を通り棒に垂直な軸のまわりの慣性モーメントIを計算する。図18.2のように，棒の中心（重心）を原点として，棒の長さ方向にx軸をとる。棒の線密度（長さあたりの質量）をρとすると，原点から距離x離れた位置にある長さ$\mathrm{d}x$の微小部分の質量は$\mathrm{d}m = \rho\mathrm{d}x$である。すると，この微小部分だけの軸のまわりの慣性モーメント$\mathrm{d}I_G$は次式で表すことができる。

$$\mathrm{d}I_G = (\rho\mathrm{d}x)x^2 = \rho x^2\mathrm{d}x$$

したがって，この重心を通る軸のまわりの慣性モーメントは，長さ全体にわたり積分すればよいから，

$$I_G = \int \mathrm{d}I_G = \int_{-\frac{L}{2}}^{\frac{L}{2}} \rho x^2\mathrm{d}x = \frac{1}{12}\rho L^3$$

さらに$M = \rho L$であるから，

$$I_G = \frac{1}{12}ML^2 \tag{18.3}$$

となる。

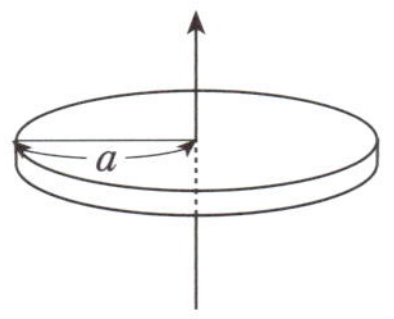

図 18.3

18.1.2　一様な薄い円板の慣性モーメント

図18.3のように，半径a，質量Mの一様な円板の中心を通り，円板に垂直な軸のまわりの慣性モーメントを求める。図18.4のように，この円板の半径rのところにある微小な幅$\mathrm{d}r$の円環を考える。この円環の面積は，$2\pi r\mathrm{d}r$であるから，この円板の面密度（面積あたりの質量）をρとすると，この円環の質量は$\mathrm{d}m = \rho\cdot 2\pi r\mathrm{d}r$である。すると，慣性モーメント$\mathrm{d}I_G$は次式で表すことができる。

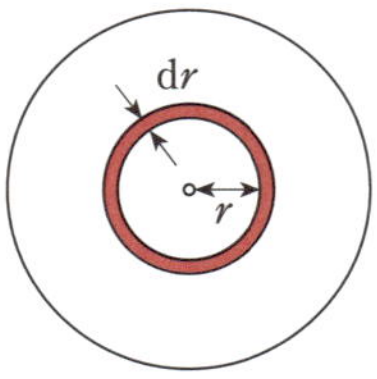

図 18.4

$$\mathrm{d}I_G = r^2\left(\rho\cdot 2\pi r\mathrm{d}r\right) = 2\pi\rho r^3\mathrm{d}r$$

rに関して0からaまで積分すれば，この円板全体の慣性モーメントを計算することができる。

$$I_G = \int \mathrm{d}I_G = \int_0^a 2\pi\rho r^3\mathrm{d}r = \frac{1}{2}\pi\rho a^4$$

ここで，$M = \rho\pi a^2$であることに注意すると，

$$I_G = \frac{1}{2}Ma^2 \tag{18.4}$$

が得られる。

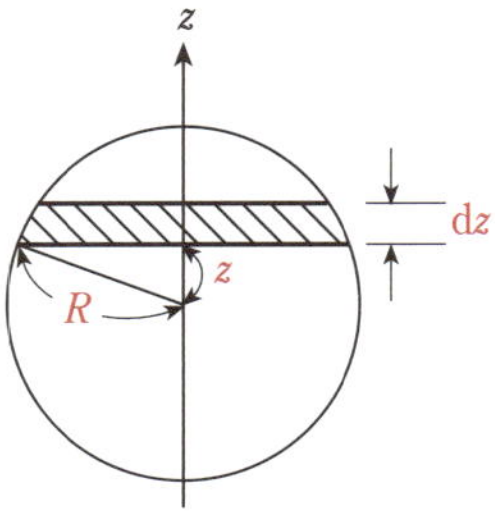

図 18.5

18.1.3　一様な球の慣性モーメント

半径r，質量Mの一様な球の中心を通る軸（これをz軸とする）のまわりの慣性モーメントを求める。図18.5に，球の中心を通る断面図を示す。球

の中心を原点とする。原点から距離zのところにある微小な幅$\mathrm{d}z$の薄い円板を考える。すると，この円板の半径は$\sqrt{R^2-z^2}$である。この円板の体積は$\pi\left(\sqrt{R^2-z^2}\right)^2\mathrm{d}z$であるから，球の密度（体積あたりの質量）を$\rho$とすると，この円板の質量$\mathrm{d}m$は$\rho\pi\left(\sqrt{R^2-z^2}\right)^2\mathrm{d}z$である。したがって，この円板の慣性モーメント$\mathrm{d}I_\mathrm{G}$は，(18.4)式を用いて，

$$\mathrm{d}I_\mathrm{G}=\frac{1}{2}\mathrm{d}m\left(\sqrt{R^2-z^2}\right)^2=\frac{1}{2}\rho\pi\left(R^2-z^2\right)^2\mathrm{d}z$$

と書くことができる。球全体の慣性モーメントは，この式をzについて$-R$から$+R$まで積分すればよい。

$$I_\mathrm{G}=\int\mathrm{d}I_\mathrm{G}=\frac{1}{2}\rho\pi\int_{-R}^{R}\left(R^2-z^2\right)^2\mathrm{d}z=\frac{8}{15}\pi\rho R^5$$

となる。質量は$M=\rho\frac{4}{3}\pi R^3$であるから，

$$I_\mathrm{G}=\frac{2}{5}MR^2 \tag{18.5}$$

となる。

さまざまな形状の一様な剛体の慣性モーメントを，表18.1にまとめた。

例題 18-1

18.1節の表中に掲載されている長方形の板の中心を通り板に垂直な軸のまわりの慣性モーメントを求めよ。長方形の2辺の長さをa，b，質量をMとする。

解説&解答

長方形を真上から見ると図18.6のようになる。位置(x, y)にある1辺の長さ$\mathrm{d}x$，$\mathrm{d}y$の微小な長方形の面積は$\mathrm{d}x\mathrm{d}y$である。面密度をρとすればこの微小な長方形の質量は$\rho\mathrm{d}x\mathrm{d}y$である。また原点Oからこの微小長方形までの距離は$\sqrt{x^2+y^2}$なので，軸のまわりの慣性モーメントは$\mathrm{d}I=\left(\sqrt{x^2+y^2}\right)^2\rho\mathrm{d}x\mathrm{d}y$である。これを$x$，$y$についてそれぞれ$\left(-\frac{b}{2},\frac{b}{2}\right)$，$\left(-\frac{a}{2},\frac{a}{2}\right)$の範囲で積分すればよい。すなわち，

$$I=\int_{-\frac{a}{2}}^{\frac{a}{2}}\int_{-\frac{b}{2}}^{\frac{b}{2}}\rho\left(x^2+y^2\right)\mathrm{d}x\mathrm{d}y$$

この2重積分を実行し，$M=\rho ab$であることに注意すると，

$$I=\frac{1}{12}M\left(a^2+b^2\right)$$

を得る。

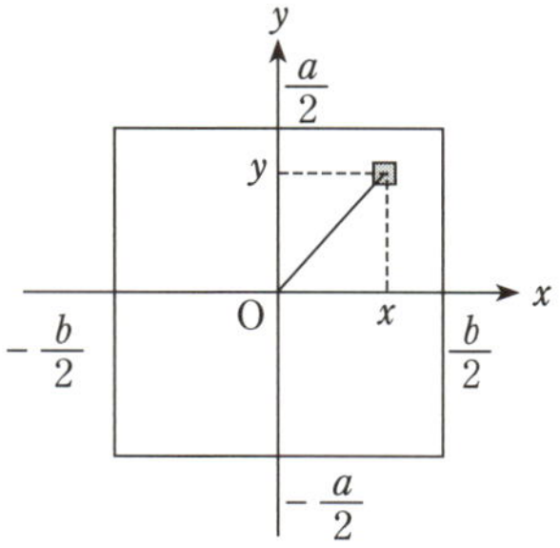

図 18.6

表 18.1　さまざまな形状の慣性モーメント

		慣性モーメント
一様な棒 中心を通り，棒に垂直な回転軸	長さL，質量M 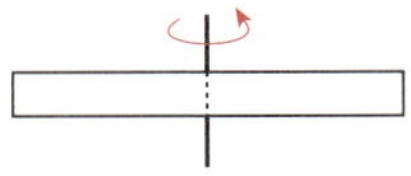	$\frac{1}{12}ML^2$
円板 中心を通り，板に垂直な回転軸	半径a，質量M 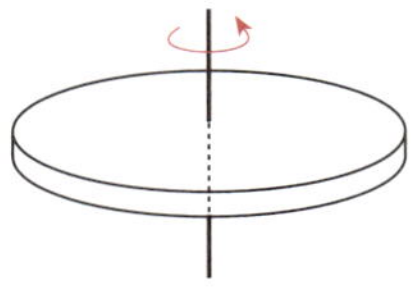	$\frac{1}{2}Ma^2$
円板 中心を通り，板の面内にある回転軸	半径a，質量M 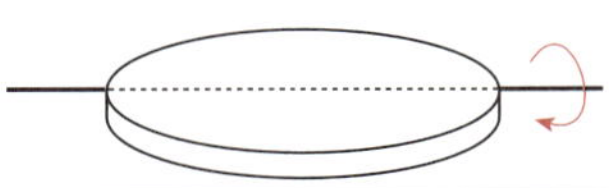	$\frac{1}{4}Ma^2$
円柱 中心軸が回転軸	半径R，質量M 	$\frac{1}{2}MR^2$
球 中心を通る回転軸	半径R，質量M 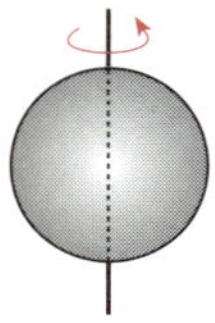	$\frac{2}{5}MR^2$
長方形の板 中心を通り，板に垂直な回転軸	長方形の2辺a，b，質量M 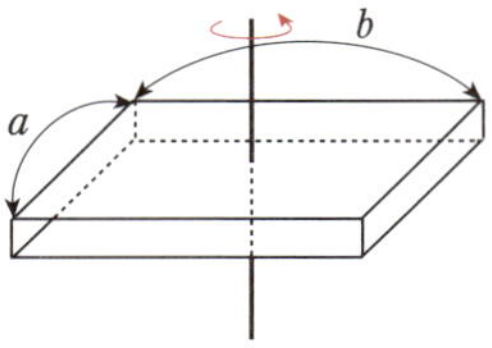	$\frac{1}{12}M(a^2+b^2)$
円環 中心を通り，円環面内にある回転軸	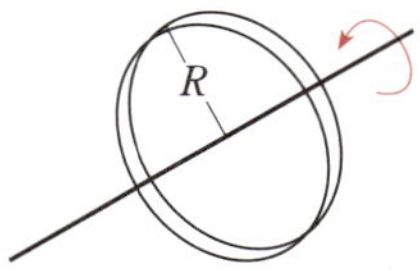	円環 $I_G = MR^2$
薄い円筒 円筒軸が回転軸	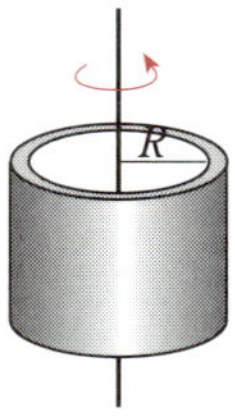	薄い円筒 $I_G = MR^2$

18.2 慣性モーメントに関する定理

前節の表に記載されていない場合の慣性モーメントを計算する際に役に立つ2つの重要な定理がある。

18.2.1 平行軸の定理

質量Mの剛体の重心を通る軸Gのまわりの慣性モーメントをI_Gとする。この軸に平行な任意の軸Aのまわりの慣性モーメントI_Aは，I_Gとの間に次の関係がある。

$$I_A = I_G + h^2 M \tag{18.6}$$

ここで，hとは軸Aと軸Gとの間の垂直距離である。

[証明] 重心を通る軸Gと平行な軸Aとを図18.7のように定める。軸Aをz軸とする直交座標系O-xyz系をとる。同様に，軸Gをz'軸とする直交座標系O′-$x'y'z'$系をとる。剛体をn個の微小部分に分割し，i番目の微小部分を通り，図18.8のように軸A，軸Gに直角な平面図（断面図）を考える。このi番目の微小部分から軸A，軸Gまでの垂直距離をそれぞれr_i，r_i'とする。また，軸Aと軸Gとの垂直距離をhとする。O-xyz系での重心のx，y座標をX，Yとする。O-xyz系，O′-$x'y'z'$系からみたi番目の微小部分の座標をそれぞれ(x_i, y_i)，(x_i', y_i')とすると，図18.8より次式が成り立つ。

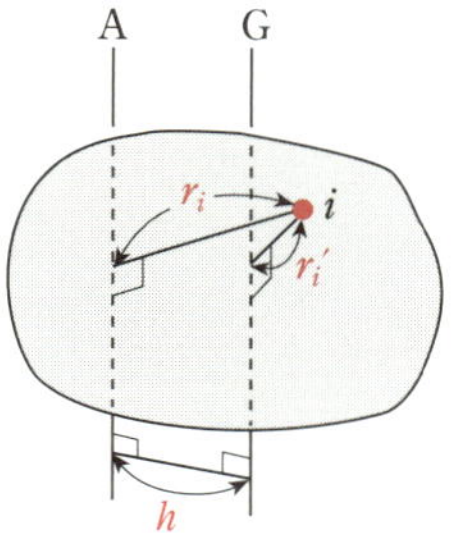

図 18.7

$$x_i = X + x_i', \quad y_i = Y + y_i' \tag{18.7}$$

これを用いると，

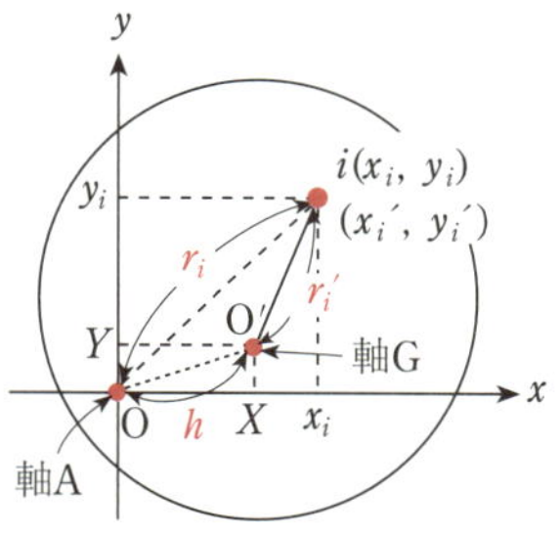

図 18.8

$$\begin{aligned} r_i^2 &\equiv x_i^2 + y_i^2 = (X + x_i')^2 + (Y + y_i')^2 \\ &= X^2 + Y^2 + x_i'^2 + y_i'^2 + 2Xx_i' + 2Yy_i' \end{aligned} \tag{18.8}$$

さらに

$$h^2 = X^2 + Y^2, \quad r_i'^2 = x_i'^2 + y_i'^2$$

であることを考慮すると，(18.8) 式は，

$$r_i^2 = h^2 + r_i'^2 + 2Xx_i' + 2Yy_i' \tag{18.9}$$

と書き直せる。(18.9) 式の両辺にi番目の微小部分の質量m_iを掛けると，

$$r_i^2 m_i = h^2 m_i + r_i'^2 m_i + 2Xx_i' m_i + 2Yy_i' m_i \tag{18.10}$$

(18.10)式を剛体の微小部分すべてについて加え合わせると，

$$\sum_{i=1}^{n} r_i^2 m_i = h^2 \sum_{i=1}^{n} m_i + \sum_{i=1}^{n} r_i'^2 m_i + 2X \sum_{i=1}^{n} x_i' m_i + 2Y \sum_{i=1}^{n} y_i' m_i \tag{18.11}$$

となる。(18.11)式の左辺は軸Aの回りの慣性モーメントI_Aである。右辺第1項はh^2Mであり，第2項は軸Gの回りの慣性モーメントI_Gである。また，第3項は，重心から測った微小部分のx座標を質量m_iの重みをつけて微小部分すべてについて足し合わせたものであるから，重心の定義より0である。第4項についても同様である。したがって，(18.11) 式は，

$$I_A = I_G + h^2 M \tag{18.12}$$

18.2.2　平板の定理

一様な薄い平板上の任意の点を原点としてxy座標系をとり，平板に垂直にz座標をとる。x軸のまわりの慣性モーメントをI_x，y軸のまわりの慣性モーメントをI_y，z軸のまわりの慣性モーメントをI_zとすると，これらのI_x，I_y，I_zの間には次の関係が成り立つ。

$$I_z = I_x + I_y \tag{18.13}$$

[証明]　図18.9のように，座標(x, y)にある微小部分の面積$\mathrm{d}x\mathrm{d}y$の質量は，面密度をρとすると$\rho\mathrm{d}x\mathrm{d}y$である。また，この微小部分の$x$軸までの垂直距離は$y$である。したがって，この微小部分の$x$軸のまわりの慣性モーメント$\mathrm{d}I_x$は$y^2\rho\mathrm{d}x\mathrm{d}y$である。これを平板の全面積で積分すると，

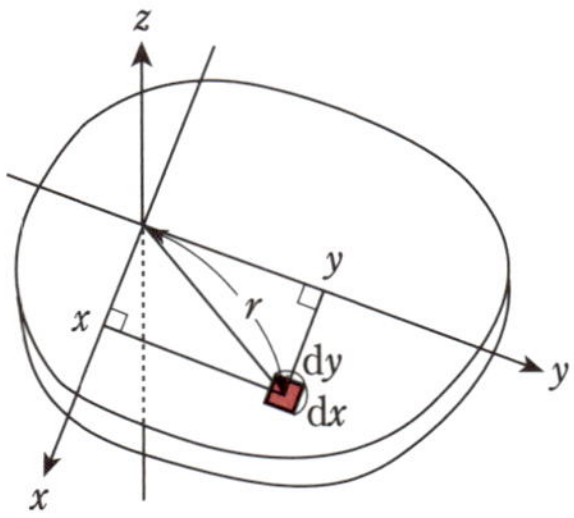

図 18.9

$$I_x = \iint \rho y^2 \mathrm{d}x\mathrm{d}y \tag{18.14}$$

I_yも同様に求めて，

$$I_y = \iint \rho x^2 \mathrm{d}x\mathrm{d}y \tag{18.15}$$

(18.14)式と(18.15)式とを加えれば，

$$I_x + I_y = \iint \rho(x^2 + y^2)\mathrm{d}x\mathrm{d}y = \iint \rho r^2 \mathrm{d}x\mathrm{d}y \tag{18.16}$$

微小面積$\mathrm{d}x\mathrm{d}y$のz軸の回りの慣性モーメントは$\rho r^2\mathrm{d}x\mathrm{d}y$であるから，(18.16)式の右辺は明らかに$I_z$である。したがって，(18.13)式が成り立つ。

例題 18-2

質量200 g，長さ50 cmの一様な棒の一端に水平な軸を取り付け，他端を自由にして振り子運動ができる状態にしておく。空気抵抗や軸受けなどの摩擦力は無視するものとして，棒の振り子運動の周期を求めよ。

解説&解答

棒の重心を通る軸のまわりの慣性モーメントは，

$$I_\mathrm{G} = \frac{1}{12}ML^2 = \frac{1}{12}\times 0.2\times(0.5)^2 = 0.00417 = 4.17\times 10^{-3}\quad \mathrm{kg\cdot m^2}$$

である。ただし，棒の長さ，質量をそれぞれL, Mとした。図18.10のように，棒の端を軸とする場合の慣性モーメントは，平行軸の定理を用いて，

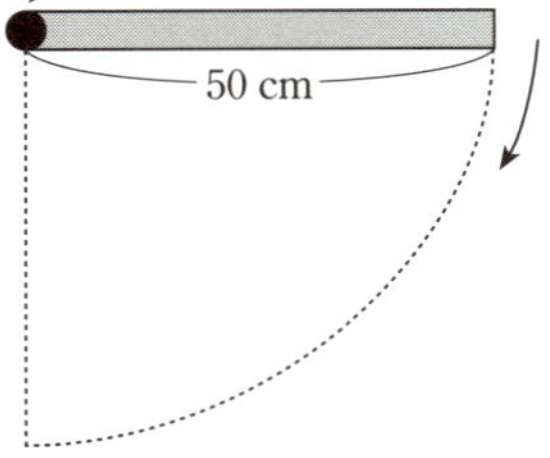

図 18.10

$$I = I_\mathrm{G} + \left(\frac{L}{2}\right)^2 M = 4.17\times 10^{-3} + \left(\frac{0.5}{2}\right)^2 \times 0.2$$

$$\approx 0.0167 = 1.67\times 10^{-2} = 1.67\quad \mathrm{kg\cdot m^2}$$

これは実体振り子であるから，17.2節の(17.8)式を用いて，

$$T = 2\pi\sqrt{\frac{I}{Mg\left(L/2\right)}} = 2\pi\sqrt{\frac{1.67\times 10^{-2}}{0.2\times 9.8\times 0.25}} \approx 1.2\quad \mathrm{s}$$

第19章 剛体の平面運動

剛体を構成するすべての部分が，ある平面に平行な平面内で運動するとき，この運動を剛体の平面運動という。たとえば，図19.1のように，球が斜面上を転がりながら落ちていく運動では，球の重心が運動するxy平面を1つの鉛直面とすると，球のほかのどの部分もこの鉛直面に平行なそれぞれの平面内を運動していることになる。したがって，この運動は剛体の平面運動の一例である。以下，本章では，この運動について考察していく。

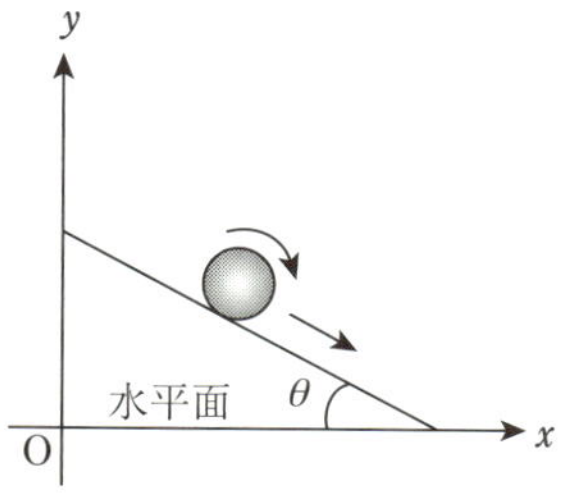

図 19.1

19.1 重心の運動と回転運動の関係

半径Rの球がxの正の向きに回転しながら運動しているものとする（図19.2)。ある時刻で球の表面の点Qがx軸に接していたが，それから微小時間$\mathrm{d}t$の後には，球は角$\mathrm{d}\theta$だけ回転し重心のx座標が$\mathrm{d}x$ 進んでいた。このとき，x軸には，球の表面の点Q′が接していた。

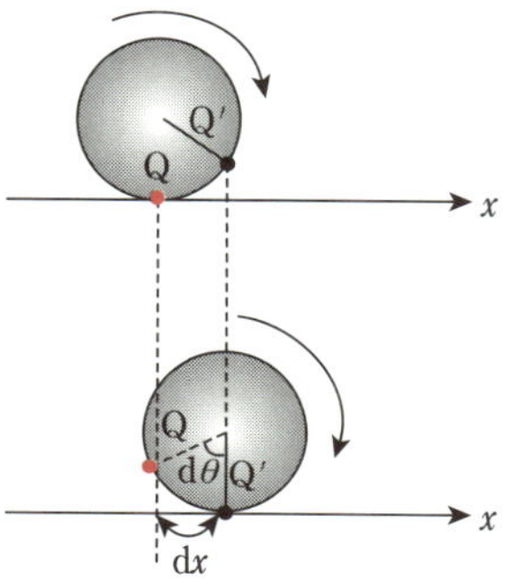

図 19.2

球が滑らないとすると，球の表面上の弧$\overline{\mathrm{QQ'}}$と重心の移動距離$\mathrm{d}x$は等しいので，

$$\overline{\mathrm{QQ'}} = Rd\theta = dx$$

となる。両辺を時間$\mathrm{d}t$で割り，左辺と右辺を入れ替えると，

$$\frac{\mathrm{d}x}{\mathrm{d}t} = R\frac{\mathrm{d}\theta}{\mathrm{d}t} \tag{19.1}$$

(19.1)式は，速度をv，角速度をωとすると，

$$v = R\omega \tag{19.2}$$

と書ける。さらに，(19.1)式を時間tで微分すると，

$$\frac{\mathrm{d}^2x}{\mathrm{d}t^2} = R\frac{\mathrm{d}^2\theta}{\mathrm{d}t^2} = R\frac{\mathrm{d}\omega}{\mathrm{d}t} \tag{19.3}$$

(19.3)式は，加速度をa，角加速度をβとすると，

$$a = r\beta \tag{19.4}$$

と書くことができる。

例題 19-1

次のそれぞれの場合について，質量M，半径rの円柱の重心の加速度a_Gを求めよ。ただし，円柱の慣性モーメントIは，$I = \frac{1}{2}Mr^2$である。なお，図19.3において，糸の張力をT，円柱と机の表面との摩擦力をF'とする

(1)円柱軸に糸をつけ，他端に質量mのおもりをつけて引く場合

(2)円柱に糸を巻き付け，糸を円柱の上部から延ばし，他端に質量mのおもりをつけて引く場合

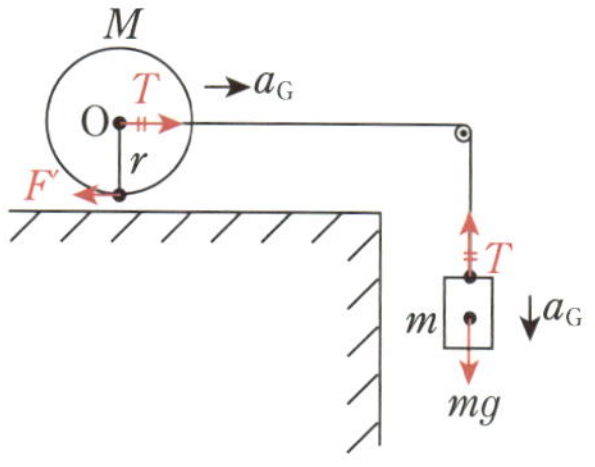

図 19.3

解説&解答

(1)円柱の中心とおもりが結ばれているので，糸が伸び縮みしないとすると，両者の加速度は同じ値をとるので，おもりと円柱の重心加速度をa_Gとすると，

$$\text{おもりの運動；} ma_G = mg - T \tag{1}$$

$$\text{円柱の重心運動；} Ma_G = T - F' \tag{2}$$

$$\text{円柱の回転運動；} I\beta = F'r \quad \left(I = \frac{1}{2}Mr^2\right) \tag{3}$$

$$\text{すべらないから，} a_G = r\beta \tag{4}$$

よって，求める円柱の重心の加速度a_Gは，

$$a_G = \frac{mg}{\frac{3}{2}M + m}$$

なお，おもりの加速度も同じである。

もし，$M \gg m$なら円柱は重くて回転しないと想像できるが，実際，この極限では$a_G = \dfrac{\frac{m}{M}g}{\frac{3}{2} + \frac{m}{M}} \to 0$となり，確かに加速しない。つまり動かず，回転しない。

(2)おもりの加速度と円柱の重心の重心の加速度の値が，一致するかどうかわからないので，おもりの加速度をa_0とし，円柱の重心の加速度をa_Gとする。

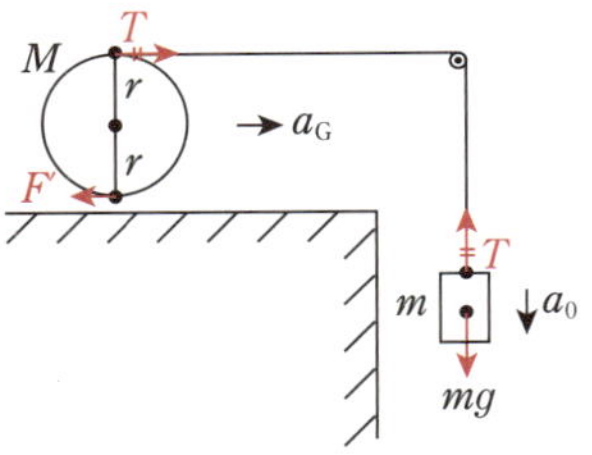

図 19.4

$$\text{おもりの運動；} ma_0 = mg - T \tag{1}$$

$$\text{円柱の重心運動；} Ma_G = T - F' \tag{2}$$

$$\text{円柱の回転運動；} I\beta = F'r + Tr \quad \left(I = \frac{1}{2}Mr^2\right) \tag{3}$$

すべらないから，(19.4)式より

$$a_G = r\beta \tag{4}$$

また，おもりの加速度は，円柱の重心の加速度a_Gに，$r\beta$だけ加えたものになるので，

$$a_0 = a_G + r\beta = 2a_G \tag{5}$$

よって，求める円柱の重心の加速度a_Gは，(3)式より，

$$I\beta = F'r + Tr = \frac{1}{2}Mr^2\frac{a_G}{r}$$

$$\therefore \quad Ma_G = 2F' + 2T \tag{3$'$}$$

(2)× 2 +(3)′より，

$$3Ma_G = 4T \tag{6}$$

また(1)より，

$$ma_0 = 2ma_G = mg - T \tag{4$'$}$$

(6)+(4)′× 4 より

$$(3M+8m)a_G = 4mg$$

$$\therefore \quad a_G = \frac{1}{2} \times \frac{mg}{\frac{3}{8}M + m}$$

となる。また，おもりの加速度a_0は，

$$a_0 = \frac{mg}{\frac{3}{8}M + m}$$

19.2　斜面を転がる球の運動

傾角θの斜面を図19.4のように置いた。底面に沿ってx軸をとり，底面に垂直にy軸をとった。

この斜面の上に半径R, 質量Mの球を置いたところ，球は滑らないで最大傾斜線に沿って転げ落ちた。このとき，球の重心はxy平面に平行な平面上を運動した。球の回転運動の回転軸はxy平面に垂直で重心を通る軸である。

なお，球の重心を通る軸に対する慣性モーメントをI, 回転の角速度をωとし，球に作用する外力のモーメントをN_zとする。

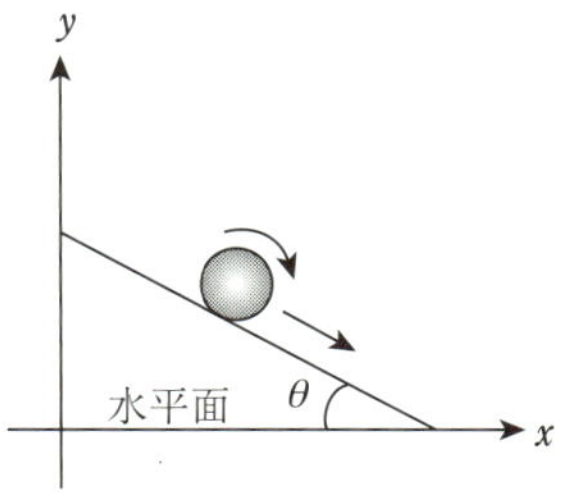

図 19.4

球の重心の運動方程式は，

$$x: \ M\frac{\mathrm{d}^2x}{\mathrm{d}t^2} = F_x \tag{19.5}$$

$$y: \ M\frac{\mathrm{d}^2y}{\mathrm{d}t^2} = F_y \tag{19.6}$$

である。また，球の重心のまわりの回転運動の運動方程式は，

$$I\frac{\mathrm{d}\omega}{\mathrm{d}t} = N_z \tag{19.7}$$

となる。

例題 19-2

傾角θの斜面の上端から，半径r, 質量M, 慣性モーメントIの一様な円形体が，すべらないで最大傾斜線に沿って初速度0で転げ落ちる。重心がhだけ低くなるとき，重心加速度a_G, 重心速度v, 斜面と円形体の間の摩擦力f, 斜面からの垂直抗力Nを求めよ。ただし，円板や円筒の場合$I = \frac{1}{2}Mr^2$，円環の場合$I = Mr^2$である。

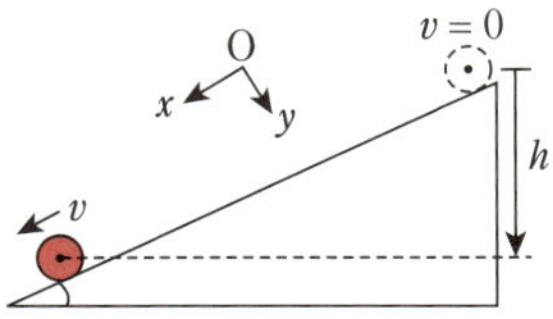

図 19.5

解説＆解答

重心の運動の運動方程式

$$Ma_x = Mg\sin\theta - f \tag{1}$$

$$Ma_y = Mg\cos\theta - N = 0 \tag{2}$$

ところで，物体は斜面から浮き上がったり，めり込んだりしないので，y

方向には加速度運動を行わない。よって，$a_y=0$ より，$a_G=a_x$ である。
回転運動についての運動方程式は，

$$I\beta = fr \tag{3}$$

物体は，斜面上をすべらないので，

$$a_G = r\beta \tag{4}$$

である。よって，重心加速度 a_G は，以下のように求められる。
(3),(4)より，

$$I\frac{a_G}{r} = fr \qquad Ia_G = fr^2 \tag{5}$$

(1)より，

$$Mr^2a_G = Mr^2g\sin\theta - fr^2 \tag{1$'$}$$

(1)′+(5)より，

$$(Mr^2+I)a_G = Mr^2g\sin\theta$$

$$(1+\frac{I}{Mr^2})a_G = g\sin\theta$$

$$\therefore\quad a_G = \frac{g\sin\theta}{1+\dfrac{I}{Mr^2}}$$

転がりにくいほど（I が大きいほど），a_G は小さくなることに注意しよう。

斜面と円形体の間の摩擦力 f は，$f=\dfrac{Mg\sin\theta}{1+\dfrac{Mr^2}{I}}$

斜面からの垂直抗力 N は，$N=Mg\cos\theta$

ところで，重心が h だけ低くなるから，円形体は斜面上を $\dfrac{h}{\sin\theta}$ だけ転がることになる。したがって，このときの重心速度 v と重心加速度 a_G と転げ落ちる距離との間には，次の関係が成り立つ。

$$v^2 - 0^2 = 2a_G\cdot\frac{h}{\sin\theta}$$

ゆえに，重心速度 v は，

$$v = \sqrt{\frac{2gh}{1+\dfrac{I}{Mr^2}}}$$

［補足］

回転運動のエネルギーを考えてエネルギー保存の式をつくると，

$$Mgh = \frac{1}{2}Mv^2 + \frac{1}{2}I\omega^2 \quad ; \quad \omega = \frac{v}{r}$$

また，この式を解いても，重心速度を求めることができる。

この場合，円形体がすべらないことから，摩擦力 f は静止摩擦力であり，熱の発生がない。つまり，力学的エネルギーを損失することがないので，エネルギー保存則を用いて求めることができる。

第3部　演習問題（解答は巻末）

1. 速さ140 km/hで水平に飛んできた質量150 gのボールをバットで打った。ボールは，図1のように，鉛直真上に高さ20 mまで打ち上げられた。バットがボールに与えた力積の大きさ，および水平方向から測った角度を求めなさい。

2. (1)　図2のような長さL，質量Mの一様な棒の重心Gの位置は，この棒の形状の中心にあることを示せ。

(2)　(1)の棒が質量分布が一様ではなく，その密度ρは棒の左端A点からの距離xの2乗に比例するとする（$\rho = Cx^2$とする。Cは比例定数）。このとき，この棒の重心GはA端から測ってどの位置にあるか。

3. (1)　図3のような密度の一様な高さhの直円錐の重心の位置を求めなさい。

(2)　半径aの半円とその直径で囲まれた形の一様な板がある。この板の重心の位置を求めなさい。

4. 表18.1の剛体の慣性モーメントの一覧表の一番下には，（厚さの無視できる）薄い円筒の慣性モーメントが与えられている。では，厚さを無視できない，内径a，外径bの図4のような中空円柱の軸のまわりの慣性モーメントはいくらか。厚さが薄くなる極限で，薄い円筒の慣性モーメントに等しくなっていることを確かめなさい。

5. 図5のように，質量M，長さLの一様な板が滑らかな水平面上に置いてある。質量mの人が，板の左端から右端まで歩くと，板はどちらの方向にどれだけ動くか。mに比べてMの方がずっと重いとすると，どのようになると予測できるか。

6. 図6のように，地面に質量Mの大砲が置かれており，この大砲から質量mの弾丸を地面に対して水平に速さvで発射した。このとき大砲は弾丸の飛び出す方向とは逆に動いた。このときの大砲の動く初速度の大きさと動く距離を求めなさい。ただし，大砲と地面との動摩擦係数をμ'とする。

7. 図7のように，質量mの小球Aが速さv_1で一直線上を運動し，静止していた同じ質量の小球Bに弾性衝突した。小球Aは，衝突前の進行方向からθ_1の角度に速さ$v_1' \neq 0$の速さで散乱した。小球Bの速さとその向きを求めよ。

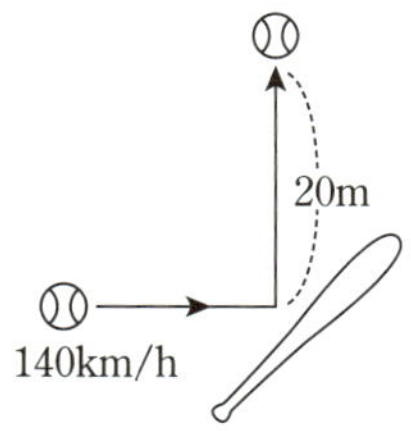

図1　問題1

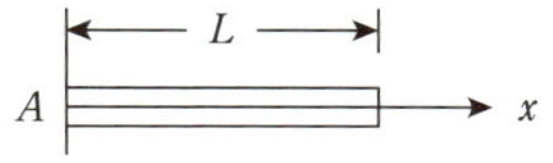

図2　問題2

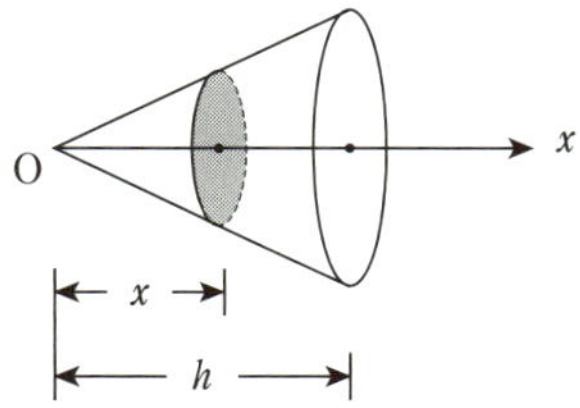

図3　問題3

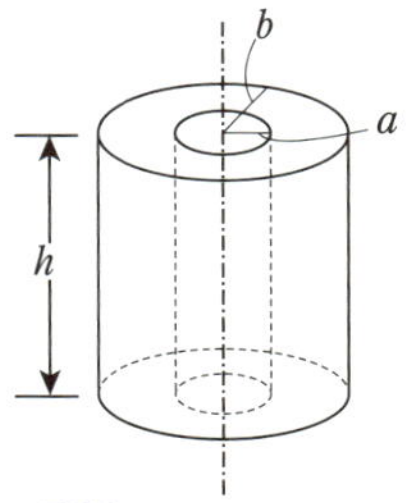

図4　問題4

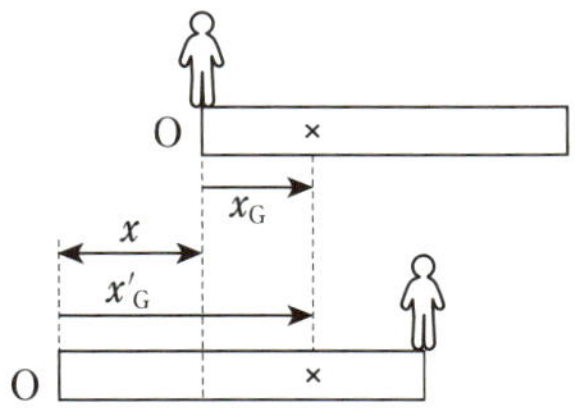

図5　問題5

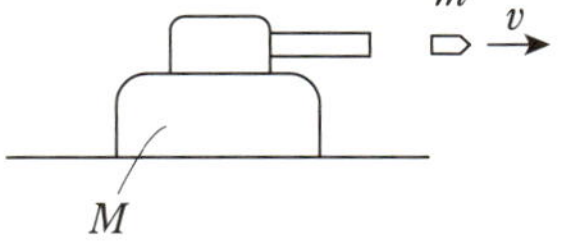

図6　問題6

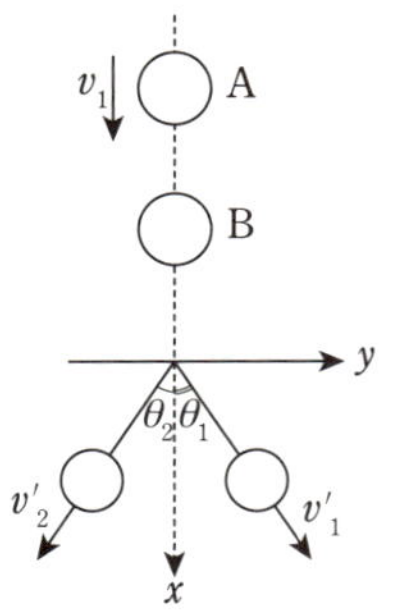

図7 問題7

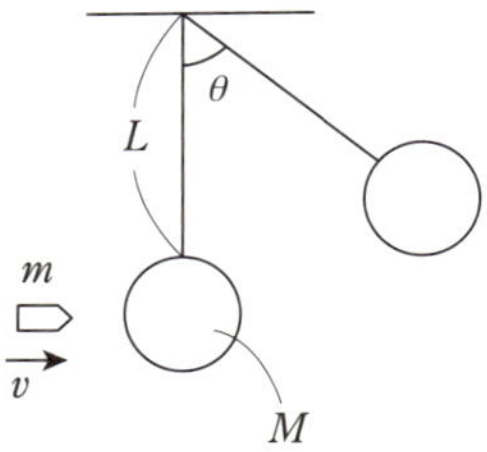

図8 問題9

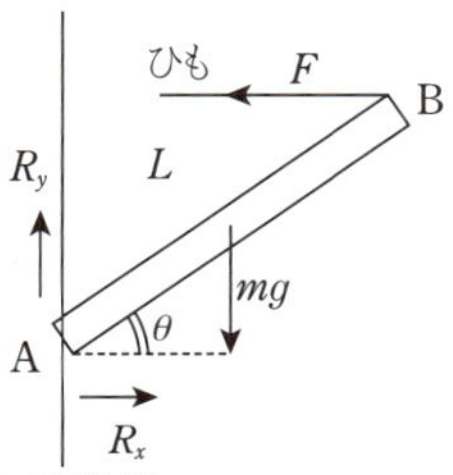

図9 問題10

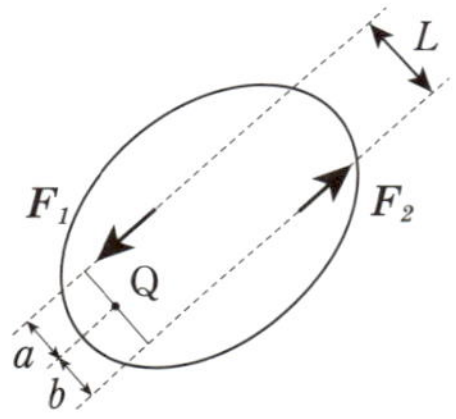

図10 問題11

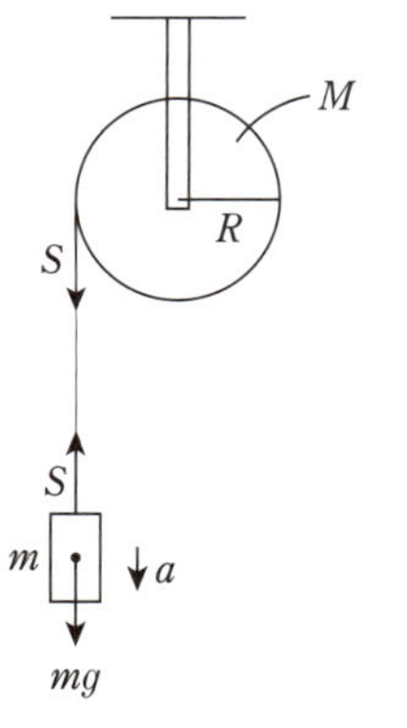

図11 問題12（1）

8. 質量mの物体Aが速さv_1で一直線上を運動し，静止していた同じ質量の物体Bに完全非弾性衝突をした。正面衝突をし，その後一体となって動き出した両物体の衝突直後の速さはいくらか。また衝突により失われたエネルギーはいくらか。

9. 図8のように，長さLの丈夫なひもに質量Mの砂袋をつるし，これに質量mの弾丸を水平に打ち込んだ。砂袋に弾丸が入り込んで，ひもは鉛直から角度θの位置まで上がった。弾丸の速さはいくらか。

10. 質量mの一様な棒が図9のような配置で静止している。棒はA端を中心に鉛直面内で自由に（0°から180°の範囲で）回転できるように壁に取り付けられている。棒の他端Bには軽いひもが取り付けられていて，棒を引っ張っている。ひもの張力F，A端において棒に作用している力の水平成分R_x，鉛直成分R_yを求めなさい。

11. (1) 図10のように，1つの剛体に，大きさが等しく向きが逆で互いに平行な2つの力$\boldsymbol{F}_1$と$\boldsymbol{F}_2$が作用するとき，この2つの力の和は0であり，並進運動に対してはつりあっているが，剛体は回転する。つまり，回転運動に対しては，つりあっていない。これらの2力を偶力といい，他の場合の力と区別する。剛体に働く偶力のモーメント（トルク）の大きさは，$N = LF$で表されることを証明しなさい。ただし，$\boldsymbol{F}_1$と$\boldsymbol{F}_2$の作用線の間隔をL，$F = |\boldsymbol{F}_1| = |\boldsymbol{F}_2|$とする。

(2) 1本の棒磁石がある。電気との対応が明白になるように，N極，S極のことをそれぞれ磁荷$+m$，磁荷$-m$の磁極と呼ぶことがある。両磁極間の距離をLとする。S極からN極に向かい大きさmLのベクトルを$\boldsymbol{M}$と表記して磁気モーメントという。磁石を一様な磁場$\boldsymbol{H}$の中に，磁石を磁場方向と角度θだけ傾けて置いた。すると磁石は磁場中で回転する（磁針（コンパス）を思い出そう）が，それは磁気モーメント$\boldsymbol{M}$が磁場から偶力のモーメント（トルク）を受けているからであると，とらえることができる。その偶力のモーメントは，ベクトル積を用いて$\boldsymbol{N} = \boldsymbol{M} \times \boldsymbol{H}$となることを証明しなさい。

12. (1) 図11のように，質量M，半径Rの滑車がある。これに糸がまきつけてあり，糸の一端には質量mのおもりが取り付けてある。おもりの落下運動の加速度および糸の張力を求めなさい。

(2) 図12のように，質量M，半径Rの滑車がある。これに糸がかけてあり，糸の両端には質量m_1と質量m_2のおもりが取り付けてある（$m_1 > m_2$）。2つのおもりの落下運動の加速度a，および糸の張力S_1，S_2を求めなさい。滑車の慣性モーメントはIのままでよい。

13. 地球，月の質量をそれぞれ$M = 6.0 \times 10^{24}$ kg，$m = 7.3 \times 10^{22}$ kg，地球の半径，月の公転半径をそれぞれ$R = 6.4 \times 10^{6}$ m，$r = 3.8 \times 10^{8}$ m，地球の自転，月の公転周期をそれぞれ$T = 24$ h，$T' = 27.3$ 日とする。

(1) 地球の自転に伴う角運動量はいくらか。

(2) 月の公転に伴う角運動量はいくらか。

(3) 月の公転周期は変わらないまま公転の半径がわずかに増え，rから$r + \Delta r$（$r \gg \Delta r$）になったとする。するとそれに伴って月の公転に伴う角運動量は増える。月の公転に伴う角運動量と地球の自転に伴う角運動量の和は，角運動量保存の法則より一定であるとすると，月の公転に伴う角運動量が増えた分，地球の自転に伴う角運動量は減る。すると地球の自転の速度は減るはずであるが，どのくらい遅くなるか。

(4) 月は年に3 cmづつ地球から遠ざかるとすると，(3)の結果を使って，地球の自転の遅くなる度合いを見積もりなさい。注：潮汐作用があるので，月の公転の角運動量と地球の自転の角運動量は，それぞれが孤立系とはならない。

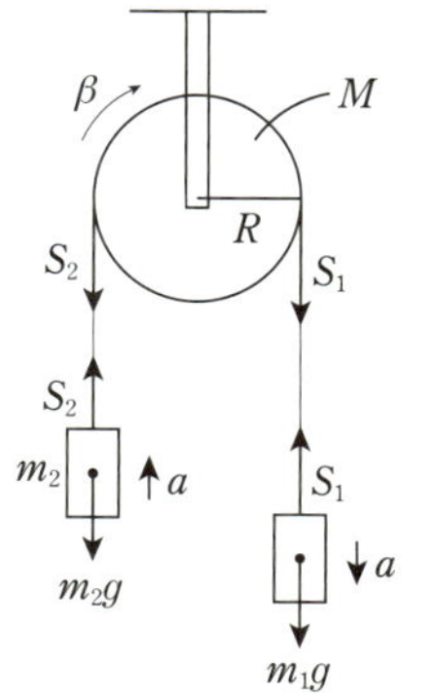

図 12 問題 12 (2)

第20章　弾性体

20.1　弾性と塑性

外力が作用したために生じる物体の形状，体積の変化の割合を歪み（ひずみ）という。たとえば，図20.1のように，長さLの針金におもりをつり下げたことによりその針金の長さがL'になったとする。このときの歪みは，

$$\frac{\Delta L}{L} \equiv \frac{L'-L}{L} \tag{20.1}$$

である。

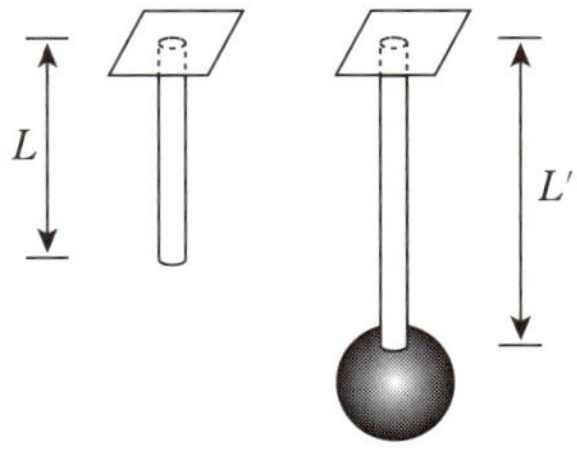

図 20.1

歪みを受けている物体の内部の任意の断面の両側に作用している単位面積あたりの力を応力という。図20.2に示すように，断面Sの両側には，等しい大きさで逆向きの応力が作用している。この断面Sを両側から大きさの等しい逆向きの力で引っ張るからこそ，この断面は静止を続けることができるのである。応力は物体内部に作用する内力である。問題としている物体が糸や弦のような1次元的な物体である場合には，この応力をとくに張力と呼んでいる。

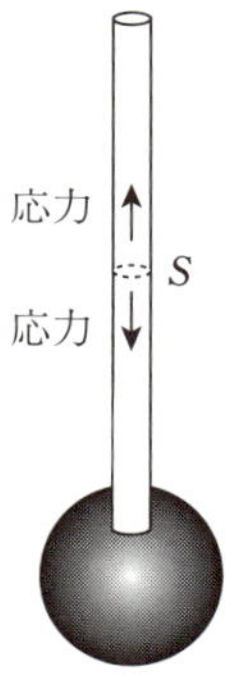

図 20.2

例題 20-1

直径0.2 mmの針金の先に，質量5 kgのおもりをつるした。この針金の内部の応力はいくらか。

解説&解答

この針金の応力pは，この断面の単位面積あたりに作用する力Fであるから，断面積をSとして，

$$p = \frac{F}{S} = \frac{5 \times 9.80}{\pi(0.1 \times 10^{-3})^2} \approx 1.6 \times 10^9\ \mathrm{N/m^2}$$
$$= 1.6 \times 10^9\ \mathrm{Pa}$$

物体には，外力を受けると歪みを生じるが外力をとり除けばもとの形状や体積にもどる性質を持つものがある。この性質を弾性といい，弾性を持つ物体を弾性体という。外力をとり除いてももとの形状や体積にもどらない性質を持つものもあり，この性質を塑性（そせい）という。ばねやゴムは弾性体であるが，極端に大きな外力を加えるともとにはもどらなくなってしまうことがある。

20.2　フックの法則

力学材料の機械的性質を記述するうえで，応力－歪み曲線は重要な指針を与える。図20.3は，典型的な応力－歪み曲線を表している。外部から印加する力を大きくすると応力もまた大きくなる。応力が小さいうちは，歪みは応力に比例して大きくなる。この関係を**フックの法則**という。またこのときの比例係数を弾性率という。つまり，

$$弾性率 = \frac{応力}{歪み} \tag{20.2}$$

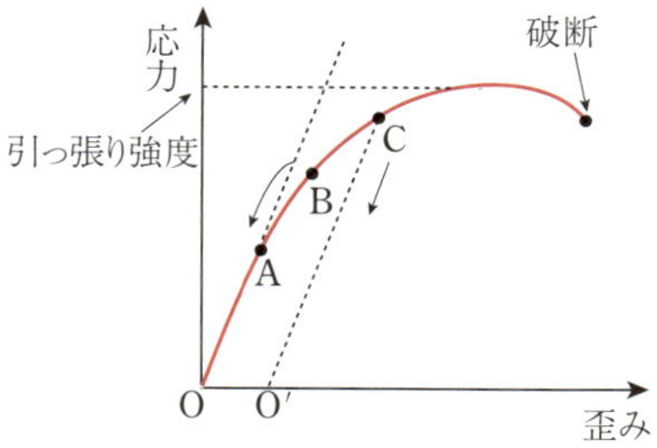

図 20.3

比例限界A（OからAまでの範囲を線形領域という）を超えると比例関係は成り立たなくなるが，弾性限界Bまではまだ弾性の性質は失われない。つまり，外力をとり除くともとの形状や体積にもどる（AからBまでの範囲を非線形領域という）。弾性限界Bを超えて外力を加えると，その物体は塑性変形を起こす。たとえばC点から外力を減少させていくと，破線に沿って歪みは減少してゆき，もとの形状や体積にもどらない。OO′は応力を完全にとり去っても残っている歪みで，**残留歪み**という。

一様な断面のまっすぐな棒に引っ張り荷重を加え破断させたとき，破断に至るまでの応力の強さの最大値を引っ張り強度という。引っ張り強度は，同じ材料でも試験片の形状，大きさ，荷重速度によって値が異なるので，JIS規格（日本工業規格）により試験条件が決められている。

ばねの単振動の場合（7.3節を参照），線形領域でばねが伸び縮みしている限りはフックの法則が成立する。つまり，ばね定数をk，ばねの伸びをxとしてばねの弾性力をkxと表現することができる。しかし，線形領域を超えてばねが伸び縮みするときは，単純にxに比例する弾性力だけが現れるわけではない。たとえば$k_1x^2+k_2x^3$（k_1，k_2：定数）というように高次の項が入ってくることになり，ニュートンの運動方程式は非線形微分方程式になるので，簡単には解けない。

表 20.1　いろいろな物質の引っ張り強度

物　質	引っ張り強度（$\times 10^8$ Pa）
ナイロン -6，6	0.62 ～ 0.83
クモの糸	1.8
絹　糸	2.6
アルミニウム	2.0 ～ 4.5
真ちゅう	3.5 ～ 5.5
ステンレス鋼（SUS304）	5.2
ピアノ線（鉄）	18.6 ～ 23.3
マルエージング鋼（350 級）	24

20.3　弾性率

フックの法則の中に現れる弾性率には，伸びの弾性率（ヤング(Young)率）E，ずれの弾性率n，体積弾性率Kの3種類がある。

20.3.1 ヤング率

ひものように1次元的に長い物体に対して，長さ方向に引っ張るような外力を加えると，この物体は長さ方向に伸びる。この物体のもとの長さをL，伸びをΔL，加えた力をF，断面積をSとすると，フックの法則は次の形になる。

$$\frac{F}{S}=E\frac{\Delta L}{L} \tag{20.3}$$

左辺は応力，右辺の$\dfrac{\Delta L}{L}$は歪みである。Eは比例定数でこれを**ヤング率**という。

例題 20-2

銅のヤング率は13.0×10^{10} Pa(= N/m^2)である。長さ1 m，半径0.5 mmの銅でできた針金の先に2 kgのおもりをぶら下げた。この針金の伸びを求めよ。

解説&解答

与えられた数値を（単位に気をつけながら）(20.3)式に入れると次のようになる。

$$\frac{2\times9.8}{\pi\left(0.5\times10^{-3}\right)^2}=13.0\times10^{10}\times\frac{\Delta L}{1}$$

これより，針金の伸びΔLは，

$$\Delta L\approx1.9\times10^{-4}\ \mathrm{m}=0.19\ \mathrm{mm}$$

ところで，長さ，断面積，ヤング率の等しい針金m本を並列，直列につないで1つのおもりをつり下げた場合，針金の伸びはどうなるかを考えよう。並列に接続した場合には，針金の断面積がm倍になったのと同じ状況であるから針金はm倍伸びにくくなりそうである。実際，(20.3)式より，針金1本のときの伸びをΔLとすれば，

$$\Delta L=\frac{F}{S}\cdot\frac{L}{E} \tag{20.4}$$

断面積がm倍になったときの伸び$\Delta L'$は，

$$\Delta L'=\frac{F}{mS}\cdot\frac{L}{E}=\frac{1}{m}\left(\frac{F}{S}\cdot\frac{L}{E}\right)=\frac{\Delta L}{m}$$

となって，確かに伸びは$1/m$倍になる。また，直列に接続した場合には，針金の長さがm倍になったのと同じ状況であるから，針金の伸びはm倍になりそうである。(20.4)式より，長さがm倍になったときの伸び$\Delta L''$は

$$\Delta L''=\frac{F}{S}\cdot\frac{mL}{E}=m\left(\frac{F}{S}\cdot\frac{L}{E}\right)=m\Delta L$$

となって，確かに伸びはm倍になる。

(20.3)式をばねに適用してみよう。$\dfrac{ES}{L}$をばね定数kに，ΔLをばねの

伸びxに書き直すと，まさにばねに関するフックの法則

$$F = kx$$

を再現できる。

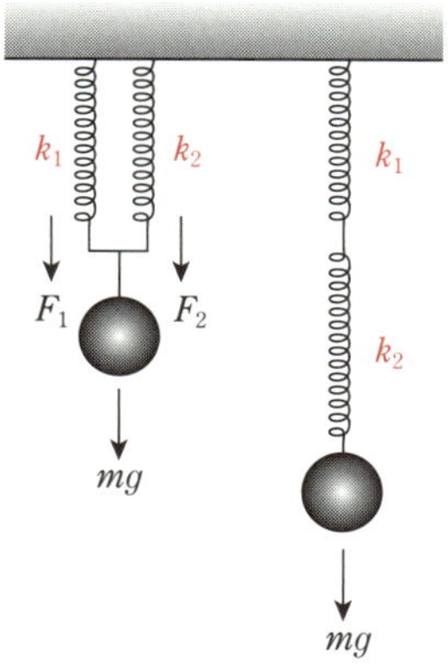

図 20.4

例題 20-3

長さの等しい2つのばねがある。ばね定数はk_1, k_2である。この2つのばねを図20.4のように，並列，直列につなぎ，質量mのおもりをつり下げた。それぞれの場合について，ばねの伸びはいくらになるか。ばね自身の質量は無視してよい。重力加速度をgとする。並列の場合には，2つのばねの下端はそろうようにおもりを配置するものとする。

解説&解答

並列の場合，2つのばねの伸びxは等しいから，それぞれのばねにかかる荷重F_1, F_2は，

$$F_1 = k_1x, \quad F_2 = k_2x$$

となる。F_1, F_2の和が全荷重mgに等しいはずだから，

$$F_1 + F_2 = mg, \quad k_1x + k_2x = (k_1 + k_2)x = mg$$

$$\therefore \quad x = \frac{mg}{k_1 + k_2} \tag{20.5}$$

となる。直列の場合，2つのばねの伸びxは異なっているが，両方に等しい荷重がかかるので，

$$k_1x_1 = mg, \quad k_2x_2 = mg \qquad \therefore \quad x_1 = \frac{mg}{k_1}, \quad x_2 = \frac{mg}{k_2}$$

を得る。したがって，ばねの伸びは，

$$x = x_1 + x_2 = mg\left(\frac{1}{k_1} + \frac{1}{k_2}\right) \tag{20.6}$$

となる。2つのばねを合成した合成ばね定数を考えると，並列のときの合成ばね定数kは，(20.5)式より個々のばね定数の和$k = k_1 + k_2$となり，直列のときの合成ばね定数kは，(20.6)式よりその逆数が個々のばね定数の逆数の和$\frac{1}{k} = \frac{1}{k_1} + \frac{1}{k_2}$になることがわかる。電気抵抗における並列，直列の関係とは入れ替わっているから注意せよ。

20.3.2 ずれ弾性率

図20.5のように，直方体に外力を加えることを考える。このとき，直方体の底面DCGHを固定して上面ABFE（面積S）に対して平行に外力Fを加えたとする。外力Fを加えたことにより，直方体が太線のように変形したとする。このように，面に対して平行な応力成分を**せん断応力**といい，このような変形を**ずれ変形（せん断変形）**という。この変形での応力は$\frac{F}{S}$，歪みは$\frac{\Delta L}{L} = \tan\theta \approx \theta$である。フックの法則は次の形になる。

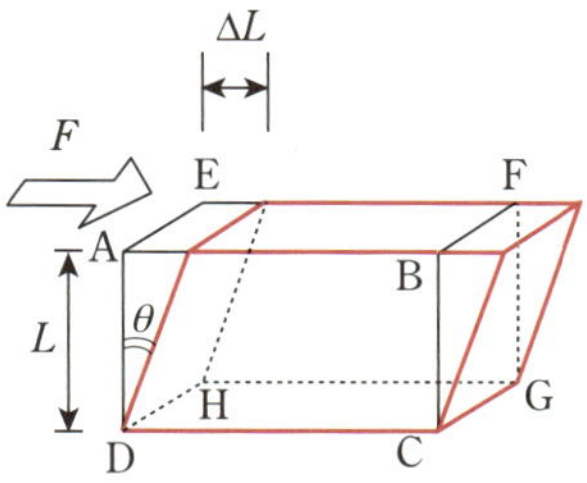

図 20.5

$$\frac{F}{S} = n\frac{\Delta L}{L} = n\theta \tag{20.7}$$

この比例定数nを**ずれ弾性率**または**剛性率**という。

20.3.3 体積弾性率

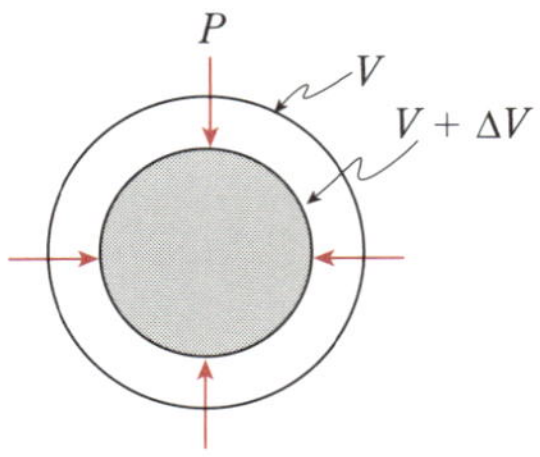

図 20.6

図20.6のように，物体に周囲から圧力を加えることを考える。圧力を加えることにより，物体の体積は減少し，圧力をとり去るともとの体積にもどる。これを体積の弾性という。物体の各面に垂直に圧力Pを加えた（このような圧力を**静水圧**という）とき，物体の体積がVから$V+\Delta V$になったとする。この場合，フックの法則は次の形になる。

$$P = -K\frac{\Delta V}{V} \tag{20.8}$$

ここで，比例定数$K>0$を**体積弾性率**といい，その逆数$\dfrac{1}{K}$を**圧縮率**という。加圧すると（$P>0$）体積は減少するので，$\Delta V<0$とするなら(20.8)式では右辺に負号が必要である。体積減少の絶対値だけを問題にして$\Delta V>0$とするなら負号は必要ない。

例題 20-4

縦，横，高さがそれぞれa, b, cの直方体がある。この直方体に静水圧を加えたときの体積減少率$\dfrac{\Delta V}{V}$と3方向の長さの減少率$\dfrac{\Delta a}{a}$，$\dfrac{\Delta b}{b}$，$\dfrac{\Delta c}{c}$との関係を求めよ。ここでは，$\Delta a>0$，$\Delta b>0$，$\Delta c>0$，$\Delta V>0$とする。

解説&解答

加圧したことにより，3方向のそれぞれの長さが，$a-\Delta a$，$b-\Delta b$，$c-\Delta c$となったとする。すると，

$$V-\Delta V = (a-\Delta a)(b-\Delta b)(c-\Delta c) = abc - bc\Delta a - ca\Delta b - ab\Delta c$$

ここでは，Δa，Δb，Δcを2つ以上含む項（2次以上の微小量）は小さいので無視した。両辺を$V=abc$で割ると次のようになる。

$$1-\frac{\Delta V}{abc} = 1-\frac{\Delta a}{a}-\frac{\Delta b}{b}-\frac{\Delta c}{c}$$

$$\therefore \quad \frac{\Delta V}{V} = \frac{\Delta a}{a}+\frac{\Delta b}{b}+\frac{\Delta c}{c}$$

[別解]

$V=abc$において，Vの全微分をとると，

$$\Delta V = \frac{\partial V}{\partial a}\Delta a + \frac{\partial V}{\partial b}\Delta b + \frac{\partial V}{\partial c}\Delta c = bc\Delta a + ca\Delta b + ab\Delta c$$

$V=abc$で上式の両辺を割り算すると，

$$\therefore \quad \frac{\Delta V}{V} = \frac{\Delta a}{a}+\frac{\Delta b}{b}+\frac{\Delta c}{c}$$

第21章 弾性率の測定

20.3節で述べたように，弾性率には，ヤング率E，剛性率（ずれの弾性率）n，体積弾性率Kの3つがある。伸びの弾性，ずれの弾性，体積の弾性，これらが組み合わされてさまざまな変形が生じる。ここでは，ヤング率E，剛性率nを求める方法について考えよう。

21.1 ヤング率の測定

棒状の物体の両端を支点とし，中央におもりをつけた図21.1(a)のような配置を考えよう。このとき，この物体は弓なりの形状に変形する。また，棒状の物体の一端を固定し，他端におもりをつり下げるとやはり物体は変形する。このような変形をたわみという。こうしたたわみを利用してヤング率を測定することができる。

長さL，厚みa，幅bの棒状物体（断面は辺の長さa，bの長方形）のヤング率を求める方法を考える。まず，図21.2(a)のように，棒の一端Aを壁に固定し，他端Bに荷重Wを与えて棒をたわませる。棒のこのような配置を**片持ち梁**（はり）という。棒の厚さが半分のところの断面層のことを中立層という。この中立層に沿っては長さの伸び縮みはない。壁側の固定点Aから測って距離xのところにある中立層上の微小部分の長さを$\mathrm{d}x$とする（図21.2(b)）。曲率中心Oからこの$\mathrm{d}x$をみると，Rを曲率半径，微小角度を$\mathrm{d}\theta$とすれば$\mathrm{d}x=R\mathrm{d}\theta$の関係がある。同様に，中立層CC′から距離$y$のところにある厚さ$\mathrm{d}y$，断面積$\mathrm{d}S=b\mathrm{d}y$の平行層の長さは，$(R+y)\mathrm{d}\theta$である。したがって，この平行層の歪みは(20.1)式を参照して，

$$\frac{(R+y)\mathrm{d}\theta-R\mathrm{d}\theta}{R\mathrm{d}\theta}=\frac{y}{R} \tag{21.1}$$

である。この平行層が張力$\mathrm{d}F$でまっすぐ引っ張られて，長さが$R\mathrm{d}\theta$から$(R+y)\mathrm{d}\theta$まで伸びたと考えると，ヤング率Eを用いてフックの法則(20.3)式は，この場合，

$$\frac{\mathrm{d}F}{\mathrm{d}S}=E\frac{y}{R} \tag{21.2}$$

の形に書くことができる。つまり，

$$\mathrm{d}F=\frac{E}{R}y\mathrm{d}S=\frac{E}{R}by\mathrm{d}y \tag{21.3}$$

したがって，この断面Sに加わる中立層に対する曲げのモーメントMは，

$$M=\int_S y\mathrm{d}F=\frac{Eb}{R}\int_{-\frac{a}{2}}^{\frac{a}{2}}y^2\mathrm{d}y=\frac{E}{R}\cdot\frac{a^3b}{12}\equiv\frac{E}{R}\cdot I \tag{21.4}$$

となる。ここで，$I\equiv\dfrac{a^3b}{12}$は慣性モーメントである。

次に，この微小部分$\mathrm{d}x$の降下距離（たわみ）$\mathrm{d}h$を求める。図21.2(c)に

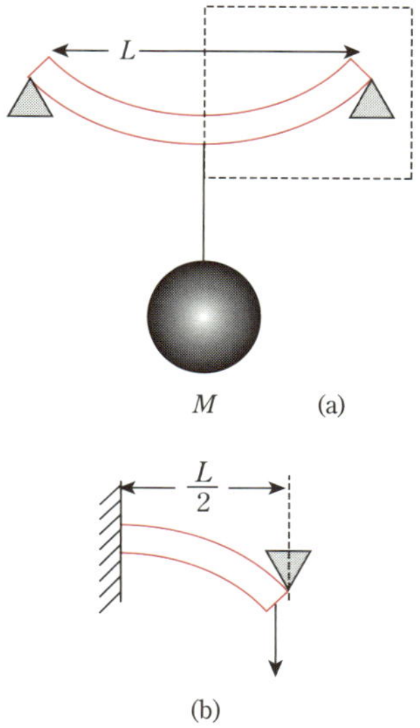

(a)の破線部分だけを180°反転すると(b)のように考えることができる。

図21.1

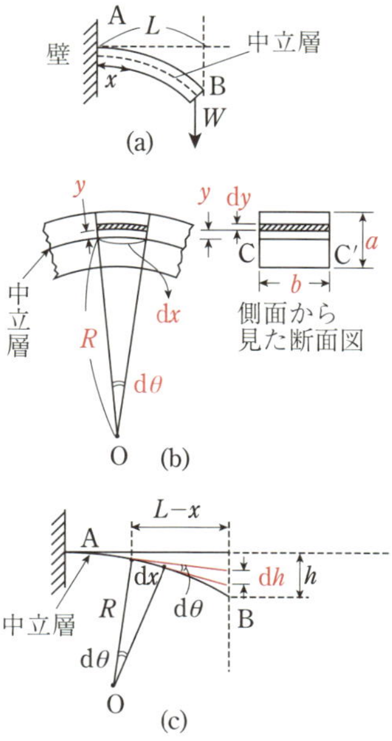

図21.2

示されるように，中立層上の点でA端からの距離がx，$x+\mathrm{d}x$の2点で接線を引き，それを$x=L$まで延長したときの間隔が$\mathrm{d}h$である。図より，

$$\mathrm{d}h=(L-x)\mathrm{d}\theta=(L-x)\frac{\mathrm{d}x}{R} \tag{21.5}$$

となる。このときの曲げのモーメントとおもりによるモーメントはつりあうはずだから

$$M=\frac{E}{R}\cdot I=W(L-x) \tag{21.6}$$

となる。(21.5)式からRを消去すると，

$$\mathrm{d}h=\frac{W}{EI}\left(L-x\right)^2\mathrm{d}x \tag{21.7}$$

となる。したがって，B端のたわみは，

$$h=\int\mathrm{d}h=\frac{W}{EI}\int_0^L\left(L-x\right)^2\mathrm{d}x=\frac{4WL^3}{Ea^3b} \tag{21.8}$$

である。以上より，B端におもりをつるし，その降下の長さhを測定すればヤング率Eを求めることができることがわかる。

通常は，図21.1(a)のように水平に保たれた棒の中央に荷重をかけたときの降下距離を測る。この場合，中央が水平に保たれるように変形しているとみなすことができるから，中央を固定して両端の支えの部分に上向きに荷重$\dfrac{W}{2}$をかけたのと同じ状況になっている（図21.1(b)を参照）。したがって，(21.8)式で

$$L\to\frac{L}{2},\quad W\to\frac{W}{2}$$

の置き換えを行えば，(21.8)式に代わって次式が得られる。

$$h=\frac{WL^3}{4Ea^3b}\qquad\therefore\quad E=\frac{WL^3}{4a^3bh} \tag{21.9}$$

つまり，棒の長さ，断面の辺の長さ，荷重がわかっていれば，降下距離を測定することによってヤング率Eを知ることができる。

例題 21-1

ヤング率E=10^{11} Paの金属棒がある。1辺の長さ1 mmの正方形の断面を持つこの棒を，長さを0.1 %伸ばすためには，どれだけの力を加える必要があるか。

解説&解答

20.3節のヤング率の表式(20.3)式より，

$$\frac{F}{S}=E\frac{\Delta L}{L}$$

数値を入れると，

$$F=(1\times10^{-3})^2\times10^{11}\times\frac{0.1}{100}=100\,\mathrm{N}$$

となる。

21.2 剛性率の測定

図21.3のように，円柱状の物体の上端を固定し，下端に中心軸のまわりの力のモーメント（**ねじりのモーメント**，あるいは**トルク**ともいう）Mを作用すると角度θだけねじれる。このとき，物体を構成している各層は少しずつずれ，力を取り去るともとの形状にもどる。Mが十分小さいうちはMとθの間にフックの法則が成り立ち，フックの法則(20.3)式は，

$$M=c\theta \tag{21.10}$$

と書くことができる。比例定数cをねじれ定数という。

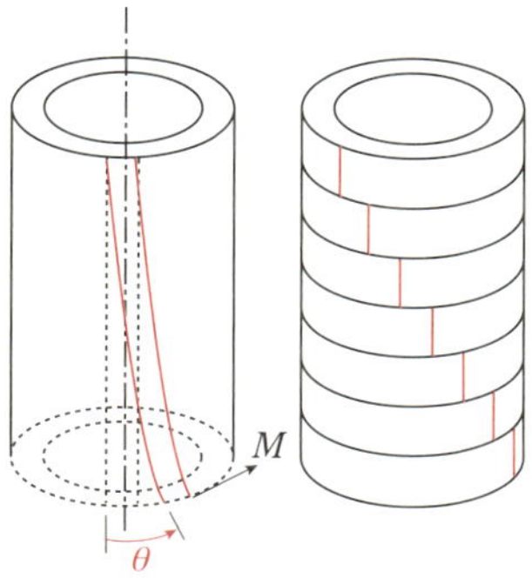

図 21.3

図21.4のように，針金の上端を固定し，下端におもりをつるし，これをねじって回転運動を発生させる装置を考える。これを**ねじれ振り子**という。針金の内部では，図21.3の右図に示すようなねじれが生じている。ねじれ振り子を用いると，針金の剛性率を求めることができることを以下に示す。

角θだけ回転した位置でねじれ振動を起こすのに必要な力のモーメントは$c\theta$であるから，針金の中心軸のまわりに関するおもりの慣性モーメントをIとすれば，回転運動の運動方程式（17.1節の(17.4)式を参照）は，

$$I\frac{\mathrm{d}^2\theta}{\mathrm{d}t^2}=-c\theta \tag{21.11}$$

である。この方程式は明らかに単振動を表しているから，その周期は，

$$T=2\pi\sqrt{\frac{I}{c}} \tag{21.12}$$

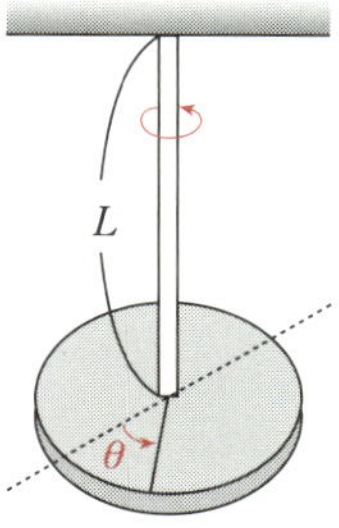

図 21.4

とすぐ求まる。したがって，おもりの慣性モーメントIが既知であれば，周期Tを測定することによって針金のねじれ定数cを知ることができる。したがって，cと剛性率nの関係がわかればnを知ることができる。

cとnの関係は，次のようにして求めることができる。ねじれ振り子の針金（長さL，半径rの円柱とする）は，図21.4からわかるように単位長さあたり$\dfrac{\theta}{L}$だけねじれている。図21.5(a)に描かれているように，上から距離yの位置にある厚さ$\mathrm{d}y$の微小な円柱（斜線をつけた微小部分）を考える。そこだけとり出して拡大して描いたものが図21.5(b)である。さらにその中の半径x，厚さ$\mathrm{d}x$の円筒管の一部分を構成するねじれた六面体ABCDに着目する。図21.5(b)の微小円柱の下面は上面に対して角度$\angle \mathrm{A'O'B}=\left(\dfrac{\theta}{L}\right)\mathrm{d}y$だけねじれているから，弧$\widehat{\mathrm{BC}}$は弧$\widehat{\mathrm{AD}}$に対して弧$\widehat{\mathrm{A'B}}$の長さ分，すなわち$x\left(\dfrac{\theta}{L}\right)\mathrm{d}y$だけねじれている。すると，ずれの角$\phi$（図中の$\angle \mathrm{A'AB}$）は，$\phi\mathrm{d}y=\widehat{\mathrm{A'B}}$の関係より，

$$\phi = x\left(\frac{\theta}{L}\right) \tag{21.13}$$

となる。図21.5(c)のように円筒管を引き伸ばして展開したものを考えると，ずれ変形を生じさせるために下面に作用している応力（単位面積あたりに作用する力）Pは，20.3節の(20.7)式を用いて，

$$P = n\phi = nx\left(\frac{\theta}{L}\right) \tag{21.14}$$

となることがわかる。応力にこの円筒管の面積を掛けると，下面に作用する力$\mathrm{d}F$を求めることができる。すなわち，

$$\begin{aligned} \mathrm{d}F &= P\cdot\left(2\pi x\mathrm{d}x\right) = nx\left(\frac{\theta}{L}\right)\cdot\left(2\pi x\mathrm{d}x\right) \\ &= 2\pi n\left(\frac{\theta}{L}\right)x^2\mathrm{d}x \end{aligned} \tag{21.15}$$

この力$\mathrm{d}F$は円筒管の接線方向を向いているので，中心軸のまわりの力のモーメントは，腕の長さ（$=x$）を掛けて，

$$\mathrm{d}M = x\mathrm{d}F = \frac{2\pi n\theta x^3\mathrm{d}x}{L} \tag{21.16}$$

となる。したがって，図21.5(a)の微小円柱の下面全体に作用する力のモーメントは，(21.16)式を積分すればよいから，

$$M = \int \mathrm{d}M = \frac{2\pi n\theta}{L}\int_0^r x^3\mathrm{d}x = \frac{\pi n\theta r^4}{2L} \tag{21.17}$$

となる。cとnの関係は，(21.10)式と比べて，

$$c = \frac{\pi n r^4}{2L} \tag{21.18}$$

となることがわかる。以上より，ねじれ振り子を振らせてその周期Tを測定すれば，(21.12)式を用いて，剛性率は，

$$n = \frac{8\pi LI}{T^2r^4} \tag{21.19}$$

と求まることがわかった。おもりの慣性モーメントIは，18.1節の一覧表を参照すればよい。

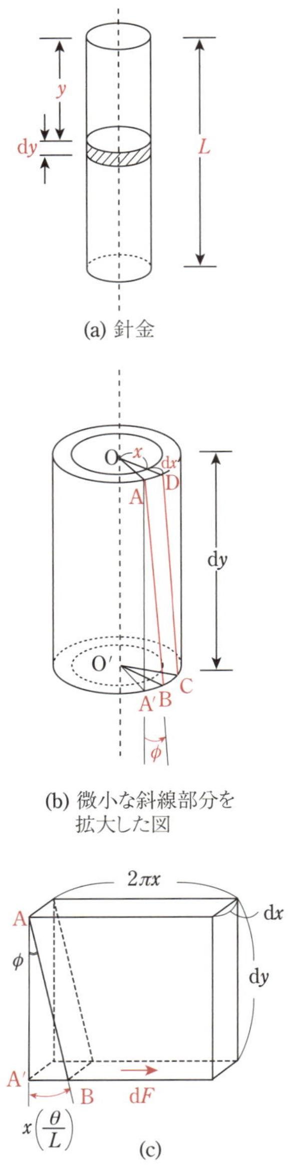

(a) 針金

(b) 微小な斜線部分を拡大した図

(c)

図 21.5

例題 21-2

真鍮(しんちゅう)（黄銅）の剛性率は4.1×10^{10} Paである。長さ1.5 m，半径0.4 mmの針金状の真鍮の剛性率を求める実験を行うにあたり，ねじれ振り子を振らせてその周期Tを測ることにした。ねじれ振り子の下につけるおもりは，質量2000 g，半径3 cmの円柱とする。この実験では，Tはどの程度の数値となるか。

解説&解答

円柱の中心軸のまわりの慣性モーメントは$I = \frac{1}{2}MR^2$であることを用い

ると，

$$I=\frac{1}{2}MR^2=\frac{2\times\left(3\times10^{-2}\right)^2}{2}=9\times10^{-4}\ \mathrm{kg\ m^2}$$

(21.19)式を用いると，ねじれ振り子の周期は，

$$T=\sqrt{\frac{8\pi LI}{nr^4}}=\sqrt{\frac{8\pi\times1.5\times9\times10^{-4}}{4.1\times10^{10}\times(0.4\times10^{-3})^4}}$$
$$\approx5.7\ \mathrm{s}$$

となり，十分測定可能な数値である。

21.3　ポアッソン比

図21.6のように，長さL，幅dの弾性体の棒に，大きさFの力を加えて引っ張ったとする。このとき，縦方向にΔL伸び，横方向にΔd縮んだとする。縦の伸びに対する横の縮みの比をポアッソン(Poisson)比という。つまり，その定義は，

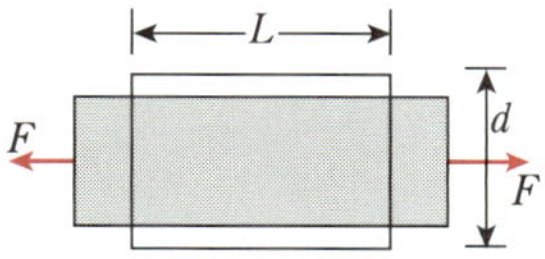

図 21.6

$$\sigma=\frac{-\frac{\Delta d}{d}}{\frac{\Delta L}{L}} \tag{21.20}$$

である(ここでは$\Delta d<0$となるようにとった)。ポアッソン比は$0<\sigma<0.5$の範囲に入る。また，ヤング率E，剛性率nと次の関係

$$n=\frac{E}{2(1+\sigma)} \tag{21.21}$$

にある。

第22章 カオス入門

22.1 決定論的方程式と非決定論的方程式

力学の中で最も重要な法則は，ニュートンの運動方程式（運動の第2法則）である。ある物体が力を受けて運動しているとする。その物体にどういう力が作用しているかがわかれば，この物体に対して運動方程式をたてることができる。運動方程式がたてられれば，その方程式を解いて解を求めることができる。たとえば，ある物体を鉛直真上に投げ上げれば，そのときの方程式は，(4.10)式より

$$m\frac{\mathrm{d}^2y}{\mathrm{d}t^2}=-mg$$

である。初期条件(4.9)式

$t=0$ のとき，$v=v_0$，$y=y_0$

を用いて解くと，(4.12)，(4.14)式

$$v=-gt+v_0 \qquad y=-\frac{1}{2}gt^2+v_0t+y_0$$

が得られる。この2つの式（解）は，物体を投げ上げた後の時刻における物体の速度と位置を示している。つまり，運動方程式の解は，その物体が未来の時刻で，どこにいて，どういう速度を持っているかを正確に教えてくれる。つまり，物体の未来の運動状態を正確に予言してくれる。物体を投げ上げた瞬間に，その物体のその後の運命（？）が正確にわかってしまう。未来のことを100％正確に予言してくれるから，決定論的である。つまり，ニュートンの運動方程式は**決定論的方程式**である。

力学に限らず，物理学においては，自然の法則や現象を方程式で表現しようとしている。法則や現象を記述する方程式さえわかれば，すべて未来のことが決定論的にわかってしまうか，というと，そうではない場合もある。

そこで，次のような問題を考えてみよう。ある年にバッタがある地域に x 匹いるとする。そのバッタの繁殖率を a，次の年（1年後）のバッタの数を y 匹とすると，y と x の関係は，

$$y=ax \tag{22.1}$$

となる。たとえば，$a=2$ であれば，バッタ1匹につき2匹の子孫を残すことを意味する。その次の年（2年後，あるいは「第2世代」と言ってもいい）のバッタの数は，(22.1)式で得られた y を x と書き直して再び(22.1)式に入

れればyの値として得られる。(22.1)式にしたがうと，$a>1$であるとバッタの数は爆発的に（ねずみ算的に）増えてしまう。実際には，数がある程度増えてくると繁殖率は落ちてくるから，増え続けることはありえない。そこで，繁殖率を簡単に$a(1-x)$で置き換えてみよう。つまり，ある年のバッタの数は，

$$y=a(1-x)x \tag{22.2}$$

で表されるとする（図22.1参照）。さらに，ここで，xは$0\leq x\leq 1$の範囲に規格化されているとする。つまり，100万匹のことを1と書き，10万匹，1万匹，…のことを0.1，0.01，…と書くと約束する。xが小さいうちは$1-x\approx 1$，つまり(22.2)式は$y=a(1-x)x\approx ax$となり，バッタの数は増え続ける。ところがxがある程度大きくなり1に近づくと$1-x\approx 0$となり，(22.2)式は$y=a(1-x)x\approx 0$となって減少に転じることがわかる。このように繁殖率の増減を表現する簡単な方程式(22.2)式を**ロジスティック方程式**という。このことを踏まえて，次の例題を考えてみよう。

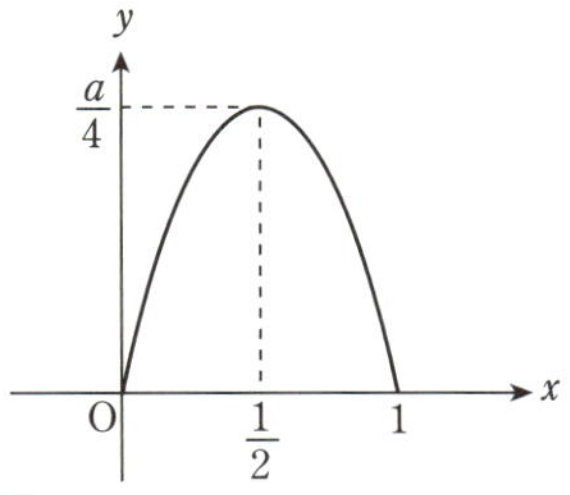

図22.1

例題22-1

上記のバッタの数の問題で，ロジスティック方程式(22.2)式を用いて，以下の場合について，50年後のバッタの数を求めなさい。

(1)繁殖率$a=2$とし，1年目のバッタの数（初期値）を20万匹($x=0.2$)，および70万匹($x=0.7$)としたとき。

(2)繁殖率$a=2.3$とし，1年目のバッタの数（初期値）を20万匹($x=0.2$)，および90万匹($x=0.9$)としたとき。

(3)繁殖率$a=3.1$とし，1年目のバッタの数（初期値）を10万匹($x=0.1$)，10万1匹($x=0.100001$)，90万匹($x=0.9$)としたとき。

(4)繁殖率$a=4$とし，1年目のバッタの数（初期値）を10万匹($x=0.1$)，10万1匹($x=0.100001$)としたとき。

（計算は，パソコンの表計算ソフトを用いて行うのがよい。小数点以下6桁表示とする。）

解説&解答

(1)　$a=2$のときは，初期値が20万匹($x=0.2$)であっても70万匹($x=0.7$)であっても，5年目あたりを過ぎると一定値$x=0.5$に落ち着く。つまり，繁殖率$a=2$なら，50年後のバッタの数は50万匹で，明確に将来予測ができる。（図22.2参照）

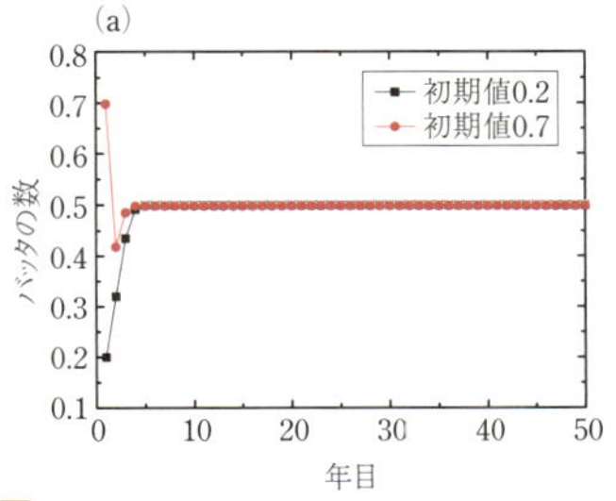

図22.2

(2)　$a=2.3$のときは，初期値が20万匹($x=0.2$)であっても90万匹($x=0.9$)であっても，10年目あたりを過ぎると一定値$x=0.565217$に落ち着く。つまり，繁殖率$a=2.3$なら，50年後のバッタの数は56万5217匹で，これも明確に将来予測ができる。（図22.3参照）

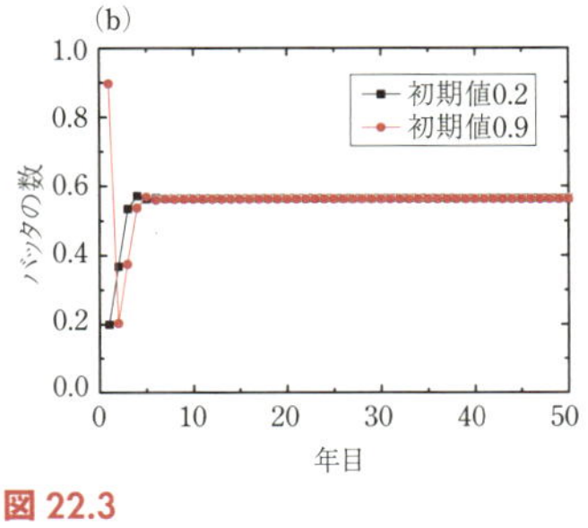

図22.3

(3)　$a=3.1$のときは，初期値が10万匹($x=0.1$)であっても90万匹(x=0.9)であっても，不思議なことに2年目から同じ数になる。また，約76万4000匹と約55万8000匹を交互にとるような2周期構造になる。

また，初期値が10万匹($x=0.1$)であっても10万1匹($x=0.100001$)であっ

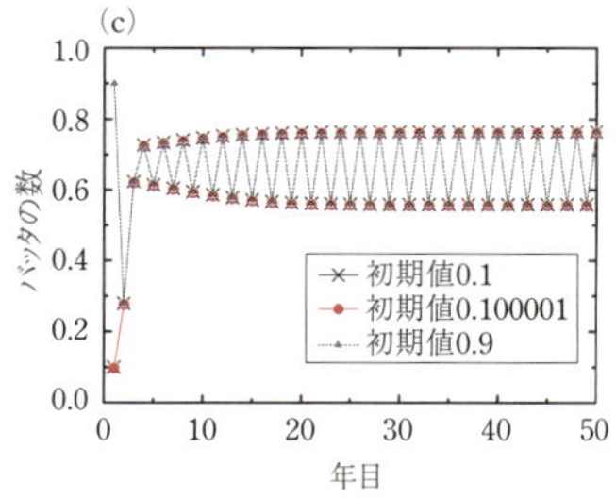

図 22.4

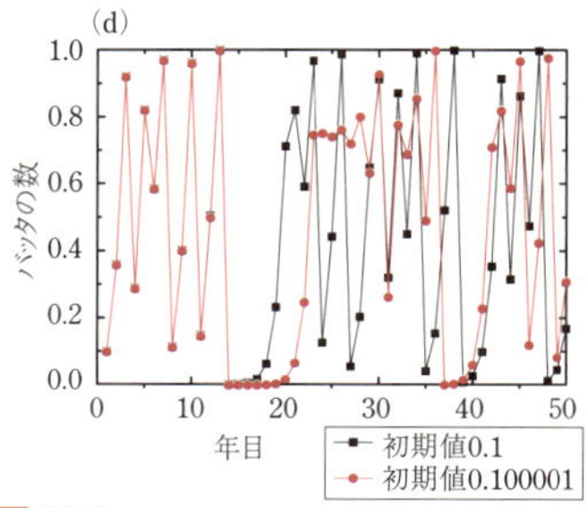

図 22.5

ても，2年目以降のどの年でも数に大きな差異はない。特に23年目以降はまったく同じ数になる。つまり，1年目に，10万匹に対して1匹くらいの数え間違いがあっても，その後の数には大差はないという，常識通りの結果になっている。（図22.4参照）

(4) $a = 4$のときは，初期値が10万匹($x = 0.1$) のときと10万1匹($x = 0.100001$) のときでは，最初の13年くらいまではどちらでも大差ないが，それを過ぎると大幅に異なってくる。たとえば，50年後は，初期値10万匹($x = 0.1$) のときと10万1匹($x = 0.100001$) のときでは，それぞれ16万8351匹，31万356匹となる。つまり，1年目に，10万に対して1匹の数え間違いがあると，遠い将来の予測は大きく異なってしまい，将来の予測は不可能となる。（図22.5参照）

上記の例題(4)で見たように，10^{-5}の誤差のせいで，15年後あたりから将来の予測がまったくできなくなってしまう状況が生じることがある。この状況を**カオス**という。(22.2)式は簡単な方程式であるが，場合によっては，未来のことが予測不可能である。これは，**非決定論的方程式**である。

第４部　演習問題（解答は巻末）

1. (1)　密度ρの液体内で，高さがhだけ異なる２点A，Bの圧力差を考える。図１のように，Aを含む水平面a，Bを含む水平面b（どちらの水平面も円形で，表面積をSとする）を上面，下面とする仮想的な円柱を考える。

(a)　この円柱に作用する重力はいくらか。重力加速度gを用いて表しなさい。

(b)　上面a，下面bにかかる圧力はそれぞれp_A，p_Bである。鉛直方向の力のつりあいから，$p_B - p_A$をg，h，ρを用いて表しなさい。

(2)　(1)の(b)の結果を用いて，水深10 mの海中で受ける水圧は何気圧になるか，計算しなさい。ただし，1気圧$= 1.013 \times 10^5$ Pa(= N/m^2)，海水の密度を$\rho = 1$ g/cm^{3}とする。

(3)　大気中で体積V_0の物体を深さhの海中に沈めた。この物体の体積弾性率をK，海上での大気圧をp_0とする。海中での体積はいくらになるか。

(4)　この物体は鉄でできているとし，深さ10000 mの海中に沈めたとする。もとの体積V_0は1000 cm^{3}とすると，この物体の海中での体積はいくらになるか。鉄の体積弾性率を$K = 1.6 \times 10^{11}$ N/m^{2}とする。

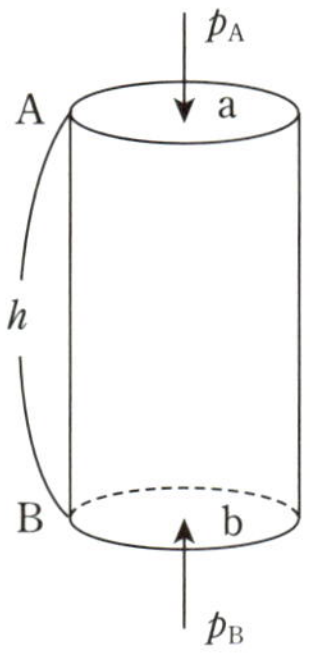

図１　問題１

2. (1)　ゴムひもの一端に質量mのおもりを付け，それを滑らかな台の上に置き，このゴムひもの他端を中心として，この台上で周期Tの等速円運動をさせた。このときゴムひもの長さはL'であった。このゴムひもの断面積をS，ヤング率をE，もとの長さをLとする。L'はどのように書けるか。

(2)　ヤング率が大きいということは，ゴムひもは伸びにくいということである。(1)で得られた結果はそのような状況を正しく記述しているか，確かめなさい。

3. (1)　長さL，密度ρ，ヤング率Eの一様な棒がある。これを天井から鉛直につり下げた。この棒は自重でどれだけ長さが伸びるか。

(2)　長さ1 mの真鍮の一様な棒がある。密度は8.5×10^3 kg/m^3，ヤング率は110 GPaである。天井から鉛直につり下げたとき，自重でどれだけ伸びるか。

4. パイを作るとき，粉の中に砂糖やバターを入れ水を加えて塊を作る。始めのうちは砂糖やバターは塊の中に片寄って入っているが，こねていくうちにだんだん一様になり，最後は均等に混ざり合う。簡単のため２次元で考えて，10 cm × 10 cmの正方形のパイの塊（図2(a)）

をまず上から押しつぶし，高さが半分，横方向の長さが2倍になるようにする（図2(b)）。すると高さは5 cm，横方向の長さ20 cmとなって，面積は変わらない。次に，図2(b)の長方形のパイの塊を半分に切断して，右半分を左半分の上に載せて，再び10 cm × 10 cmの正方形の塊にする（図2(c)）。ここまでのプロセス1回を，1回パイをこねたと定義する。最初，(x = 8 cm, y = 2 cm)，(x = 8.001 cm, y = 2 cm)のところに片寄っていた2つの砂糖の粒は，20回のパイこねの後，それぞれどこへ移動するか。座標は図2(a)のようにとる（計算は，パソコンの表計算ソフトを用いて行なうのがよい）。

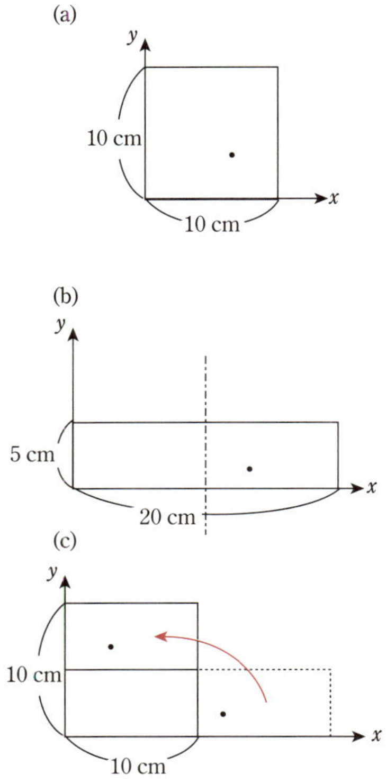

図2 問題4

第1部 演習問題解答

1. $\boldsymbol{A}(t) = (a\cos\omega t, a\sin\omega t, 0)$ なので，これを t で微分すると，$\dfrac{\mathrm{d}\boldsymbol{A}}{\mathrm{d}t} = (-a\omega\sin\omega t, a\omega\cos\omega t, 0)$ となる。

両者の内積をとると，$\boldsymbol{A}\cdot\dfrac{\mathrm{d}\boldsymbol{A}}{\mathrm{d}t} = -a^2\omega\sin\omega t\cos\omega t + a^2\omega\sin\omega t\cos\omega t + 0 = 0$ となる。

内積が0となることから，2つのベクトルは，$\boldsymbol{A}\perp\dfrac{\mathrm{d}\boldsymbol{A}}{\mathrm{d}t}$ となる。

2. (1)2つの三角形の相似の関係より，$(y-x) : a = y : h$

$$\therefore\quad y = \left(\frac{h}{h-a}\right)x \qquad (1)$$

ここで，x，y と v，v_k の関係は，$v = \dfrac{\mathrm{d}x}{\mathrm{d}t}$，$v_k = \dfrac{\mathrm{d}y}{\mathrm{d}t}$ である。

よって，(1)式を t で微分すると，

$$v_k = \left(\frac{h}{h-a}\right)v \qquad (2)$$

(2)$h > a$ なので，

$$\frac{h}{h-a} > 1$$

である。よって，大小関係は，(2)式より $v_k > v$ である。人の歩く速さ v が影の速さ v_k より速いとすると，人はやがて影を追い越してしまい，影が人の背後（街路灯側）にできることになる。しかしそれはありえないので，$v_k > v$ は理に適った結果である。

(3)人の身長 a が限りなく0に近づくと，影の先端部分の位置は，限りなく人のいる位置に近づくことになる。

すると，v と v_k の区別は付かなくなるだろうと予想される。実際，(2)式より，$\lim_{a\to 0} v_k = \lim_{a\to 0}\left(\dfrac{h}{h-a}\right)v = v$ であり，予想通りの結果となっている。

3. (1)最初に投げ上げられた物体の高さの時間変化は，(4.14)式より

$$y_1 = -\frac{1}{2}gt^2 + v_0 t \qquad (1)$$

である。時間間隔 t_0 をおいて第2の物体を投げ上げるので，その高さの時間変化は，(1)式を使って

$$y_2 = -\frac{1}{2}g\left(t-t_0\right)^2 + v_0(t-t_0) \qquad (2)$$

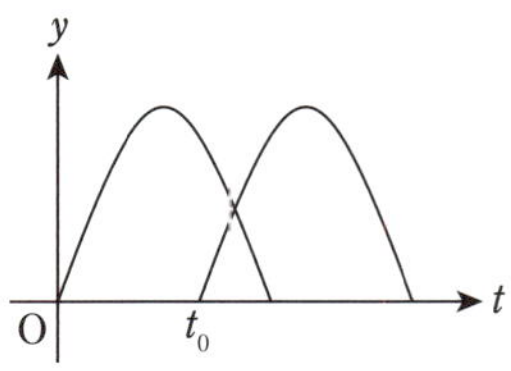

図1

となる。(1)，(2)式より，$y_1 = y_2$ とおいて，

$$t = \frac{t_0}{2} + \frac{v_0}{g} \qquad (>0) \qquad (3)$$

が得られる。(3)式が衝突するまでの時間である。衝突するときの高さは，(3)式を(1)または(2)式に入れて，

$$y_1 = y_2 = \frac{v_0{}^2}{2g} - \frac{gt_0{}^2}{8} \qquad (4)$$

(2)ところで，(1)式より，最初に投げ上げられた物体が地面に落下するまでの時間は，$t=\dfrac{2v_0}{g}$ である。落下する前に第2の物体を投げ上げなくてはならないから，t_0 との大小関係は，$\dfrac{2v_0}{g}>t_0$ である。これが成り立つなら，両辺を2乗して，$\dfrac{4{v_0}^2}{g^2}>{t_0}^2$ である。さらにこれを変形すると，$\dfrac{{v_0}^2}{2g}>\dfrac{g{t_0}^2}{8}$ が得られる。つまり，(4)式にもどると，$y_1=y_2=\dfrac{{v_0}^2}{2g}-\dfrac{g{t_0}^2}{8}>0$ が保証されている。つまり，第1の物体が落下する前に第2の物体を投げ上げれば必ず空中で衝突する（当たり前！）。

4. 第5章の(5.8)式とは，

$$v=-\frac{mg}{c}\left(1-\exp\left(-\frac{c}{m}t\right)\right)$$

である。次式の $\lim\limits_{c\to 0}$ の中の（分子／分母）は（0 ／ 0）の形だから，ロピタルの定理より，分子，分母をそれぞれ c で微分する。

$$\begin{aligned}v(c\to 0)&=-mg\lim_{c\to 0}\frac{1-\exp\left(-\frac{c}{m}t\right)}{c}\\&=-mg\lim_{c\to 0}\left(\frac{t}{m}\exp\left(-\frac{c}{m}t\right)\right)=-gt\end{aligned}$$

となって，確かに自由落下のときの結果，(4.5)式に帰着する。

第5章の(5.10)式とは，

$$y=-\frac{mg}{c}\left(t+\frac{m}{c}\exp\left(-\frac{c}{m}t\right)\right)+\frac{m^2g}{c^2}+y_0$$

である。次式の $\lim\limits_{c\to 0}$ の中の（分子／分母）は（0 ／ 0）の形だから，ロピタルの定理より，分子，分母をそれぞれ c で微分する。

$$\begin{aligned}y(c\to 0)&=\lim_{c\to 0}\left(\frac{-mgtc-m^2g\exp\left(-\frac{c}{m}t\right)+m^2g+y_0c^2}{c^2}\right)\\&=\lim_{c\to 0}\left(\frac{-mgt+mgt\exp\left(-\frac{c}{m}t\right)+2y_0c}{2c}\right)\\&=\lim_{c\to 0}\left(\frac{-gt^2\exp\left(-\frac{c}{m}t\right)+2y_0}{2}\right)\\&=-\frac{1}{2}gt^2+y_0\end{aligned}$$

となって，確かに自由落下のときの結果，(4.8)式に帰着する。

5. (1)ニュートンの運動方程式は，

$$m\frac{\mathrm{d}^2y}{\mathrm{d}t^2}=-mg-cv$$

(2)第5章の(5.1)式から(5.7)式までは同じ。(5.7)式とは，

$$-g-\frac{c}{m}v = A\exp\left(-\frac{c}{m}t\right)\quad (A\text{は積分定数})$$

初期条件$t=0$のとき$v=v_0$だから，

$$-g-\frac{c}{m}v_0 = A$$

よって，

$$-g-\frac{c}{m}v = \left(-g-\frac{c}{m}v_0\right)\exp\left(-\frac{c}{m}t\right)$$

$$\therefore\quad v = -\frac{mg}{c}+\left(\frac{mg}{c}+v_0\right)\exp\left(-\frac{c}{m}t\right)$$

(3)$v=0$となるまでの時間を求めればよい。

$$-\frac{mg}{c}+\left(\frac{mg}{c}+v_0\right)\exp\left(-\frac{c}{m}t\right)=0$$

$$\exp\left(-\frac{c}{m}t\right)=\frac{1}{1+\dfrac{cv_0}{mg}}$$

$$\therefore\quad t=\frac{m}{c}\log\left(1+\frac{cv_0}{mg}\right)$$

(4)次式の$\lim_{c\to 0}$の中の（分子／分母）は（0／0）の形だから，ロピタルの定理より，分子，分母をそれぞれcで微分する。

$$t = m\lim_{c\to 0}\frac{\log\left(1+\dfrac{cv_0}{mg}\right)}{c} = m\lim_{c\to 0}\frac{\dfrac{v_0}{mg}}{1+\dfrac{cv_0}{mg}} = \frac{v_0}{g}$$

6. (1)物体A，Bは同じ加速度aを持つはずである（さもないと，時間が経つと両物体の速度が異なることになり，さらには進む距離が異なってしまう。つまり両者の間隔が変わってしまうのでひもが伸びるか，縮むかしてしまうから）。ひもの張力Tもひものいたるところで同じである。両物体に対して，ニュートンの運動方程式をたてると，

$$m_A a = T$$
$$m_B a = m_B g - T$$

連立させて，

$$a=\frac{m_B g}{m_A+m_B}\qquad (1)$$

$$T=\frac{m_A m_B g}{m_A+m_B}\qquad (2)$$

を得る（もし物体Aの質量が0なら，物体Bだけがあって，それが重力加速度で自由落下するのと同じ状況である。(1)式で$m_A\to 0$なら，確かに$a\to g$となる）。

(2)両物体に対して，ニュートンの運動方程式をたてると，

$$m_A a = T-\mu' m_A g$$
$$m_B a = m_B g - T$$

連立させて，

$$a = \frac{m_B - \mu' m_A}{m_A + m_B} g \tag{3}$$

$$T = \frac{m_A m_B \left(1 + \mu'\right) g}{m_A + m_B} \tag{4}$$

を得る（$\mu' \to 0$ の極限では，(3)式は(1)式と一致し，(4)式は(2)式と一致することに注意しよう）。

7. $\boldsymbol{a}(t) = 12\sin 3t\boldsymbol{i} - 8\cos 2t\boldsymbol{j} + 20t\boldsymbol{k}$ を t について積分する（x，y，z 成分ごとに積分すればよい）。

$$\int \boldsymbol{a}(t)\mathrm{d}t = \int (12\sin 3t\boldsymbol{i} - 8\cos 2t\boldsymbol{j} + 20t\boldsymbol{k})\mathrm{d}t$$

速度ベクトルは，

$$\boldsymbol{v}(t) = -4\cos 3t\boldsymbol{i} - 4\sin 2t\boldsymbol{j} + 10t^2\boldsymbol{k} + \boldsymbol{C}_1$$

ここで，$\boldsymbol{C}_1$ は積分定数ベクトル。初期条件 $\boldsymbol{v}(0) = \boldsymbol{0}$ より，

$$\boldsymbol{C}_1 = 4\boldsymbol{i}$$

$$\therefore \quad \boldsymbol{v}(t) = (-4\cos 3t + 4)\boldsymbol{i} - 4\sin 2t\boldsymbol{j} + 10t^2\boldsymbol{k}$$

さらに積分して，

$$\int \boldsymbol{v}(t)dt = \int \left\{(-4\cos 3t + 4)\boldsymbol{i} - 4\sin 2t\boldsymbol{j} + 10t^2\boldsymbol{k}\right\}\mathrm{d}t$$

位置ベクトルは，

$$\boldsymbol{r}(t) = \left(-\frac{4}{3}\sin 3t + 4t\right)\boldsymbol{i} + 2\cos 2t\boldsymbol{j} + \frac{10}{3}t^3\boldsymbol{k} + \boldsymbol{C}_2$$

ここで，$\boldsymbol{C}_2$ は積分定数ベクトル。初期条件 $\boldsymbol{r}(0) = \boldsymbol{0}$ より，

$$\boldsymbol{C}_2 = -2\boldsymbol{j}$$

$$\therefore \quad \boldsymbol{r}(t) = \left(-\frac{4}{3}\sin 3t + 4t\right)\boldsymbol{i} + (2\cos 2t - 2)\boldsymbol{j} + \frac{10}{3}t^3\boldsymbol{k}$$

8. 車両Aに作用する力は3種類ある。動力による駆動力（前に進もうとする力，大きさ F），車輪と線路との間の摩擦力（大きさ f_A），車両Bが車両Aを引く力（大きさ F_B）とすると，それぞれの力は図2に示したような向きになる。一方，車両Bに作用する力は，車両Aが車両Bを引く力（大きさ F_A）と摩擦力（大きさ f_B）の2種類であり，図2に示したような向きとなる。作用・反作用の法則が述べているのは，$F_A = F_B$ ということだけである。車両Aに作用する正味の力は，$F - f_A - F_B$ である。これが正なら列車は前方に動く。普通，駆動力 F は十分大きいから列車は動く。

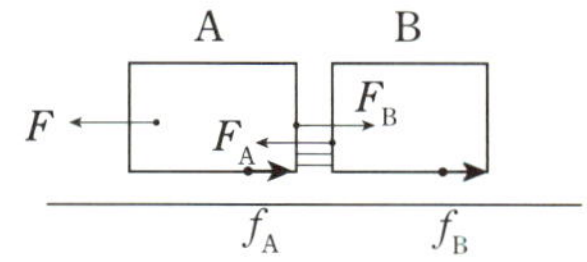

図2

車両A，Bの質量を m_A，m_B，加速度を a としてニュートンの運動方程式をたてると，

$$m_A a = F - f_A - F_B \tag{1}$$

$$m_B a = F_A - f_B \tag{2}$$

である。(1)式で右辺 > 0 なら加速度 $a > 0$ となる。その大きさは，

$$a = \frac{F - f_A - f_B}{m_A + m_B} > 0$$

である。

9. 問題文の図3のように，斜面に添う方向をx軸，斜面に垂直な方向をy軸とする。力Kを加えたとき，x, y方向について，力のつりあいの関係より，

$$mg\sin\theta = K\cos\theta + \mu N$$
$$N = mg\cos\theta + K\sin\theta$$

ここでNは垂直抗力である。両式からKを求めると，

$$K = \frac{mg(\sin\theta - \mu\cos\theta)}{\cos\theta + \mu\sin\theta} \qquad (1)$$

力Kを加えなければ，おもりは斜面をすべるので，

$$mg\sin\theta - \mu N > 0 \qquad (2)$$

また，y軸方向については$N = mg\cos\theta$であるから，(2)式は，

$$\sin\theta - \mu\cos\theta > 0 \qquad (3)$$

つまり，θは特定の角度より大きい：$\theta > \tan^{-1}\mu$。(3)式が満たされれば(1)式より，いつも$K > 0$となる。つまり，適切な力Kを加えることにより，必ずおもりを斜面上に静止させることができる。

10. 初速度の方向を問題文の図4のようにθとする。弾丸の軌跡は放物線になるのは明らか。放物線の頂点までの水平距離は，(4.23)式の半分の値になるはずだから，$\dfrac{v_0^2\sin 2\theta}{2g}$である。これが距離$a$に等しければ，壁に垂直に当たる。よって，

$$a = \frac{v_0^2\sin 2\theta}{2g} \qquad (1)$$

これより，

$$\theta = \frac{1}{2}\sin^{-1}\left(\frac{2ga}{{v_0}^2}\right) \qquad (2)$$

ここで，(1)式を変形して，

$$v_0 = \sqrt{\frac{2ga}{\sin 2\theta}} \qquad (3)$$

と書き改める。aは固定されているから分子は定数と考えると，(3)式は，弾丸が壁に垂直に当たるときのv_0とθの関係を表す式である。(3)式をグラフで表現すれば，右図のようになる。

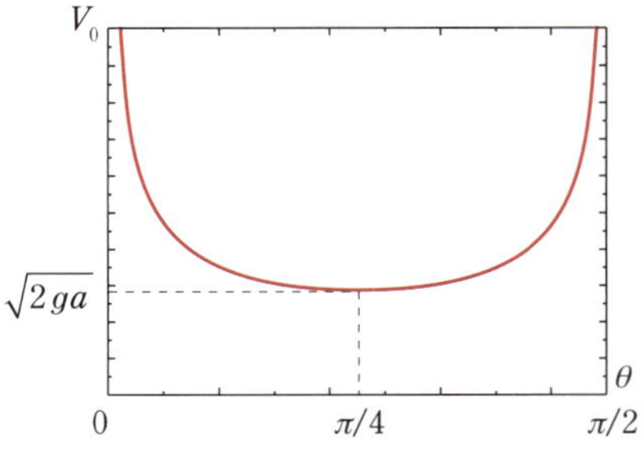

図3

v_0が$\sqrt{2ga}$より小さいと，どんな角度で発射しても壁に垂直に当たらないことがわかる。したがって，しきい値(threshold)は，$v_{th} = \sqrt{2ga}$である。

11. 糸の張力をSとする。おもりの描く円運動の半径をa，おもりの速さをvとする。円運動における向心力と速度の関係より，

$$S\sin\theta = m\frac{v^2}{a} \qquad (1)$$

また，鉛直方向の力のつりあいより，

$$S\cos\theta = mg \tag{2}$$

(1), (2)式より，$v^2 = ga\tan\theta$

周期Tは，$T = \dfrac{2\pi a}{v}$ で与えられるから，

$$T = \frac{2\pi a}{v} = \frac{2\pi a}{\sqrt{ga\tan\theta}} = 2\pi\sqrt{\frac{a}{g\tan\theta}}$$

ところで，幾何学的に，$\tan\theta = \dfrac{a}{L\cos\theta}$ であるから，

$$T = 2\pi\sqrt{\frac{L\cos\theta}{g}} \tag{3}$$

(3)式より，$\theta\to 0$ のとき，$T = 2\pi\sqrt{\dfrac{L}{g}}$

これは見覚えのある式で，単振り子の周期と同じである。単振り子では，鉛直線を含む平面内で振動しているが，その時の振れの角は小さいとしていた。円錐振り子でも，$\theta\to 0$ であれば，同じ状況である。

12. エレベータ内の人は，床からの垂直抗力Nと重力mgを受け，その差により上向きに加速度aで上昇する。したがって，

$$ma = N - mg \qquad \therefore\ \ N = m(g + a)$$

作用・反作用の法則より，人が床に及ぼす力は垂直抗力Nに等しい。大きな加速度で上昇すると，Nは大きくなり，人は強い力を床から受けることになる。

13. (1)おもりの運動に関するニュートンの運動方程式は，

$$m\frac{\mathrm{d}^2x}{\mathrm{d}t^2} = -kx - b\frac{\mathrm{d}x}{\mathrm{d}t} \tag{1}$$

である。$\omega_0 = \sqrt{\dfrac{k}{m}}$，$\gamma = \dfrac{b}{2m}$ とおくと，(1)式は，

$$\frac{\mathrm{d}^2x}{\mathrm{d}t^2} + 2\gamma\frac{\mathrm{d}x}{\mathrm{d}t} + {\omega_0}^2x = 0 \tag{2}$$

これが求める運動方程式である。

(2) $x = e^{pt}$ とおいて(2)式に代入すると，$p^2e^{pt} + 2\gamma pe^{pt} + {\omega_0}^2e^{pt} = 0$ を得る。両辺をe^{pt}で割ると，

$$p^2 + 2\gamma p + {\omega_0}^2 = 0 \tag{3}$$

を得る。これがpの満たすべき代数方程式である。

(3) (3)式は2次方程式であるから，判別式を考える。判別式$\gamma^2 - \omega_0^2 < 0$ のときとは，物理的には摩擦力があまり強くない場合（$\gamma < \omega_0$）に対応している。この場合のこの2次方程式の解は $p = -\gamma \pm \sqrt{\gamma^2 - \omega_0^2} = -\gamma \pm i\omega_1$ である（iは虚数単位）。よって，(2)式の一般解は，$\exp[(-\gamma + i\omega_1)t]$ と $\exp[(-\gamma - i\omega_1)t]$ の線形結合となり，

$$A_1\exp[(-\gamma + i\omega_1)t] + A_2\exp[(-\gamma - i\omega_1)t]$$

と書ける（A_1とA_2は積分定数）。このままでは一般解は複素数であるが，積分定数A_1とA_2をうまく選べば，一般解は実数になってくれる。そこで，$A_1 = \dfrac{a}{2}e^{i\delta}$，$A_2 = \dfrac{a}{2}e^{-i\delta}$（$a$と$\delta$を新たな積分定数として）と選ぶ。すると一般解は，

$$\frac{a}{2}\exp(-\gamma t)\exp[i(\omega_1 t + \delta)] + \frac{a}{2}\exp(-\gamma t)\exp[-i(\omega_1 t + \delta)]$$

と変形される。さらにここで，オイラーの公式

$$\exp(\pm i\theta) = \cos\theta \pm i\sin\theta$$

を使えば，

$$x(t) = ae^{-\gamma t}\cos(\omega_1 t + \delta) \qquad (4)$$

(4)(4)式の概形をグラフに描くと，図4のようになる。摩擦力があるために，振動が減衰していることがわかる。

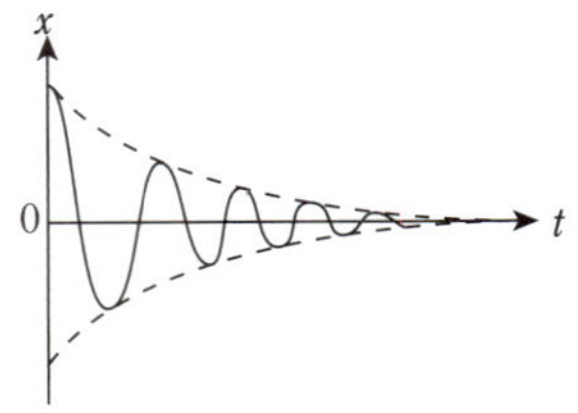

図4

14. (1)問題13の(2)と同様に，$x = e^{pt}$ とおいて問題13の解答の(2)式に代入し，$p^2 + 2\gamma p + \omega_0{}^2 = 0$ を得るところまでは同じである。この2次方程式は2つの実数解：

$$-p_1 \equiv -\gamma + \omega_2 \equiv -\gamma + \sqrt{\gamma^2 - \omega_0^2}$$

$$-p_2 \equiv -\gamma - \omega_2 \equiv -\gamma - \sqrt{\gamma^2 - \omega_0^2}$$

を持つ。よって，$x = \exp(-p_1 t)$，および$x = \exp(-p_2 t)$がニュートンの運動方程式の2つの解となる（ここで，$p_2 > p_1 > 0$である）。したがって，一般解は，AおよびBを積分定数として，

$$x = A\exp(-p_1 t) + B\exp(-p_2 t)$$

となる。十分長い時間が経過すると（$t \to \infty$），$\exp(-p_1 t) \to 0$，$\exp(-p_2 t) \to 0$ なので，振動は減衰し，やがておもりは静止する。

(2)摩擦力の強さがちょうど$\gamma = \omega_0$を満たす場合には，2次方程式 $p^2 + 2\gamma p + \omega_0{}^2 = 0$ の解は$p = -\gamma$の2重解となる。よって，ニュートンの運動方程式の2つの解のうちの1つは，

$$x = \exp(-\gamma t)$$

である。もう一つの解は，天下り的になるが，

$$x = t\exp(-\gamma t)$$

である（実際，これが問題13の解答中の(2)式の解になっていることを代入することで自分で確かめて欲しい）。したがって，一般解は両者の線形結合であるので，

$$x = (A + Bt)\exp(-\gamma t)$$

となる。ここで，A，Bは積分定数。この場合も十分長い時間が経つと$x \to 0$となり，減衰してゆく。

15. 鉛直下向きにx軸正の方向をとる。ばね定数kのばねはかりを用いて物体の重さを測る。物体の質量がm，地上では，ばねの伸びはxであったとする。

$$W = mg = kx \qquad (1)$$

加速度aで上昇中のゴンドラ内では，ばねの伸びはx'であったとする。

$$W' = m(g + a) = kx' \qquad (2)$$

ばねの伸びの比が重さの比に等しくなるから，

$$\frac{x'}{x} = \frac{W'}{W} = \frac{m(g+a)}{mg} = 1 + \frac{a}{g}$$

$$\therefore \quad W' = W\left(1 + \frac{a}{g}\right) \qquad (3)$$

見かけの重さを測ることで，熱気球の加速度を測定することができる。(3)式より，

$$a = g\left(\frac{W' - W}{W}\right)$$

16. 問題文の図9(a)では，ばねの中心Oについて，左半分と右半分はまったく対称，同等である。しかも中心Oは対称性によりどちらへも動かないから，中心Oは壁で固定されているのと同等である。したがって，中心Oで切って右半分だけで考えて，右半分でのばねの伸びを2倍すれば，図9(a)全体におけるばねの伸びが求まる。図9(a)の右半分におけるばねの伸びをaとすると，図9(a)の左半分もばねの伸びもaとなる。よって，図9(a)の配置全体ではばねの伸びは$2a$である。

一方，図9(a)の右半分とは，問題文の図9(b)と幾何学的にはまったく同じで，違いはばねの長さだけである。ところで，同等のばねが2つあって一方は他方の2倍の長さを持つとすれば，同じおもりをばねにつるすと，ばねの長さが長い方が伸びも大きい。2倍の長さのばねはその伸びも2倍である（長いばねの方がよく伸びる。20章20.3.1参照）。そうだとすると，問題文の図9(b)におけるばねの伸びも$2a$である。

したがって，図9(a)でも図9(b)でもばねは同じ長さだけ伸びる。

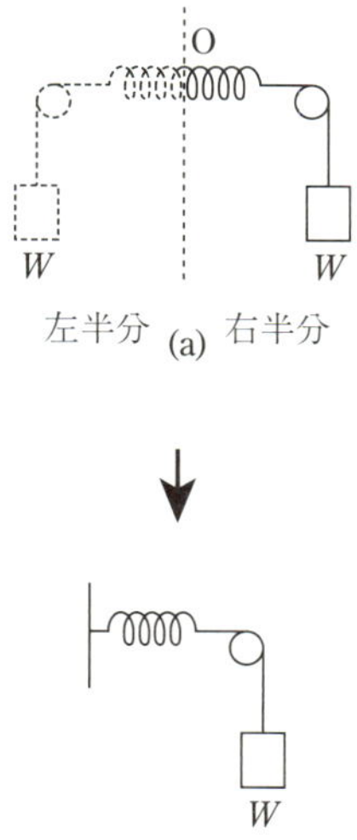

右半分のみを描いた。問題文の図9(b)と同じにみえる。ただし，ばねの長さが半分になった

図5

17. 人と板との間の水平方向の力をfとする。板は，作用・反作用の法則より，人とは反対方向に動く。したがって，人の相対的な加速度は，$a-b$である。ニュートンの運動方程式は，人，板に対してそれぞれ，

$$m(a-b)=f$$

$$M(-b)=-f$$

両式より，

$$b=\frac{m}{m+M}a,\quad f=Mb=\frac{mM}{m+M}a$$

人に比べて板の質量が極端に重ければ$\left(\dfrac{m}{M}\to 0\right)$，氷に対して板は動かなくなるだろうと予想される。実際，

この極限では，$b=\dfrac{\dfrac{m}{M}}{\dfrac{m}{M}+1}a\to 0$となる。

18. (5.8)式とは，

$$v=-\frac{mg}{c}\left(1-\exp\left(-\frac{c}{m}t\right)\right) \qquad (1)$$

である。両辺をtで微分すると，

$$\frac{\mathrm{d}v}{\mathrm{d}t}=-\frac{mg}{c}\left(\frac{c}{m}\exp\left(-\frac{c}{m}t\right)\right)=-g\exp\left(-\frac{c}{m}t\right)$$

$t=0$では，$\dfrac{\mathrm{d}v}{\mathrm{d}t}=-g$。これは$v-t$グラフにおける傾きだから，$t=0$で(1)式に対する接線を引くと，$v=-gt$となる。時刻$t=0$の1点だけで，自由落下のときと同じ式となる。これは，時刻$t=0$では速度0なので抵抗力が0だからである。

第2部 演習問題解答

1. (1)物体が点Aから点Oに向かうとき，途中の点Pに達したとする。$\mathrm{AP}=x$，$\angle\mathrm{OPB}=\theta$ とする。力のする仕事Wは，

$$W=\int_0^L F\cos\theta \mathrm{d}x$$

である。Fは定数，また，

$$\cos\theta=\frac{L-x}{\sqrt{(L-x)^2+h^2}}$$

である。したがって，

$$W=F\int_0^L \frac{L-x}{\sqrt{(L-x)^2+h^2}}\mathrm{d}x$$

となる。$(L-x)^2+h^2=y^2$ とおくと，$-(L-x)\mathrm{d}x=y\mathrm{d}y$ であるから，

$$\begin{aligned} W&=F\int_{\sqrt{L^2+h^2}}^{h}\frac{-y}{y}\mathrm{d}y=F\Big[y\Big]_h^{\sqrt{L^2+h^2}} \\ &=F\left(\sqrt{L^2+h^2}-h\right) \end{aligned} \qquad (1)$$

となる。

(2)次に $h\to 0$ を考える。図から判断すると，この極限では，力Fはいつも $\overrightarrow{\mathrm{AO}}$ のほうを向き，力の向きと物体の移動方向が一致するから，仕事は定義より $W=FL$ となるのは明らか。一方，(1)式は，$h\to 0$ のときは$W=FL$となる。両者は一致しており，仕事の定義より当然の結果となっている。

(3)$\mathrm{OP}=x$，$\angle\mathrm{OPB}=\theta$ とする。力のする仕事Wは，

$$W=\int_L^0(-F)\cos\theta\mathrm{d}x=\int_0^L F\cos\theta\mathrm{d}x$$

である。Fは定数，また，

$$\cos\theta=\frac{x}{\sqrt{x^2+h^2}}$$

である。したがって，

$$W=F\int_0^L\frac{x}{\sqrt{x^2+h^2}}\mathrm{d}x$$

となる。$x^2+h^2=y^2$ とおくと，$x\mathrm{d}x=y\mathrm{d}y$ であるから，

$$W=F\int_h^{\sqrt{L^2+h^2}}\frac{y}{y}\mathrm{d}y=F\Big[y\Big]_h^{\sqrt{L^2+h^2}}=F\left(\sqrt{L^2+h^2}-h\right) \qquad (2)$$

となり，確かに(1)と同じ結果となる。

2. (1)動摩擦力の向きと物体が移動してゆく方向とは逆向きだから，動摩擦力は仕事をされる。つまり動摩擦力は負の仕事をする。また，動摩擦力の大きさは物体の移動の間一定である。したがって，その仕事量は，

$$-\mu' NL=-\mu' mgL$$

ここで，Nは物体に作用する垂直抗力で，$N=mg$である。

(2)ばねが物体を引きもどそうとする力（復元力）の向きと物体が移動してゆく方向とは逆向きだから，復元力は仕事をされる。つまり復元力は負の仕事をする。また，復元力の大きさは物体の移動の間一定でない。もとの位置から距離$x > 0$進んだときばねが物体に及ぼす復元力は，$-kx < 0$である。したがって，距離Lだけ移動すると，その間にばねがする仕事量は，

$$\int_0^L(-kx)\mathrm{d}x = -\frac{1}{2}kL^2$$

となる。

(3)手がこの物体に及ぼす力Fの向きと物体の移動してゆく方向は同じだから，この力は正の仕事をする。もとの位置から距離$x > 0$進んだときに，手の力が物体に及ぼす力は，大きさは動摩擦力と復元力の和で，向きは逆向きとなる。したがって，

$$\mathrm{d}W = (\mu' mg + kx)\mathrm{d}x$$

である。距離Lだけ移動すると，その間に力Fがする仕事量は，

$$W = \int_0^L(\mu' mg + kx)\mathrm{d}x = \mu' mgL + \frac{1}{2}kL^2$$

となって，動摩擦力のした仕事の絶対値と復元力のした仕事の絶対値の和になっている。

3. 地球は1年かかって公転の円運動を行うのでその速さは，

$$v = \frac{2\times\pi\times1.5\times10^{11}}{365\times24\times60\times60} = 2.99\times10^4\,\mathrm{m/s} \approx 30\,\mathrm{km/s}$$

である。地球の運動エネルギーは，

$$T = \frac{1}{2}\times6.0\times10^{24}\times(2.99\times10^4)^2 = 2.7\times10^{33}\ \mathrm{J}$$

である。

4. 月の公転の半径をR，質量をm，運動エネルギーをKとする。公転半径が$\Delta R = 3$ cmだけ増えた後の公転半径をR'とし，Tを公転周期とする。運動エネルギーの差ΔKは，

$$\begin{aligned}\Delta K &= \frac{1}{2}m\left(\frac{2\pi}{T}\right)^2\left(R'^2 - R^2\right)\\ &= \frac{1}{2}m\left(\frac{2\pi}{T}\right)^2\left\{\left(R+\Delta R\right)^2 - R^2\right\}\\ &\approx \frac{1}{2}m\left(\frac{2\pi}{T}\right)^2\times2R\Delta R\\ &= \frac{1}{2}\times7.3\times10^{22}\times\left(\frac{2\pi}{27.3\times24\times60\times60}\right)^2\times2\times3.8\times10^8\times3\times10^{-2}\\ &= 5.91\times10^{18}\ \mathrm{J}\end{aligned}$$

第2式の(　)の中で，ΔR^2の項は小さいので無視した。したがって，年に約5.9×10^{18} Jづつ運動エネルギーは増加している。これは月の公転運動の運動エネルギーよりどれだけ小さい値になるか，見積もってみよう（約1×10^{-10}倍となる）。

5. (1)

$$\begin{aligned}W &= \int_{C_1}\boldsymbol{F}\cdot\mathrm{d}\boldsymbol{r} = \int_{C_1}\left\{(2x^2+6y)\boldsymbol{i} - 12yz\boldsymbol{j} + 10xz^2\boldsymbol{k}\right\}\cdot(\mathrm{d}x\boldsymbol{i} + \mathrm{d}y\boldsymbol{j} + \mathrm{d}z\boldsymbol{k})\\ &= \int_{C_1}\left\{(2x^2+6y)\mathrm{d}x - 12yz\mathrm{d}y + 10xz^2\mathrm{d}z\right\}\end{aligned} \qquad (1)$$

ここで, $x=t, y=t^2, z=t^3$ (2) であるから, (2) と (2) を微分した式 $dx=dt$, $dy=2tdt$, $dz=3t^2dt$ を (1) に入れて,

$$W=\int_0^1\left\{(2t^2+6t^2)dt-12t^2\cdot t^3\cdot 2tdt+10t\cdot t^6 3t^2dt\right\}$$
$$=\int_0^1(8t^2-24t^6+30t^9)dt$$
$$=\left[\frac{8}{3}t^3-\frac{24}{7}t^7+3t^{10}\right]_0^1=\frac{47}{21}$$

(2) $$W=\int_{C2}\boldsymbol{F}\cdot d\boldsymbol{r}=\int_{C2}\left\{(2x^2+6y)\boldsymbol{i}-12yz\boldsymbol{j}+10xz^2\boldsymbol{k}\right\}\cdot(dx\boldsymbol{i}+dy\boldsymbol{j}+dz\boldsymbol{k})$$

ここで, 点(0, 0, 0)からx軸に沿って点(1, 0, 0)へ行く経路をC_{21}, 点(1, 0, 0)からxy平面内をy軸に平行に点(1, 1, 0)へ行く経路をC_{22}, 点(1, 1, 0)からz軸に平行に点(1, 1, 1)に行く経路をC_{23}とする。

経路C_{21}では, x軸上を動くので$y=z=0$である。また, $dy=dz=0$でもある。よって,

$$W_1=\int_{C_{21}}(2x^2+6y)dx=\int_0^1 2x^2dx=\left[\frac{2}{3}x^3\right]_0^1=\frac{2}{3}$$

経路C_{22}では, xy平面上をy軸に平行に動くので$x=1$, $z=0$である。また, $dx=dz=0$でもある。よって,

$$W_2=\int_{C_{22}}(-12yz)dy=0$$

経路C_{23}では, z軸に平行に動くので$x=1$, $y=1$である。また, $dx=dy=0$でもある。よって,

$$W_3=\int_{C_{23}}10xz^2dz=\int_0^1 10z^2dz=\left[\frac{10}{3}z^3\right]_0^1=\frac{10}{3}$$

以上より,

$$W=W_1+W_2+W_3=\frac{2}{3}+0+\frac{10}{3}=4$$

(3) 点(0, 0, 0)から点(1, 1, 1)まで直線で行く場合には, パラメータtを用いて, 経路C_3を

$$x=t,\quad y=t,\quad z=t\qquad 0\le t\le 1$$

と表すことができる。よって,

$$W=\int_{C_3}\boldsymbol{F}\cdot d\boldsymbol{r}=\int_{C_3}\left\{(2x^2+6y)\boldsymbol{i}-12yz\boldsymbol{j}+10xz^2\boldsymbol{k}\right\}\cdot(dx\boldsymbol{i}+dy\boldsymbol{j}+dz\boldsymbol{k})$$
$$=\int_{C_3}\left\{(2x^2+6y)dx-12yzdy+10xz^2dz\right\}$$
$$=\int_{C_3}\left\{(2t^2+6t)-12t^2+10t^3\right\}dt$$
$$=\int_0^1(6t-10t^2+10t^3)dt=\left[3t^2-\frac{10}{3}t^3+\frac{5}{2}t^4\right]_0^1=\frac{13}{6}$$

以上からわかるように, 始点と終点が同じであっても, 経路が異なると一般的には線積分の値は異なる。

6. (1)地球の半径, 質量をそれぞれR, Mとする。問題文の図5のように, 質量mのロケットが速さvで地球を飛び出したとする。すると, このロケットが地球を飛び出したときに持っている力学的エネルギーは,

$$E=\frac{1}{2}mv^2-G\frac{Mm}{R}\qquad (1)$$

である。宇宙の彼方（無限遠）では運動エネルギーは0でよく, またポテンシャル・エネルギーも0になる。ロケットが地球を飛び出したときに持っている力学的エネルギーは保存されるから, (1)式より,

$$\frac{1}{2}mv^2-G\frac{Mm}{R}=0\qquad \therefore\quad v=\sqrt{\frac{2GM}{R}}\qquad (2)$$

である。ところで，$g=\dfrac{GM}{R^2}$ であるから，(2)式は

$$v=\sqrt{2gR}$$

と書ける。よって，

$$v=\sqrt{2\times 9.80\times 6.4\times 10^6}=11200\ \text{m/s}$$
$$=11.2\ \text{km/s}$$

(2)問題文の図5のように，太陽の質量をM'，地球と太陽の距離をR'とする。質量mのロケットが地球を飛び出したときに持っている運動エネルギー，ポテンシャル・エネルギーは，それぞれ，

$$\frac{1}{2}mv^2,\quad -G\frac{M'm}{R'}$$

で与えられる。(1)と同様に宇宙の彼方（無限遠）では運動エネルギーは0，またポテンシャル・エネルギーも0であるから，

$$E=\frac{1}{2}mv^2-G\frac{M'm}{R'}=0 \qquad \therefore\ v=\sqrt{\frac{2GM'}{R'}}$$

となる。これを計算して，

$$v=\sqrt{\frac{2GM'}{R'}}=\sqrt{\frac{2\times 6.67\times 10^{-11}\times 1.99\times 10^{30}}{1.5\times 10^{11}}}$$
$$=4.21\times 10^4\ \text{m/s}=42.1\ \text{km/s}$$

地球自身は，約29.8 km/sの速さで太陽のまわりを公転している。したがって，地上からロケットを打ち上げるときには，地球の公転の方向に(42.1 − 29.8) = 12.3 km/sの速さで打ち上げればよい。ただし，地上から打ち上げる場合には地球の重力を振り切るように速くする必要がある。これは地表での位置エネルギーを打ち消した後に速度$v_3'=$ 12.3 km/sになればよいということである。

$$\frac{1}{2}mv_3^2-\frac{GMm}{R}=\frac{1}{2}mv_3'^2$$

これを計算して，

$$v_3=\sqrt{\frac{2GM}{R}+v_3'^2}=\sqrt{2gR+v_3'^2}\approx 16.7\ \text{km/s}$$

7. (1)おもりに作用するひもの張力をT，加速度をaとする。ニュートンの運動方程式は，

$$m_1a=m_1g-T$$
$$m_2a=T-m_2g$$

である。辺々足し合わせて，

$$a=\left(\frac{m_1-m_2}{m_1+m_2}\right)g \tag{1}$$

を得る。もし2つのおもりの質量が同じなら（$m_1=m_2$）おもりは動かない（$a=0$）であろう，と予測される。確かに(1)式で$m_1=m_2$とすると，$a=0$となっている。

(2)質量m_1，m_2のおもりの運動エネルギーはそれぞれ

$$\frac{1}{2}m_1v^2,\quad \frac{1}{2}m_2v^2$$

であるから，足し合わせて，

$$K=\frac{1}{2}m_1v^2+\frac{1}{2}m_2v^2$$

(3)質量m_1のおもりは$m_1 g\mathrm{d}x$の位置エネルギーを失い，質量m_2のおもりは$m_2 g\mathrm{d}x$の位置エネルギーを得る。したがって，全体の位置エネルギーの減少量は，

$$-\Delta U \equiv -m_1 g\mathrm{d}x + m_2 g\mathrm{d}x = (m_2 - m_1)g\mathrm{d}x < 0$$

(4) (2)で得られた質量m_1，m_2のおもりの運動エネルギーの和Kをtで微分すると，時間変化するのはvだけだから，

$$\frac{\mathrm{d}K}{\mathrm{d}t} = m_1 v\frac{\mathrm{d}v}{\mathrm{d}t} + m_2 v\frac{\mathrm{d}v}{\mathrm{d}t} = (m_1+m_2)v\frac{\mathrm{d}v}{\mathrm{d}t} \qquad \therefore\ \mathrm{d}K = (m_1+m_2)v\mathrm{d}v$$

速度は増加するのは明らかだから$\mathrm{d}v > 0$である。よって，$\mathrm{d}K > 0$であることに注意しよう。

(5) $\mathrm{d}K - \mathrm{d}U = 0$である。よって，

$$(m_1+m_2)v\mathrm{d}v + (m_2 - m_1)g\mathrm{d}x = 0$$

両辺を$\mathrm{d}t$で割ると，

$$(m_1+m_2)v\frac{\mathrm{d}v}{\mathrm{d}t} + (m_2 - m_1)g\frac{\mathrm{d}x}{\mathrm{d}t} = 0$$

となる。$\dfrac{\mathrm{d}v}{\mathrm{d}t} = a$，$\dfrac{\mathrm{d}x}{\mathrm{d}t} = v$ であるから上式を書き換えて，

$$(m_1+m_2)va + (m_2 - m_1)gv = 0 \qquad \therefore\ a = \left(\frac{m_1 - m_2}{m_1 + m_2}\right)g$$

これは，確かに(1)式と一致している。

8. 糸がくぎに引っかかった後，巻きついておもりが円運動を行い，くぎの真上まで来たとする。真上の位置でくぎがたるまなければよい。そのためには，円運動の遠心力が重力よりも大きくなくてはならない。つまり，おもりが真上の位置に来たときに持っている速さをvとすると，

$$m\frac{v^2}{L - L_0} \geq mg \qquad (1)$$

一方，力学的エネルギー保存の法則より，真上の位置でおもりが持っている運動エネルギーと位置エネルギーとの和は，おもりが始めの位置で持っている位置エネルギーに等しいはずである。したがって，

$$\frac{1}{2}mv^2 + mg\cdot 2(L - L_0) = mg(L - L\cos\theta) \qquad (2)$$

ここでは，おもりの最下点を位置エネルギーの基準点0とした。(1)式を変形すると，

$$\frac{1}{2}mv^2 \geq \frac{1}{2}mg(L - L_0) \qquad (1)'$$

(2)式を(1)′式に入れると，

$$mgL(1 - \cos\theta) - 2mg(L - L_0) \geq \frac{1}{2}mg(L - L_0)$$

$$\therefore\ -\frac{3}{2}L - L\cos\theta + \frac{5}{2}L_0 \geq 0$$

$$\therefore\ \cos\theta \leq \frac{-3L + 5L_0}{2L}$$

$$\therefore\ \theta \geq \cos^{-1}\left(\frac{-3L + 5L_0}{2L}\right) \qquad (3)$$

が求める角度θとなる。

また，(3)式で，$k=\dfrac{-3L+5L_0}{2L}$ とおくと，$k<1$となっていることがわかる。なぜなら，$L>L_0$は明らかとすると，

$$5L>5L_0 \Leftrightarrow 2L>5L_0-3L \Leftrightarrow k=\frac{5L_0-3L}{2L}<1$$

となるから。$0<\theta<90^\circ$の範囲であるなら，$0<\cos\theta<1$である。$0<\cos\theta<1$であるためには，さらに$k>0$でなければならない。すなわち，$\dfrac{5L_0-3L}{2L}>0$。よって，$L_0>\dfrac{3}{5}L$でなければならない。つまり，$0.6L<L_0<L$のとき，おもりに円運動を行わせるのに十分な角度θは必ず（$0<\theta<90^\circ$の範囲で）存在する。

9. 車の質量をMとする。地面とタイヤとの間の摩擦力がブレーキとなって車を停止させるわけであるが，一般的にはこの摩擦力は一定値ではない。しかし，ここでは，平均的な摩擦力をFとし，一定であると考える。すると，車の持つ運動エネルギーが摩擦力のされた仕事量に等しくなるから，

$$\frac{1}{2}M\left(\frac{60\times10^3}{60\times60}\right)^2=F\times20 \qquad (1)$$

120 km/hのときの停止するまで進む距離をxとすれば，

$$\frac{1}{2}M\left(\frac{120\times10^3}{60\times60}\right)^2=F\times x \qquad (2)$$

(1)，(2)式の比をとると，

$$\frac{x}{20}=\frac{120^2}{60^2} \qquad \therefore \quad x=80\ \mathrm{m}$$

10. (1) $U=\dfrac{2F_0}{a}\sinh^2\left(\dfrac{ax}{2}\right)$ $a>0$，$F_0>0$は定数，

のグラフの概形は図1のようになる。

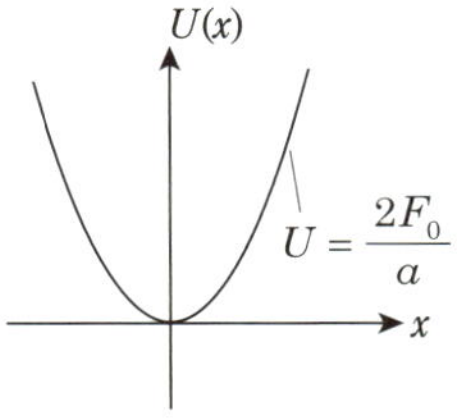

$$U=\frac{2F_0}{a}\sinh^2\left(\frac{ax}{2}\right)$$

図1

(2) (1)の式を微分して，

$$\begin{aligned}\frac{\mathrm{d}U}{\mathrm{d}x}&=\frac{2F_0}{a}\cdot2\sinh\left(\frac{ax}{2}\right)\cosh\left(\frac{ax}{2}\right)\cdot\left(\frac{a}{2}\right)\\&=2F_0\sinh\left(\frac{ax}{2}\right)\cosh\left(\frac{ax}{2}\right)=\frac{F_0}{2}\left\{\exp(ax)-\exp(-ax)\right\}\\&=F_0\sinh(ax)\end{aligned}$$

$F=-\dfrac{\mathrm{d}U}{\mathrm{d}x}=0$となるのは，$x=0$であるから，ここが平衡位置。また，図1のグラフをみても明らかである。

(3) 2階導関数がばね定数kに対応しているから，

$$k=\left[\frac{\mathrm{d}^2U}{\mathrm{d}x^2}\right]_{x=0}=\left[aF_0\cosh(ax)\right]_{x=0}=aF_0$$

となる。微小振動の角振動数ωは

$$\omega=\sqrt{\frac{k}{m}}=\sqrt{\frac{aF_0}{m}}$$

である。

第3部 # 演習問題解答

1. 水平方向をx方向，鉛直方向をy方向とする。ボールはバットに当たる前は，$+x$方向にmv_0の運動量を持っており，バットに当たった後は，$+y$方向にmv_1の運動量を持っている。ここで，mはボールの質量，$v_0 = 140$ km/h，ボールの上がる高さをhとする。また，v_1は力学的エネルギー保存の法則

$$\frac{1}{2}mv_1^2 = mgh$$

によって決まる速さである。つまり，

$$v_1 = \sqrt{2gh} = \sqrt{2\times 9.80\times 20} = 19.8\ \mathrm{m/s}$$

である。x方向の運動量の変化量は，

$$\Delta p_x = 0 - \left(0.15\times\frac{140\times 10^3}{60\times 60}\right) = -5.83\ \mathrm{kg\ m/s}$$

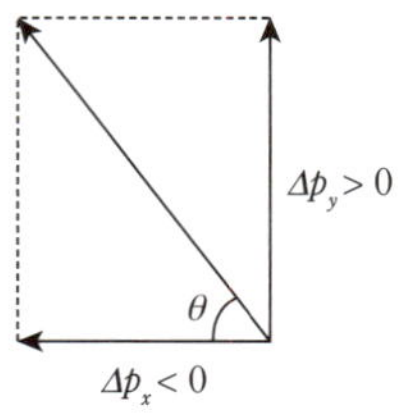

図1

y方向の運動量の変化量は，

$$\Delta p_y = mv_1 = 0.15\times 19.8 = 2.97\ \mathrm{kg\ m/s}$$

運動量の変化の大きさ

$$\sqrt{\Delta p_x^2 + \Delta p_y^2} = \sqrt{(-5.83)^2 + (2.97)^2} = 6.5\ \mathrm{kg\ m/s}$$

が，力積の大きさである。またx軸となす角θは，

$$\tan\theta = \frac{\Delta p_y}{|\Delta p_x|} = \frac{2.97}{5.83} = 0.51 \qquad \therefore\ \theta = \tan^{-1}(0.51) \approx 27^\circ$$

2. (1)棒の左端A点を原点として，棒にそってx軸をとる。棒の線密度をρとすれば，

$$\rho = \frac{M}{L}$$

である。重心Gの位置をx_Gとすると，xの位置にある微小領域dxにρdxの質量が分布しているので，

$$x_G = \frac{1}{M}\int_0^L x(\rho dx) = \frac{1}{L}\int_0^L x dx = \frac{1}{L}\left[\frac{x^2}{2}\right]_0^L = \frac{L}{2}$$

である。x_Gはちょうど棒の真ん中になっており，形状の中心である。

(2)xの位置にある微小領域dxにρdxの質量が分布しているので，

$$x_G = \frac{1}{M}\int_0^L x(\rho dx)$$

となるところまでは (1) と同じ。ここで，$\rho = Cx^2$だから，

$$x_G = \frac{C}{M}\int_0^L x^3 dx = \frac{CL^4}{4M} \tag{1}$$

一方，質量Mとρの関係は，

$$M = \int_0^L \rho dx = C\int_0^L x^2 dx = \frac{CL^3}{3} \tag{2}$$

である。(1)，(2)式より，Cを消去して，

$$x_G = \frac{3L}{4} \qquad (3)$$

棒に沿って右にいくにつれてだんだん重くなるから，重心は真ん中よりは右寄りになっていそうな気がする。実際(3)の結果はそうなっていることを示している。

3. (1)この直円錐の底面積をS，頂点から距離xの位置において底面に平行な断面の面積を$S(x)$とする。すると，

$$\frac{S(x)}{S} = \frac{x^2}{h^2} \qquad \therefore \quad S(x) = \frac{x^2}{h^2}S$$

xの位置における微小体積$S(x)\mathrm{d}x$に$\rho S(x)\mathrm{d}x$の微小質量があるから（ρは密度），重心のx座標x_Gは，

$$x_G = \frac{1}{M}\int_0^h x(\rho S(x)\mathrm{d}x) = \frac{1}{M}\int_0^h x\left(\rho\frac{x^2}{h^2}S\mathrm{d}x\right) = \frac{S}{Mh^2}\int_0^h \rho x^3 \mathrm{d}x \qquad (1)$$

と書ける。一方，密度ρとは，体積をVとして，

$$\rho = \frac{M}{V} \quad （定数）$$

であるので，(1)式は，

$$x_G = \frac{S}{Vh^2}\int_0^h x^3\mathrm{d}x = \frac{Sh^4}{4Vh^2} = \frac{Sh^2}{4V} \qquad (2)$$

さらに，体積は$V = \frac{1}{3}Sh$だから，(2)式は次のようになる。

$$x_G = \frac{3h}{4}$$

(2)重心のx座標が0となるのは明らか。重心のy座標y_Gについては，yの位置における微小長方形の面積$2\sqrt{a^2-y^2}\,\mathrm{d}y$に$2\rho\sqrt{a^2-y^2}\,\mathrm{d}y$の質量があるから（$\rho$は面密度），

$$y_G = \frac{1}{M}\int_0^a y\left(2\rho\sqrt{a^2-y^2}\,\mathrm{d}y\right) = \frac{1}{M}\int_0^a 2\rho y\sqrt{a^2-y^2}\,\mathrm{d}y \qquad (1)$$

と書ける。一方，面密度ρとは，面積をSとして，

$$\rho = \frac{M}{S} = \frac{M}{\pi a^2/2} = \frac{2M}{\pi a^2} \quad （定数）$$

であるので，(1)式は，

$$y_G = \frac{4}{\pi a^2}\int_0^a y\sqrt{a^2-y^2}\,\mathrm{d}y$$

と書ける。$\sqrt{a^2-y^2} = x$であるから積分変数を変換すると，

$$y_G = \frac{4}{\pi a^2}\int_0^a x^2\mathrm{d}x = \frac{4}{\pi a^2}\times\frac{a^3}{3} = \frac{4a}{3\pi}$$

が得られる。よって，重心の位置は，

$$\left(0,\ \frac{4a}{3\pi}\right)$$

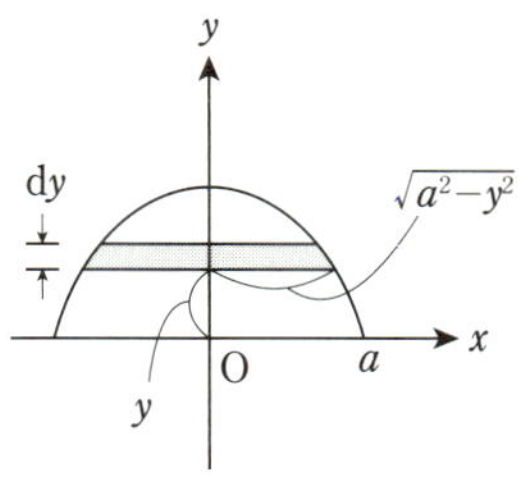

図2

4. 軸から半径x ($a \le x \le b$) のところにある，厚さdxの微小体積の軸のまわりの慣性モーメントは，

$$dI = x^2 \cdot \rho(2\pi x dx h) = 2\pi\rho h x^3 dx$$

である。ここで，hは円柱の高さ，ρは円柱の密度を表している。よって，

$$I = \int_a^b dI = \int_a^b 2\pi\rho h x^3 dx = 2\pi\rho h \int_a^b x^3 dx = \frac{\pi\rho h}{2}\left(b^4 - a^4\right) \qquad (1)$$

ここで，この円柱の質量をMとすれば，Mとρの関係は，

$$M = \rho(\pi b^2 - \pi a^2)h = \rho\pi h(b^2 - a^2) \qquad (2)$$

(2)式を(1)式に入れて，

$$I = \frac{1}{2}M(a^2 + b^2)$$

を得る。ここで，$a \to b$の極限を考えると，

$$I \to Mb^2$$

となり，薄い円筒の慣性モーメントに確かに等しくなる。

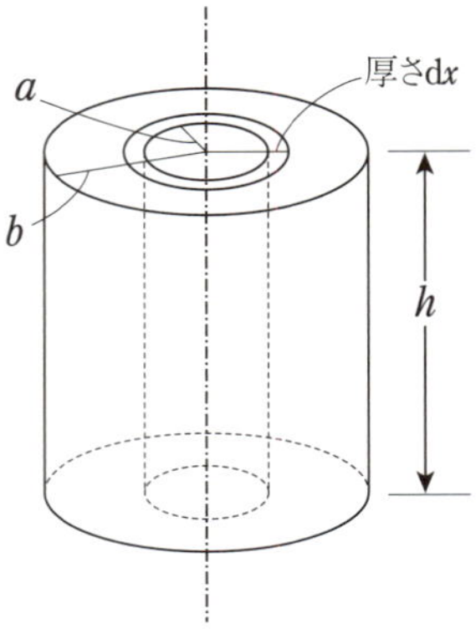

図 3

5. 板の左端をO点とし，板に沿ってx軸をとる。板の重心は$x = \frac{L}{2}$であるので，人がO点にいるときの人と板の重心は，

$$x_G = \frac{(0 \times m) + \left(\frac{L}{2} \times M\right)}{M + m} = \frac{LM}{2(M + m)} \qquad (1)$$

(1)式は，$x_G = \frac{LM}{2(M+m)} = \frac{L}{2} \times \frac{M}{M+m} < \frac{L}{2}$だから，板の重心$\frac{L}{2}$よりは左にあることに注意しよう（人が左端に立っているから当たり前！ 人の質量mが0なら，(1)式は$\frac{L}{2}$になるのも当たり前）。人が右端に来たときの人と板の重心は，O点から測った長さで，

$$x_G' = \frac{(L \times m) + \left(\frac{L}{2} \times M\right)}{M + m} = \frac{L(M + 2m)}{2(M + m)} \qquad (2)$$

(2)式は，$x_G' = \frac{L(M+2m)}{2(M+m)} = \frac{L}{2} \times \frac{M+2m}{M+m} > \frac{L}{2}$だから，板の重心$\frac{L}{2}$よりは右にある。また(2)式は次のようにして求めることもできる。（問題文にある）図をみると，上の図と下の図は左右対称だから，(1)式の結果を使って，

$$x_G' = L - x_G = L - \frac{LM}{2(M+m)} = \frac{L(M+2m)}{2(M+m)}$$

外力が働いていないので，人が左端から右端に移動しても重心の位置は動かないはずである。すなわち，板は人とは逆方向（左向き）に動き，その距離をxとすれば，

$$x = x_G' - x_G = \frac{L(M+2m)}{2(M+m)} - \frac{LM}{2(M+m)} = \frac{2Lm}{2(M+m)} > 0 \qquad (3)$$

となる。板の質量が人のそれよりも極端に重ければ，板は動じないだろうと予想できる。実際，(3)式で，$\frac{m}{M} \ll 1$であるなら，$x \to 0$となり，予想通りとなっていることがわかる。

6. 大砲は弾丸とは逆向きに速さv'で動き出すとする。運動量保存の法則より，

$$mv - Mv' = 0 \qquad \therefore \quad v' = \left(\frac{m}{M}\right)v$$

したがって，大砲の持つ運動エネルギーは，

$$\frac{1}{2}Mv'^2 = \frac{1}{2}M\left(\frac{m}{M}\right)^2 v^2 = \frac{m^2v^2}{2M}$$

一方，大砲が地面から受ける抵抗力は$\mu' Mg$である。大砲が動いた距離をxとすると，抵抗力がされた仕事は$\mu' Mgx$である。力学的エネルギー保存の法則より，これが運動エネルギーに等しいから，

$$\frac{m^2v^2}{2M} = \mu' Mgx \qquad \therefore \quad x = \frac{m^2v^2}{2\mu' M^2 g}$$

Mが大きいほど大砲は動じないと予想されるが，その通りの結果（$M \to \infty$のとき$x \to 0$）になっている。

7. 小球Bの散乱後の速さをv_2'，散乱された小球Bは，小球Aの衝突前の進行方向から測って角度θ_2の方向に行くとする。小球Aの衝突前の進行方向をx軸，それに垂直な方向をy軸とする。運動量保存の法則より，

$$x：mv_1 = mv_1'\cos\theta_1 + mv_2'\cos\theta_2 \qquad (1)$$

$$y：mv_1'\sin\theta_1 = mv_2'\sin\theta_2 \qquad (2)$$

弾性衝突であるから力学的エネルギー保存の法則が成り立つので，

$$\frac{1}{2}mv_1^2 = \frac{1}{2}mv_1'^2 + \frac{1}{2}mv_2'^2 \qquad (3)$$

ここで，(1)～(3)式を整理すると，

$$v_1 = v_1'\cos\theta_1 + v_2'\cos\theta_2 \qquad (1)'$$

$$v_1'\sin\theta_1 = v_2'\sin\theta_2 \qquad (2)'$$

$$v_1^2 = v_1'^2 + v_2'^2 \qquad (3)'$$

(1)′の右辺第2項を左辺に移してから2乗，(2)′式はそのまま2乗して，辺々足し合わせると，

$$v_1'^2 = v_1^2 - 2v_1v_2'\cos\theta_2 + v_2'^2$$

これを(3)′式に入れると，

$$v_2'(v_2' - v_1\cos\theta_2) = 0 \qquad \therefore \quad v_2' = 0，\text{または，} v_2' = v_1\cos\theta_2$$

まず，$v_2' = 0$　(4)　であると，(2)′式，及び条件$v_1' \neq 0$より，$\theta_1 = 0$となって，小球Aは素通りするだけである。次に，$v_2' = v_1\cos\theta_2$　(5) であるとすると，(1)′式より，

$$\sin\theta_2 = \sqrt{\left(\frac{v_1'}{v_1}\right)\cos\theta_1} \quad \text{つまり，} \quad \theta_2 = \sin^{-1}\left(\sqrt{\left(\frac{v_1'}{v_1}\right)\cos\theta_1}\right) \qquad (6)$$

である。ここで求める答えは，v_2'，θ_2をv_1，θ_1，v_1'を用いて表せばよいから，(5)，(6)式より，

$$v_2' = v_1\sqrt{1 - \left(\frac{v_1'}{v_1}\right)\cos\theta_1} \quad (7) \quad \text{および} \ \theta_2 = \sin^{-1}\left(\sqrt{\left(\frac{v_1'}{v_1}\right)\cos\theta_1}\right) \quad (8)$$

さて，ここから少し直観的に考えてみよう。$\theta_1 \to 0$の極限を考えよう。つまり，小球Aが小球Bの頭にちょこっと触った程度に軽く衝突したとする。すると，小球Aは進行方向をほとんど変えないだろう。つまり，「素通り」的な性格が強くなるので，$v_1' \to v_1$になるだろう。衝突された小球Bは，直角に近い角度方向にゆっくりした速さで動いていくだろう。つまり，$\theta_2 \to 90°$，$v_2' \to 0$になりそうな気がする。実際，$\theta_1 \to 0$のとき，$v_1' \to v_1$を用いると(7)式より，確かに$v_2' \to 0$になることがわかる。また，(8)式をみれば$\theta_2 \to 90°$になること

もわかる。直観通りになっている！

8. 一体となった両物体の衝突直後の速さをvとする。運動量保存の法則より，

$$mv_1=(2m)v \qquad \therefore \quad v=\frac{1}{2}v_1$$

失われた運動エネルギーは，

$$\Delta K=\frac{1}{2}mv_1^2-\left\{\frac{1}{2}\times(2m)\times\left(\frac{1}{2}v_1\right)^2\right\}=\frac{1}{4}mv_1^2$$

9. 弾丸を速さvで打ち込んだ直後の砂袋の速さをVとする。運動量保存の法則より，

$$mv=(m+M)V \qquad (1)$$

また，力学的エネルギー保存の法則より，

$$\frac{1}{2}(m+M)V^2=(m+M)g\left(L-L\cos\theta\right) \qquad (2)$$

(1)，(2)式より，

$$v=\left(\frac{m+M}{m}\right)\sqrt{2gL(1-\cos\theta)} \qquad (3)$$

(3)式より $v\propto\sqrt{1-\cos\theta}$ であるから，m，M，Lが一定であるなら，vが大きいほど砂袋の上がる角度θは大きくなる（$0\leq\theta\leq 90^\circ$で考えている限り）。当然の結果である。

10. 棒の長さをLとする。力のつりあいの関係より，

水平方向：$F=R_x$，　鉛直方向：$R_y=mg$

また，A点のまわりの力のモーメントのつりあいの関係より，

$$L\cdot F\sin\theta=\frac{1}{2}L\cdot mg\cos\theta$$

となる。以上より，

$$F=R_x=\left(\frac{mg}{2}\right)\cot\theta,\quad R_y=mg$$

棒が壁に対して完全に平行になってしまうと$\theta=90^\circ$。このとき，$\cot 90^\circ=0$なので，$F=R_x\to 0$。

11. (1)剛体中に固定点Qをとる（問題文の図10参照）。Qは$\boldsymbol{F}_1$の作用線と$\boldsymbol{F}_2$の作用線の間にとる。2つの力はどちらもQ点のまわりに剛体を反時計まわりに回そうとするので，Q点のまわりの力のモーメントは，

$$+aF_1+bF_2=(a+b)F=LF$$

となる。Qの位置が$\boldsymbol{F}_1$の作用線と$\boldsymbol{F}_2$の作用線の間ではない場合でも，同様に証明ができる。たとえば，固定点Qが右図のようになっていたとすると，Q点のまわりを，F_1は時計まわりに，F_2は反時計まわりに回そうとするので，Q点のまわりの力のモーメントは，

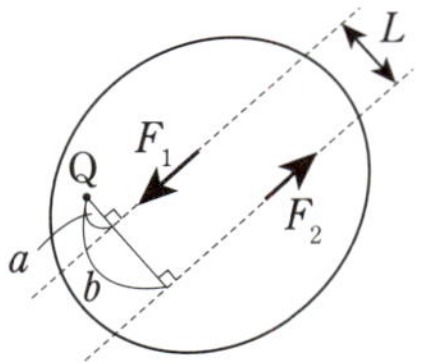

図4

$$+bF_2-aF_1=(b-a)F=LF$$

である。以上より，偶力のモーメントの大きさは，$N=LF$である。

(2)$\boldsymbol{M}$と$\boldsymbol{H}$のなす角をθとする。N極（磁荷$+m$），S極（磁荷$-m$）が磁場から受ける力の大きさは$F=\pm mH$である（電気の場合は$F=eE$であることを思い出そう。電場の大きさEと磁場の大きさHが対応している）。$F=\pm mH$はともに同じ向きの回転を生じる。したがって，偶力のモーメントの大きさは，

$$N = F(L\sin\theta) = mHL\sin\theta = MH\sin\theta$$

である。ベクトルの形で書けば,

$$\boldsymbol{N} = \boldsymbol{M} \times \boldsymbol{H}$$

となる。棒磁石の磁極の大きさが大きいほど，また磁場方向に対して大きく傾けるほど，大きなトルクを受ける。

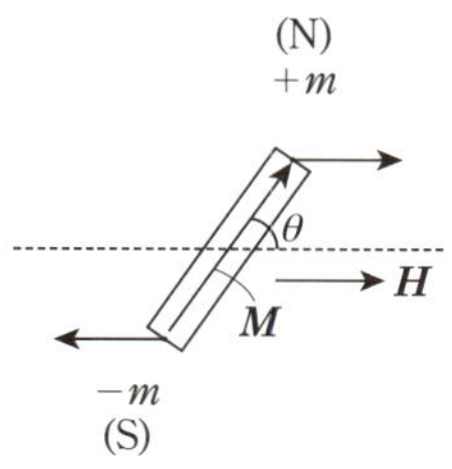

図 5

12. (1) おもりの加速度および糸の張力をそれぞれa，Sとする。滑車の慣性モーメントをI，角速度をβとすると，糸の張力による滑車の中心のまわりのモーメントは$N = SR$なので，滑車の回転運動の運動方程式は，

$$I\beta = SR \qquad (1)$$

となる。一方，質量mのおもりの運動方程式は，

$$ma = mg - S \qquad (2)$$

である。おもりの加速度aは，滑車の接線方向の加速度に等しいから（弧の長さ$L = R\theta$を時間で微分して，$v = R\omega$，さらに時間で微分して），

$$a = R\beta \qquad (3)$$

(1) ～ (3)式より，

$$g - \frac{S}{m} = a = R\beta = R\cdot\left(\frac{SR}{I}\right) \qquad \therefore \quad S = \frac{mg}{1+\left(\dfrac{mR^2}{I}\right)}$$

滑車の慣性モーメントIは，第18章表18.1より，

$$I = \frac{1}{2}MR^2 \quad \text{であるから，} \quad S = \frac{mg}{1+\left(\dfrac{2m}{M}\right)} \qquad (4)$$

加速度は，

$$a = \frac{g}{1+\left(\dfrac{M}{2m}\right)} \qquad (5)$$

滑車は重いほど動きにくいだろうから，$M \to \infty$のときは滑車は動かない。すると糸も落下しないだろうからおもりは加速せず，糸の張力も重力とつりあうだろうと予測できる。$M \to \infty$のときは，(4)式より$S \to mg$，(5)式より$a \to 0$となっていて，予想通りである。

(2) 2つのおもりの運動方程式は，

$$m_1a = m_1g - S_1 \qquad (1)$$

$$m_2a = S_2 - m_2g \qquad (2)$$

また，滑車の回転運動の運動方程式は，

$$I\beta = S_1R - S_2R \qquad (3)$$

となる。(1)，(2)式より，

$$S_1 = m_1(g - a), \quad S_2 = m_2(g + a)$$

これを(3)式に入れて，

$$I\beta = R\{(m_1 - m_2)g - (m_1 + m_2)a\}$$

一方，$a = R\beta$なので，

$$a = \frac{(m_1 - m_2)g}{m_1 + m_2 + \left(\frac{I}{R^2}\right)}$$

張力は，

$$S_1 = m_1 g\left(\frac{2m_2 + \left(\frac{I}{R^2}\right)}{m_1 + m_2 + \left(\frac{I}{R^2}\right)}\right) \quad (4), \qquad S_2 = m_2 g\left(\frac{2m_1 + \left(\frac{I}{R^2}\right)}{m_1 + m_2 + \left(\frac{I}{R^2}\right)}\right) \quad (5)$$

である。さて，ここで，(4)式の中カッコの中は1より小さいから，$S_1 < m_1 g$，また(5)式の中カッコの中は1より大きいから，$S_2 > m_2 g$である。それぞれのおもりの進行方向を考えるとこれは理にかなっている。

13. (1)地球の自転の周期，角速度をそれぞれT，ωとする。また，地球を球とみなすと，その軸のまわりの慣性モーメントは，第18章の表18.1より，$I = \frac{2}{5}MR^2$である。よって，求める角運動量Lは，

$$L = I\omega = I\left(\frac{2\pi}{T}\right) = \left(\frac{2}{5}MR^2\right)\cdot\left(\frac{2\pi}{T}\right) = \frac{2}{5} \times 6.0 \times 10^{24} \times (6.4 \times 10^6)^2 \times \left(\frac{2\pi}{24 \times 60 \times 60}\right)$$
$$= 7.15 \times 10^{33}\ \mathrm{kg\ m^2/s}$$

(2)月の公転の速さをvとする。求める角運動量L'は，

$$L' = mvr = mr\frac{2\pi r}{T'} = \frac{2\pi m r^2}{T'}$$
$$= \frac{2\pi \times 7.3 \times 10^{22} \times (3.8 \times 10^8)^2}{27.3 \times 24 \times 60 \times 60} = 2.81 \times 10^{34}\ \mathrm{kg\ m^2/s}$$

(3) (1)，(2)より，地球の自転の角運動量と月の公転の角運動量の和は，

$$\frac{4\pi MR^2}{5T} + \frac{2\pi m r^2}{T'}$$

rが$r + \Delta r (r \gg \Delta r)$になり，$T$が$T + \Delta T$になったとすると（ここで，$\Delta r > 0$，$\Delta T > 0$であることに注意），角運動量保存の法則より，

$$\frac{4\pi MR^2}{5T} + \frac{2\pi m r^2}{T'} = \frac{4\pi MR^2}{5(T + \Delta T)} + \frac{2\pi m (r + \Delta r)^2}{T'}$$

となるはずである。両辺を整理すると，

$$\frac{4\pi MR^2}{5}\left(\frac{1}{T} - \frac{1}{T + \Delta T}\right) = \frac{2\pi m}{T'}\left\{(r + \Delta r)^2 - r^2\right\} \qquad (1)$$

右辺において，$(r + \Delta r)^2 - r^2 \approx 2r\Delta r$と近似でき，また左辺において，$\frac{1}{T} - \frac{1}{T + \Delta T} = \frac{1}{T} - \left(\frac{1}{T} - \frac{\Delta T}{T^2}\right) \approx \frac{\Delta T}{T^2}$と近似できる。したがって，(1)式は，

$$\frac{4\pi MR^2}{5} \cdot \frac{\Delta T}{T^2} = \frac{2\pi m \cdot 2r\Delta r}{T'} \qquad \therefore\ \Delta T = \left(\frac{5mrT^2}{MR^2 T'}\right)\Delta r \qquad (2)$$

(4) 年に3 cmづつ月は地球から遠ざかっているとすると，$\Delta r = 3 \times 10^{-2}$ m。(2)式に数値を入れてみると，

$$\Delta T = \left(\frac{5 \times 7.3 \times 10^{22} \times 3.8 \times 10^8 \times (24 \times 60 \times 60)^2}{6.0 \times 10^{24} \times (6.4 \times 10^6)^2 \times (27.3 \times 24 \times 60 \times 60)}\right) \times 3 \times 10^{-2}$$
$$= 5 \times 10^{-5}\ \mathrm{s}$$

つまり100年で5ミリ秒程度づつ遅くなる。

第4部 演習問題解答

1. (1) (a) 円柱の体積はShであるから，求める重力は，$\rho(Sh)g = \rho Shg$となる。

(b) 下面bを押す力は，上面aを押す力$p_A S$と液体円柱に作用する重力ρShgとの和である。この力を下面bの下にある液体が押し上げる。したがって，円柱に作用する力のうち鉛直方向の力のつりあいは，

$$p_A S + \rho Shg = p_B S \qquad \therefore \quad p_B - p_A = \rho gh$$

(2)水深10 mにおける圧力をP，海上での大気圧をp_0とする。

(1) (a) の結果を用いて，

$$\begin{aligned} p - p_0 &= \rho gh = (1 \times 10^3) \times 9.80 \times 10 \\ &= 9.8 \times 10^4 \ \mathrm{N/m^2} = 9.8 \times 10^4 \ \mathrm{Pa} \approx 0.97 \text{ 気圧} \end{aligned}$$

水深10 mで約1気圧と覚えておくとよい。

(3)深さhにおける圧力は$p_0 + \rho gh$であるから，海中での体積をVとすれば，第20章(20.8)式より，

$$p_0 + \rho gh = -K\frac{V - V_0}{V_0}$$

$V < V_0$と予想されるから右辺は>0であることに注意しよう。これより，

$$V = V_0\left(1 - \frac{p_0 + \rho gh}{K}\right)$$

となる（上式で（　）内は1より小さいのは明らかだから$V < V_0$となりそう）。

(4) (3)の結果に数値を入れると，

$$\begin{aligned} V &= V_0\left(1 - \frac{p_0 + \rho gh}{K}\right) = 1000\left(1 - \frac{1.013 \times 10^5 + 10^3 \times 9.80 \times 10000}{1.6 \times 10^{11}}\right) \\ &= 1000\left(1 - 6.13 \times 10^{-4}\right) \approx 999 \ \mathrm{cm^3} \end{aligned}$$

2. (1)等速円運動をしているゴムひもに作用する向心力は，

$$F = mL'\omega^2 = mL'\left(\frac{2\pi}{T}\right)^2$$

となる。フックの法則(20.3)式を用いると，

$$\frac{F}{S} = E\frac{L' - L}{L}$$

これより，

$$L' = \frac{1}{\dfrac{1}{L} - \dfrac{m}{SE}\left(\dfrac{2\pi}{T}\right)^2} \qquad (1)$$

(2) (1)式において，$E \to \infty$のとき，$L' \to L$であることがわかる。つまり，Eが大きくなると，ゴムひもは伸びにくくなる。

3. (1)この棒の断面積をS，天井から距離xの位置における微小な長さを$\mathrm{d}x$とする。この微小な長さ$\mathrm{d}x$は，それより下にある質量により$F = \rho(L - x)Sg$の荷重がかかる。この荷重により，この微小な長さは，$\mathrm{d}x$から$\mathrm{d}x + \mathrm{d}X$に変化したとする。するとフックの法則より

$$\frac{F}{S} = E\frac{\mathrm{d}X}{\mathrm{d}x} \qquad \therefore \quad \mathrm{d}X = \frac{F\mathrm{d}x}{SE} = \frac{\rho(L-x)g}{E}\mathrm{d}x$$

となる。これを積分して，棒全体の伸びΔLは，

$$\Delta L = \int_0^L \frac{\rho(L-x)g}{E}\mathrm{d}x = \frac{\rho g L^2}{2E}$$

(2) (1)で得られた式に数値を入れる。

$$\Delta L = \frac{\rho g L^2}{2E} = \frac{8.5\times10^3\times9.80\times1^2}{2\times110\times10^9}$$
$$= 3.8\times10^{-7}\ \mathrm{m} = 0.38\ \mu\mathrm{m}$$

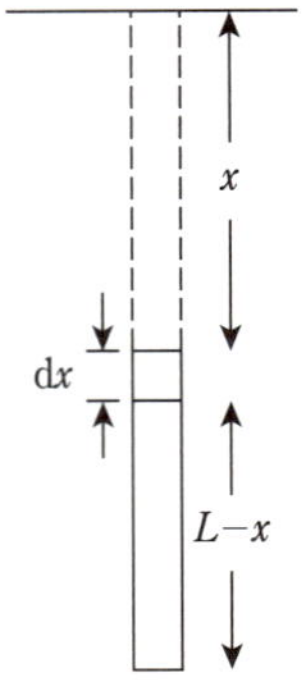

図1

4. はじめ$(x,\ y)$にあった砂糖の粒は，上から押しつぶす過程で，

$$\left(2x,\ \frac{y}{2}\right)$$

へ移動する。さらに，塊を半分に切断して，右半分を左半分の上に載せる過程では，

もし　$2x > 10$　なら$\left(2x-10,\ \dfrac{y}{2}+5\right)$へ移動し，

もし　$2x < 10$　なら$\left(2x,\ \dfrac{y}{2}\right)$のままである。

これをベースに計算させると，20回こねた後は，

$(x = 8\ \mathrm{cm},\ y = 2\ \mathrm{cm}) \to (x = 8\ \mathrm{cm},\ y = 2\ \mathrm{cm})$

$(x = 8.001\ \mathrm{cm},\ y = 2\ \mathrm{cm}) \to (x = 6.576\ \mathrm{cm},\ y = 6.746\ \mathrm{cm})$

となる。最初の座標は1000分の1 cmの違いだから，20回こねた後の座標も大差ないかと思いがちだが，そうはならずに大幅に異なっている。将来の予測が困難になっている。上述の変換をパイこね変換(baker's map)という。

付　録

A　SI接頭語とギリシャ文字

表 A.1　SI 接頭語

名　称		記号	大きさ	名　称		記号	大きさ
ヨタ	yotta	Y	10^{24}	デシ	deci	d	10^{-1}
ゼタ	zetta	Z	10^{21}	センチ	centi	c	10^{-2}
エクサ	exa	E	10^{18}	ミリ	milli	m	10^{-3}
ペタ	peta	P	10^{15}	マイクロ	micro	μ	10^{-6}
テラ	tera	T	10^{12}	ナノ	nano	n	10^{-9}
ギガ	giga	G	10^{9}	ピコ	pico	p	10^{-12}
メガ	mega	M	10^{6}	フェムト	femto	f	10^{-15}
キロ	kilo	k	10^{3}	アト	atto	a	10^{-18}
ヘクト	hecto	h	10^{2}	ゼプト	zepto	z	10^{-21}
デカ	deca	da	10	ヨクト	yocto	y	10^{-24}

表 A.2　ギリシャ文字

A	α	アルファ	Alpha	I	ι	イオタ	Iota	P	ρ	ロー	Rho
B	β	ベータ	Beta	K	κ	カッパ	Kappa	Σ	σ	シグマ	Sigma
Γ	γ	ガンマ	Gamma	Λ	λ	ラムダ	Lambda	T	τ	タウ	Tau
Δ	δ	デルタ	Delta	M	μ	ミュー	Mu	Y	υ	ユプシロン	Upsilon
E	ε	エプシロン	Epsilon	N	ν	ニュー	Nu	Φ	ϕ	ファイ	Phai
Z	ζ	ゼータ	Zeta	Ξ	ξ	グザイ	Xi	X	χ	カイ	Chi
H	η	エータ	Eta	O	o	オミクロン	Omicron	Ψ	ψ	プサイ	Psi
Θ	θ	シータ	Theta	Π	π	パイ	Pi	Ω	ω	オメガ	Omega

B　三角関数

図B.1のように，ある直角三角形を考え，その各辺をa,b,cとしよう。このとき各辺の比は角度θにより一意的に決まる。この比はθに依存する関数となるのでこれを三角関数と呼び，下記のように定義する。

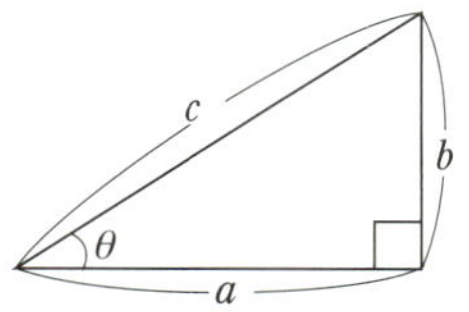

図 B.1　直角三角形

$\sin\theta = \dfrac{b}{c}$（正弦 *sine*）　$\cos\theta = \dfrac{a}{c}$（余弦 *cosine*）　$\tan\theta = \dfrac{b}{a}$（正接 *tangent*）

$\mathrm{cosec}\,\theta = \dfrac{c}{b}$（余割 *cosecant*）　$\sec\theta = \dfrac{c}{a}$（正割 *secant*）　$\cot\theta = \dfrac{a}{b}$（余接 *cotangent*）

三角関数の性質

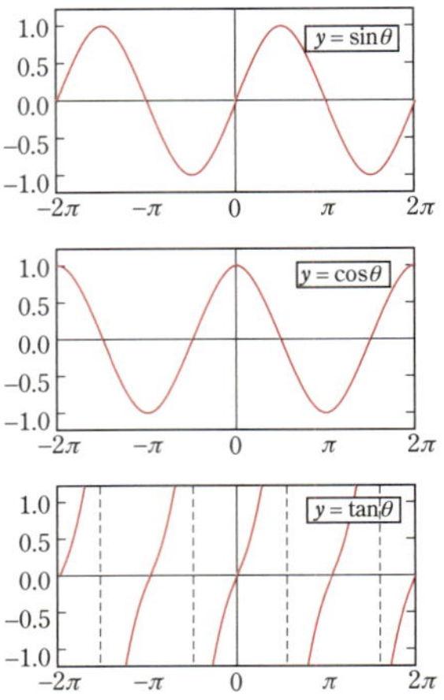

図 B.2 正弦関数，余弦関数，正接関数のグラフ

$$\sin^2\theta+\cos^2\theta=1$$

$$\tan\theta=\frac{\sin\theta}{\cos\theta}\quad \cot\theta=\frac{1}{\tan\theta}\quad \mathrm{cosec}\,\theta=\frac{1}{\sin\theta}\quad \sec\theta=\frac{1}{\cos\theta}$$

$$\sin(-\theta)=-\sin(\theta)\quad \cos(-\theta)=\cos(\theta)\quad \tan(-\theta)=-\tan(\theta)$$

$$\sin(\theta+2\pi)=\sin\theta\quad \cos(\theta+2\pi)=\cos\theta\quad \tan(\theta+2\pi)=\tan\theta$$

加法定理

$$\sin(\alpha\pm\beta)=\sin\alpha\cos\beta\pm\cos\alpha\sin\beta$$

$$\cos(\alpha\pm\beta)=\cos\alpha\cos\beta\mp\sin\alpha\sin\beta$$

$$\tan(\alpha\pm\beta)=\frac{\tan\alpha\pm\tan\beta}{1\mp\tan\alpha\tan\beta}$$

導き出される公式

積の公式～三角関数の極限値

$$\sin\alpha\cos\beta=\frac{1}{2}\{\sin(\alpha+\beta)+\sin(\alpha-\beta)\}\qquad \cos\alpha\sin\beta=\frac{1}{2}\{\sin(\alpha+\beta)-\sin(\alpha-\beta)\}$$

$$\cos\alpha\cos\beta=\frac{1}{2}\{\cos(\alpha+\beta)+\cos(\alpha-\beta)\}\qquad \sin\alpha\sin\beta=-\frac{1}{2}\{\cos(\alpha+\beta)-\cos(\alpha-\beta)\}$$

和または差の公式

$$\sin\alpha+\sin\beta=2\sin\frac{\alpha+\beta}{2}\cos\frac{\alpha-\beta}{2}\qquad \sin\alpha-\sin\beta=2\cos\frac{\alpha+\beta}{2}\sin\frac{\alpha-\beta}{2}$$

$$\cos\alpha+\cos\beta=2\cos\frac{\alpha+\beta}{2}\cos\frac{\alpha-\beta}{2}\qquad \cos\alpha-\cos\beta=-2\sin\frac{\alpha+\beta}{2}\sin\frac{\alpha-\beta}{2}$$

倍角，3倍角，半角の公式

$$\sin 2\alpha=2\sin\alpha\cos\alpha\qquad \cos 2\alpha=\cos^2\alpha-\sin^2\alpha=2\cos^2\alpha-1=1-2\sin^2\alpha\qquad \tan 2\alpha=\frac{2\tan\alpha}{1-\tan^2\alpha}$$

$$\sin 3\alpha=3\sin\alpha-4\sin^3\alpha\qquad \cos 3\alpha=4\cos^3\alpha-3\cos\alpha\qquad \tan 3\alpha=\frac{3\tan\alpha-\tan^3\alpha}{1-3\tan^2\alpha}$$

$$\sin^2\frac{\alpha}{2}=\frac{1-\cos\alpha}{2}\qquad \cos^2\frac{\alpha}{2}=\frac{1+\cos\alpha}{2}\qquad \tan^2\frac{\alpha}{2}=\frac{1-\cos\alpha}{1+\cos\alpha}$$

任意の三角形についての公式

$a=b\cos C+c\cos B$ 　第1余弦公式

$a^2=b^2+c^2-2bc\cos A$ 　第2余弦公式

$\dfrac{a}{\sin A}=\dfrac{b}{\sin B}=\dfrac{c}{\sin C}=2R$ 　正弦公式

（R は ΔABC の外接円の半径．図 B.3）

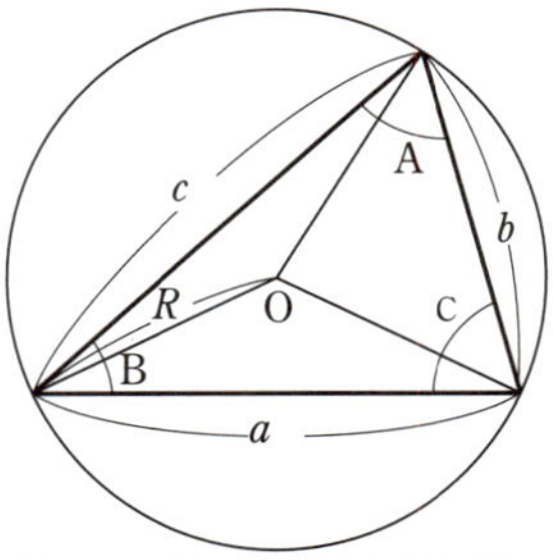

図 B.3 任意の三角形と外接円

三角関数の極限値

$$\lim_{x\to 0}\frac{\sin x}{x}=1$$

したがって，$|\theta|\ll 1$ rad のとき，$\sin\theta\approx\theta$。これを微分すれば，$\cos\theta\approx 1$，$\tan\theta\approx\theta$ となる。

三角関数と指数関数の関係

三角関数と指数関数には密接な関係がある。いま変数 x に虚数単位 i をかけたものの e^{ix} を考えよう。これをマクローリン展開（E. 級数展開の項を参照）すると

$$
\begin{aligned}
e^{ix} &= 1+\frac{1}{1!}(ix)+\frac{1}{2!}(ix)^2+\frac{1}{3!}(ix)^3+\frac{1}{4!}(ix)^4+\cdots\cdot \\
&= \left\{1-\frac{1}{2!}x^2+\frac{1}{4!}x^4-\cdots\cdot\right\}+i\left\{\frac{1}{1!}x-\frac{1}{3!}x^3+\cdots\cdot\right\} \\
&= \cos x + i\sin x
\end{aligned}
$$

となり，iを$-i$にした場合も含めて下記のように表すことができる。

$$e^{\pm ix} = \cos x \pm i\sin x \quad (\text{複号同順})$$

この式をオイラーの公式と呼ぶ。

双曲線関数

$\sin x$，$\cos x$を指数関数で表した際に虚数iが入っていたが，ここからiを消去した形の次の式は双曲線関数として知られている。

$$\sinh x = \frac{e^x - e^{-x}}{2} \quad (\text{双曲線正弦関数}\quad \text{hyperbolic sine})$$

$$\cosh x = \frac{e^x + e^{-x}}{2} \quad (\text{双曲線余弦関数}\quad \text{hyperbolic cosine})$$

$$\tanh x = \frac{\sinh x}{\cosh x} = \frac{e^x - e^{-x}}{e^x + e^{-x}} \quad (\text{双曲線正接関数}\quad \text{hyperbolic tangent})$$

各関数のグラフについては第5章を参照のこと。

双曲線関数は下記のように三角関数とよく似た性質を持つ。いずれも双曲線関数の指数関数による定義から求めることが可能である。

$$\cosh^2 x - \sinh^2 x = 1$$

$$\frac{\mathrm{d}}{\mathrm{d}x}\sinh x = \cosh x$$

$$\frac{\mathrm{d}}{\mathrm{d}x}\cosh x = \sinh x$$

C　ベクトルの掛け算

内積（スカラー積）

$\boldsymbol{A} = (A_x, A_y, A_z), \boldsymbol{B} = (B_x, B_y, B_z)$として

$$\boldsymbol{A}\cdot\boldsymbol{B} = |\boldsymbol{A}|\,|\boldsymbol{B}|\cos\theta = A_xB_x + A_yB_y + A_zB_z$$

ただし，θは$\boldsymbol{A}$と$\boldsymbol{B}$のなす角である。

外積（ベクトル積）

$\boldsymbol{A} = (A_x, A_y, A_z), \boldsymbol{B} = (B_x, B_y, B_z)$として

$$\boldsymbol{A}\times\boldsymbol{B} = |\boldsymbol{A}|\,|\boldsymbol{B}|\sin\theta \quad \hat{\boldsymbol{C}} = \begin{vmatrix} \boldsymbol{i} & \boldsymbol{j} & \boldsymbol{k} \\ A_x & A_y & A_z \\ B_x & B_y & B_z \end{vmatrix}$$

ただし，θは$\boldsymbol{A}$と$\boldsymbol{B}$のなす角，$\hat{\boldsymbol{C}}$は$\boldsymbol{A}$から$\boldsymbol{B}$に右ねじを回転させたときに進む向きをもつ単位ベクトルである。外積の大きさ$|\boldsymbol{A}\times\boldsymbol{B}|$は2つのベクトルで作られる平行四辺形の面積を表している（図C.1参照）。

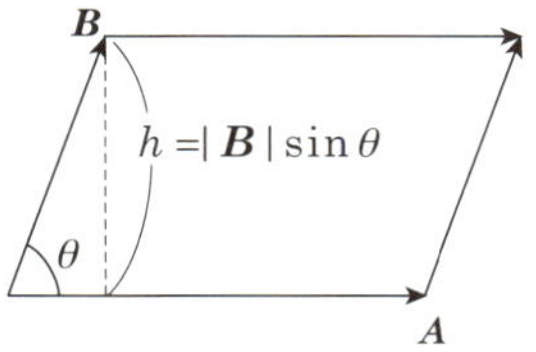

図 C.1

スカラー三重積

$\boldsymbol{A}=(A_x, A_y, A_z)$, $\boldsymbol{B}=(B_x, B_y, B_z)$,$\boldsymbol{C}=(C_x, C_y, C_z)$として

$$\boldsymbol{A}\cdot(\boldsymbol{B}\times\boldsymbol{C})=\boldsymbol{B}\cdot(\boldsymbol{C}\times\boldsymbol{A})=\boldsymbol{C}\cdot(\boldsymbol{A}\times\boldsymbol{B})=\begin{vmatrix} A_x & A_y & A_z \\ B_x & B_y & B_z \\ C_x & C_y & C_z \end{vmatrix}$$

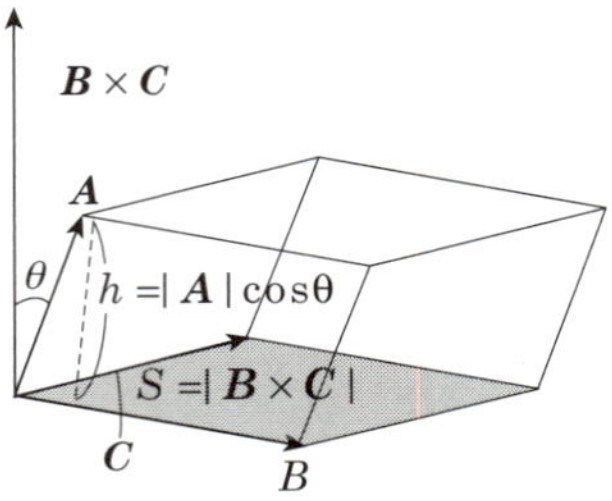

図 C.2

スカラー三重積は3つのベクトルを辺とする平行六面体の体積を表している（図C.2参照）。すなわち$\boldsymbol{A}\cdot\boldsymbol{B}\times\boldsymbol{C}$は，$\boldsymbol{B}\times\boldsymbol{C}$が表す平行四辺形の面積$S$と，$\boldsymbol{B}\times\boldsymbol{C}$方向の$\boldsymbol{A}$の 射影 $|A|\cos\theta$が表す高さhの積となっている。またこのような図形的解釈をすれば$\boldsymbol{B}\cdot\boldsymbol{C}\times\boldsymbol{A}$ も$\boldsymbol{C}\cdot\boldsymbol{A}\times\boldsymbol{B}$ も同様の平行六面体の体積を表すことから等価であることがわかる。

ベクトル三重積

$\boldsymbol{A}=(A_x, A_y, A_z)$, $\boldsymbol{B}=(B_x, B_y, B_z)$,$\boldsymbol{C}=(C_x, C_y, C_z)$とすると

$$\boldsymbol{A}\times(\boldsymbol{B}\times\boldsymbol{C})=(\boldsymbol{C}\cdot\boldsymbol{A})\boldsymbol{B}-(\boldsymbol{A}\cdot\boldsymbol{B})\boldsymbol{C}$$

x成分について成り立つことを証明しておく。

$$\begin{aligned}
\left[\boldsymbol{A}\times\left(\boldsymbol{B}\times\boldsymbol{C}\right)\right]_x &= A_y\left(\boldsymbol{B}\times\boldsymbol{C}\right)_z - A_z\left(\boldsymbol{B}\times\boldsymbol{C}\right)_y \\
&= A_y\left(B_xC_y - B_yC_x\right) - A_z\left(B_zC_x - B_xC_z\right) \\
&= A_yB_xC_y - A_yB_yC_x - A_zB_zC_x + A_zB_xC_z \\
&= \left(A_yC_y + A_zC_z\right)B_x - \left(A_yB_y + A_zB_z\right)C_x \\
&= \left(A_yC_y + A_zC_z\right)B_x - \left(A_yB_y + A_zB_z\right)C_x + A_xB_xC_x - A_xB_xC_x \\
&= \left(A_xC_x + A_yC_y + A_zC_z\right)B_x - \left(A_xB_x + A_yB_y + A_zB_z\right)C_x \\
&= \left(\boldsymbol{C}\cdot\boldsymbol{A}\right)B_x - \left(\boldsymbol{A}\cdot\boldsymbol{B}\right)C_x
\end{aligned}$$

y成分およびz成分についても同様に導ける。

D　微分法

基本関数についての微分公式

多項式　$y=x^n \rightarrow \dfrac{\mathrm{d}y}{\mathrm{d}x}=nx^{n-1}$

正弦関数　$y=\sin x \rightarrow \dfrac{\mathrm{d}y}{\mathrm{d}x}=\cos x$

余弦関数　$y=\cos x \rightarrow \dfrac{\mathrm{d}y}{\mathrm{d}x}=-\sin x$

指数関数　$y=e^x \rightarrow \dfrac{\mathrm{d}y}{\mathrm{d}x}=e^x$

対数関数　$y=\log_e x \quad (x>0) \rightarrow \dfrac{\mathrm{d}y}{\mathrm{d}x}=\dfrac{1}{x}$

積の微分公式

$$y=f(x)g(x) \rightarrow \frac{\mathrm{d}y}{\mathrm{d}x}=\frac{\mathrm{d}f(x)}{\mathrm{d}x}g(x)+f(x)\frac{\mathrm{d}g(x)}{\mathrm{d}x}$$

合成関数の微分公式

$$y = f(g(x)) \rightarrow \frac{dy}{dx} = \frac{df(g(x))}{dg(x)} \frac{dg(x)}{dx}$$

E　級数展開

$|x| \ll 1$　(xが十分小さい場合)　において次のように関数$f(x)$を多項式からなる級数に展開することができる（マクローリン展開）

$$f(x) = f(x)\Big|_{x=0} + \frac{1}{1!}\frac{df(x)}{dx}\Big|_{x=0} x + \frac{1}{2!}\frac{d^2f(x)}{dx^2}\Big|_{x=0} x^2 + \frac{1}{3!}\frac{d^3f(x)}{dx^3}\Big|_{x=0} x^3 + \cdots + \frac{1}{n!}\frac{d^{(n)}f(x)}{dx^n}\Big|_{x=0} x^n \cdots$$

$$= \sum_{n=0}^{\infty} \frac{1}{n!}\frac{d^{(n)}f(x)}{dx^n}\Big|_{x=0} x^n$$

ただし，$\frac{df(x)}{dx}\Big|_{x=0}$ などはまず微分した上でx=0を代入するという意味である。$|x| \ll 1$ではxの高次の項は非常に小さくなり無視することができる。すなわちxの低次の項だけを用いて関数$f(x)$を近似的に扱うことができる。

$$(1+x)^k = 1 + kx + \frac{k(k-1)}{2!}x^2 + \frac{k(k-1)(k-2)}{3!}x^3 + \cdots \quad (|x| < 1)$$

$$e^x = 1 + x + \frac{1}{2!}x^2 + \frac{1}{3!}x^3 + \frac{1}{4!}x^4 \cdots$$

$$\sin x = x - \frac{1}{3!}x^3 + \frac{1}{5!}x^5 - \frac{1}{7!}x^7 + \cdots$$

$$\cos x = 1 - \frac{1}{2!}x^2 + \frac{1}{4!}x^4 - \frac{1}{6!}x^6 + \cdots$$

$$\tan x = x + \frac{1}{3}x^3 + \frac{2}{15}x^5 + \frac{17}{315}x^7 + \cdots \quad \left(|x| < \frac{\pi}{2}\right)$$

$$\log_e(1+x) = x - \frac{1}{2}x^2 + \frac{1}{3}x^3 - \frac{1}{4}x^4 + \cdots \quad (|x| \leqq 1,\ x \neq 1)$$

任意の$x = a$においても下記のように級数展開を行うことができる（テイラー展開）。

$$f(x) = \sum_{n=0}^{\infty} \frac{1}{n!}\frac{d^{(n)}f(x)}{dx^n}\Big|_{x=a} (x-a)^n$$

なお，マクローリン展開はテイラー展開において$a = 0$とした場合のものである。

索　引

ま，み

め，も

や

り，ろ

わ

MEMO

著者紹介

川村 康文（かわむら やすふみ）
東京理科大学理学部物理学科・科学教育研究科 教授
(8,15,19 章)

鳥塚 潔（とりづか きよし）
日本工業大学共通教育系物理 専任講師
東京大学物性研究所 外来研究員
(5,9,13,16,17,18,20,21,22 章 , 演習問題)

山口 克彦（やまぐち かつひこ）
福島大学共生システム理工学類 教授
(1,6,7,10,12 章 , 付録)

細田 宏樹（ほそだ ひろき）
愛媛大学教育学部 准教授
(2,3,4,11,14 章)

NDC420 190p 26cm

わかりやすい理工系の力学

2011 年 11 月 10 日 第 1 刷発行
2024 年 1 月 29 日 第 10 刷発行

著 者 川村康文，鳥塚潔，山口克彦，細田宏樹
発行者 髙橋明男
発行所 株式会社 講談社
〒 112-8001 東京都文京区音羽 2-12-21
販売 (03)5395-4415
業務 (03)5395-3615
KODANSHA
編 集 株式会社講談社サイエンティフィク
代表 堀越俊一
〒 162-0825 東京都新宿区神楽坂 2-14 ノービィビル
編集 (03)3235-3701
DTP 株式会社エヌ・オフィス
印刷所 株式会社平河工業社
製本所 株式会社国宝社

ISBN978-4-06-153279-3